新程序员 005

开源深度指南 & 新金融背后的科技力量

《新程序员》编辑部 编著

北京理工大学出版社
BEIJING INSTITUTE OF TECHNOLOGY PRESS

图书在版编目（CIP）数据

新程序员.005，开源深度指南&新金融背后的科技力量 /《新程序员》编辑部编著. -- 北京：北京理工大学出版社，2023.1

ISBN 978-7-5763-2045-9

Ⅰ.①新… Ⅱ.①新… Ⅲ.①程序设计－文集 Ⅳ.①TP311.1-53

中国国家版本馆CIP数据核字(2023)第008676号

出版发行 / 北京理工大学出版社有限责任公司
地　　址 / 北京市海淀区中关村南大街5号
邮　　编 / 100081
电　　话 / (010) 68914775 (总编室)
　　　　　 (010) 82562903 (教材售后服务热线)
　　　　　 (010) 68944723 (其他图书服务热线)
网　　址 / http://www.bitpress.com.cn
经　　销 / 全国各地新华书店
印　　刷 / 文畅阁印刷有限公司
开　　本 / 787毫米×1092毫米　1/16
印　　张 / 14
字　　数 / 355千字
版　　次 / 2023年1月第1版　2023年1月第1次印刷
定　　价 / 89.00元

责任编辑 / 江　立
文案编辑 / 江　立
责任校对 / 周瑞红
责任印刷 / 施胜娟

图书出现印装质量问题，请拨打售后服务热线，本社负责调换

卷首语：
开源深度指南&新金融背后的科技力量

吞噬全球基础设施的开源，与渗透各行各业的数字化转型，正在让中国开发者进入发展的新纪元。可以说现在正是开发者最好的时候，也是开源发展最好的时机。

从1991年UNIX现代计算系统进入中国开始算起，开源在中国发展、壮大已经历31个年头。时至今日，我们拥有了全球最大规模的开发者群体，中国每年毕业的理科生数量位居全球第一。并且，我们拥有着非常庞大的用户群体和开源应用市场，从Apache基金会统计开源项目的全球下载数量来看，中国位列第一。同时，中国开发者在全球的开源贡献逐步攀升，CNCF超过20%的开源项目来自中国，中国开发者的开源贡献度已经上升至世界第二。

开源被列入国家战略，"十四五"鼓励建立新型的开源联合体，中国开发者市场迎来非常好的红利期。

还有极为关键的一点，我们的编程正在覆盖更广泛的跨行业群体。技术、代码、开源系统在驱动行业的发展与创新，未来每个行业都将发生变革，每家企业都将变成拥有开发者、拥有科技力量的公司，一如Tim O'Reilly在《未来地图》中所言，代码是工人，开发者就是工头，指挥源代码工作。而这，正是数字经济的核心。

当然，开源与数字化也有着非常强的融合关系。前段时间红帽大中华区总裁曹衡康和我说，从红帽访问全球近1300家企业的数据来看，有90%的企业已基本将开源作为主要的IT发展方向。在国内开发者分布最大的金融领域，也有超过90%的企业引入了开源软件，在中间件数据库、大数据、工具、操作系统等各个领域都有广泛使用。

基于此，《新程序员005：开源深度指南&新金融背后的科技力量》特别策划了"开源深度指南"和"新金融背后的科技力量"两大专题。邀请当今开源世界的先锋人物，包括Python之父Guido van Rossum，MySQL之父Michael "Monty" Widenius，Apache之父、OpenSSF开源安全基金会总经理Brian Behlendorf，MongoDB CTO Mark Porter，中国Linux第一人、凝思董事长宫敏，Linux内核守护者吴峰光等，更有国内外开源基金会、知名企业代表，从开源安全合规、企业内部开源、开源技术创新、开源行业落地等诸多方面，为开源背后的开发者、企业、开源组织和开源社区提供更清晰的开源生态建设与升级版开源发展全景式图鉴。

而在金融专题中，中国人民银行、中国工商银行、中国邮政储蓄银行、中信银行、华为、平安科技、微众银行、蚂蚁集团、京东科技、网易数帆等金融机构和先锋企业的技术专家为我们带来了关于各类新一代颠覆性技术的深入讨论和案例分析。深入解答开发者应该如何更好地融入金融产业，以及金融科技的人才培养之道，真正做好金融科技的技术创新和数字化转型。

无论开源，还是金融，这其中成功的核心都在于开发者。赢得了开发者，就能够取得生态和商业上的成功，让我们一起尽情拥抱这属于开发者的黄金时代。

CSDN创始人&董事长、极客帮创投创始合伙人
2023年1月

CONTENTS 目录

策划出品
CSDN

出品人
蒋涛

专家顾问
姜宁 | 马超 | 杨福川

总编辑
孟迎霞

执行总编
唐小引

编辑
何苗 | 杨阳 | 屠敏 | 郑丽媛 | 辛晓亮 | 王启隆

特约编辑
罗景文 | 罗昭成

运营
张红月 | 朱珂欣 | 武力 | 刘双双

美术设计
纪明超

读者服务部
胡红芳

读者邮箱：reader@csdn.net
地址：北京市朝阳区酒仙桥路10号恒通国际商务园B8座2层，100015
电话：400-660-0108
微信号：csdnkefu

① 卷首语：开源深度指南&新金融背后的科技力量

开源深度指南

② 专题导读：开源世界的深度指南
page.6

③ 中国开源贡献者占全球9.5%，《2022中国开源贡献度报告》正式发布
page.8

④ 邹欣对话Python之父：人类的大脑才是软件开发效率的天花板
page.13

⑤ 对话MySQL之父Monty：超越MySQL很难，但我做到了！
page.19

⑥ MongoDB CTO Mark Porter：开发者对抗软件创新焦虑的"180法则"
page.23

⑦ 开源安全的核心是全球协作
——专访Apache之父&OpenSSF开源安全基金会总经理Brian Behlendorf
page.30

⑧ 宫敏把自由软件和Linux带回中国
page.35

⑨ 吴峰光杀进Linux内核
page.51

⑩ 开源云计算软件实践与思考
page.60

⑪ 奋战开源操作系统二十年：为什么编程语言是突破口？
page.65

⑫ 从Linux操作系统的演进看开源生态的构建
page.71

⑬ 企业为什么要做开源？
page.75

⑭ 详述内部开源的前世今生
page.81

⑮ 大厂做开源的五大痛点
page.91

⑯ 开源创业之路的探索与思考
page.96

⑰ 被欧美公司垄断近20年，中国工业软件的机会在哪里？
page.101

⑱ 金融行业开源生态发展现状与趋势
page.106

CONTENTS 目录

⑲ 从开源科技的数字化洞察看开源教育的未来
page.110

⑳ 开源代码的法律保护
page.119

㉑ 开源合规实践避坑指南
page.123

㉒ 将开源的发展镶嵌在更大的文化背景之中
page.127

新金融背后的科技力量

㉓ 专题导读：新金融背后的科技力量
page.131

㉔ 平安科技首席架构师金新明：对金融改造最大的技术是云、大数据和AI
page.134

㉕ IBM陈剑：从人工智能到混合云，重塑端到端的金融数字化
page.141

㉖ 华控清交徐葳：基于隐私计算实现数据互通，构建普惠金融
page.145

㉗ 当金融科技走入Web 3.0
page.151

㉘ 金融数字化平台建设的三大误区和破局之道
page.155

㉙ 金融企业中间件在云原生架构下的浴火重生
page.161

㉚ 共识机制&智能合约：区块链技术的金融实践
page.166

㉛ AI-Native数据库正在打造新一代金融基础设施
page.171

㉜ RPA插件在金融领域的应用及上手实践
page.176

㉝ 中国工商银行中后台业务数字人探索实践
page.181

㉞ 金融核心国产化背景下的银行热点账户设计
page.186

㉟ 分布式链路追踪在数字化金融场景的最佳实践
page.191

㊱ 基于AI的影像管理在智能理赔中的实践
page.197

㊲ 数据融合新引擎：隐私计算在金融业务中的高效应用
page.203

㊳ 实现金融场景安全联合训练，打破矩阵乘法和排序性能瓶颈
page.209

㊴ 金融云原生趋势下的信息安全变化与应对之道
page.213

㊵ 金融科技全面应用背景下的信息安全实践与思考
page.218

百味

㊶ 《神秘的程序员们》之面试的你 VS 平时的你
page.224

专题导读：
开源世界的深度指南

文 | 姜宁

回顾开源的历史，不得不提到黑客，他们是一群精通信息技术的程序员，是计算机革命的英雄，也是数字世界的创作者。他们创造了电子邮件、因特网和万维网，并借助网络将全世界的开发者连接在一起，将软件的源代码及开发的相关信息共享出来，采用同侪评审的方式，集中众人才智，一同解决信息世界的难题。

通过版权法保护软件源代码的稀缺性，成为软件商业公司获利的重要保证。而自由软件运动，奉行着打破信息世界知识壁垒的信念，探索出一条可以让大家自由地学习、研究、修改和分发软件的道路。

20世纪末，商业软件公司为了更好地培育自己的市场，吸引更多的程序员参与到软件开发的过程中来，开始共同使用"开源"一词，并提出了更加宽松且商业友好的许可协议。

随着自由和开源软件的兴起和万维网的发展，数千万的计算机程序员，跨越各自公司的边界，遵循自己的兴趣爱好自由结队，通过网络在大大小小的开源项目上展开合作。尽管开发者们合作的产物没有基于公司或市场的传统所有权，但开源项目用户对其创造者的直谏，正在迸发出独特而持久的生命力。这种个人或群体在大规模项目上的成功合作，依靠着与传统公司截然不同的驱动动机和社会信号。

国人最初听到"开源"一词还是在21世纪初，当时《程序员》杂志（《新程序员》前身）也一连发布了好几篇介绍开源历史与文化的文章。但因缺乏商业环境的支撑，国内的开源在很长时间内还停留在程序员提升自我技能、靠爱发电的小众环境中。直到最近几年，越来越多国内开源项目的兴起，让我们在国际的开源基金会崭露头角，同时资本的加入也让越来越多的开源项目程序员有更多的资源来实现自己的梦想。

如今，"开源"已经写入国家"十四五"规划，成为助力科技发展的热词；越来越多的厂商开始拥抱开源，将"开源"视为连接企业内外开发者协同开发、构建软件生态的利器。如今开源软件已成为构筑商业软件的重要基石，"开源合规"也成了广泛讨论的重点议题。

早年间，Python之父Guido van Rossum、MySQL之父

Michael "Monty" Widenius等创造出极具活力、广受程序员喜爱的编程语言和开源项目，为开源技术的创新之路奠基。如今，开源已步入崭新阶段，我们应该开始研究更加现实的开源安全合规、行业落地与企业内部开源管理等问题。Apache之父、OpenSSF开源安全基金会总经理Brian Behlendorf认为：开源安全是摆在我们面前的一项艰巨的任务，社会依赖它来运转，就像依赖桥梁、高速公路、电网或其他基础设施一样。金融、零售、制造、电信等行业也纷纷拥抱开源，并将其作为一种重要的科技创新要素。

本期《新程序员005》将从多个维度为你书写"开源深度指南"：

- 从《2022中国开源贡献度报告》到开源专家对开源过去、现在、未来发展的回顾与分析，阐述全球及中国开源的发展现状与历程。

- 通过Linux、Python、MySQL、MongoDB、OpenCV等顶级开源项目，深入讲述开源技术的发展与实践。

- 结合Apache、Linux、OpenSSF等开源组织的演进，一窥全球开源生态建设方向。

- 从红帽、华为、阿里、腾讯、百度等大厂的开源经验，挖掘大型科技企业发展内源与外源的痛点与宝贵经验。

- ……

总而言之，本期《新程序员》汇集了开源世界20余位开源先锋、国内外开源奠基人、知名产业领袖、开源基金会代表人物，从开源项目的发展历史、开源合规与安全、企业内部开源、开源技术创新、开源文化与教育等角度，深度挖掘开源发展的困境与挑战，探索其发展与未来。而这些开源世界里的点点星火，也将与大家一起点燃全球开源蓬勃发展之火炬。

姜宁

Apache软件基金2022年董事，Apache软件基金会孵化器导师，Apache本地北京社群发起人，华为开源管理中心技术专家，前红帽软件首席软件工程师，有十余年企业级开源中间件开发经验，有丰富的Java开发和使用经验，函数式编程爱好者。

中国开源贡献者占全球9.5%，《2022中国开源贡献度报告》正式发布

文 | 《新程序员》编辑部

中国开发者对全球开源的贡献度正在不断提升，由中国开发者主导的开源项目陆续登陆国际舞台，吸引全球开发者参与其中。在此趋势下，如何客观地衡量中国开源贡献的真实情况成为关键所在。《2022中国开源贡献度报告》从数据出发，深入分析中国开发者及企业参与头部开源项目的现状，供所有开源开发者及企业参考。

"今天，不做开源甚至都没有办法开发软件。"

在GitHub 2022年度Octoverse报告的主页上，梅赛德斯-奔驰技术创新FOSS大使Wolfgang Gehring的这句话尤为显著。开源已经吞噬了世界，一如红帽前任总裁兼CEO Paul Cormier所言："尽管开源开发模式几十年前就开始成为开发者、黑客和有远见的人们各显身手的试炼场，但我们现在已经远远超越了这一点。它不仅是商业软件开发的主流途径之一，也在为创新源源不断地提供澎湃动力。"

作为全球最大的代码托管平台，GitHub的用户规模在2022年已经达到了9400万，其中，中国位列第三，总数为875万。越来越多的中国开发者在国际开源社区活跃及贡献，同时，中国本土的开源平台及项目正在崛起。为了真实地反映中国开源发展及贡献现状，CSDN GitCode联合PingCAP OSS Insight、北京大学软件与微电子学院荆琦副教授共同发布《2022中国开源贡献度报告》，通过分析汇总Apache基金会、CNCF基金会、Linux基金会、GitHub、CSDN、Gitee头部项目的Commit（提交）数据，综合得出中国开发者和企业参与头部开源项目的情况，供所有相关从业者参考。

《2022中国开源贡献度报告》数据范围及选取标准：

此报告中分析了约5400个头部开源项目近两年的Star、PR、Issue、Commit记录及两年来CSDN内容指数。

头部开源项目选择标准：

- GitHub，头部5000个项目
- Apache基金会，GitHub Star数≥1000的项目，共计123个项目
- CNCF基金会，GitHub Star数≥1000的项目，共计394个项目
- Linux基金会，GitHub Star数≥1000的项目，共计329个项目
- 国内代码托管平台头部项目，GitHub Star数≥1000的项目，共计229个项目

以上项目汇总去重后，共得到本次统计的全部5394个项目。

中国开发者正在逐渐成为全球开源贡献的重要力量

开源的发展趋势非常迅猛，国内外诞生了不少基于开

源的独角兽公司，如GitLab、Databricks、PingCAP等。中国参与开源的开发者数量也越来越多，据CSDN发布的《2021—2022中国开发者调查报告》显示，开发者参与开源贡献的比例较上一年度增长近10%。同时，在日常开发中（见图1），94%的开发者都在使用开源软件，仅有2%的开发者表示从未使用开源软件。

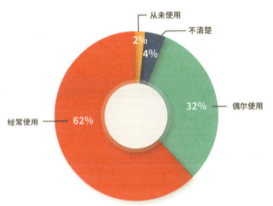

图1 94%的开发者正在使用开源软件

中国开源贡献者占全球9.5%

而《2022中国开源贡献度报告》（以下简称"报告"）通过对全球5394个顶级开源项目进行分析，得出数据结论：在过去两年中，在全球范围内为开源项目贡献代码的开发者共计21万，其中约1万为中国开发者，占比9.5%（参见图2）。

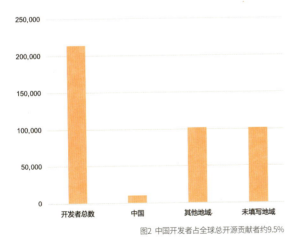

图2 中国开发者占全球总开源贡献者约9.5%

中国开发者主导的开源项目占全球12.5%

其次，在近两年间，由中国开发者主导的开源项目逐渐增多。例如，2021年Apache基金会新增孵化开源项目全部来自中国。在报告中，综合全球开源项目Commit情况，根据每个项目的Commit是否为中国开发者的提交，按照大于标注为中国地区开发者的提交占比超过40%为主要标准，外加CSDN、Gitee等国内社区标签信息作为参考，确认674个项目为中国开发者主导的项目，占比约12.5%（见图3）。

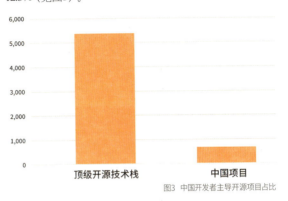

图3 中国开发者主导开源项目占比

过去，中国开发者大多以为国际开源项目贡献为主，在这之中涌现出了非常多的公司及知名开发者。如今，也有越来越多的国际开发者为来自中国的开源项目作贡献。数据统计（如图4所示），在674个中国开源项目中，共收获343,735个提交，其中明确标注地域信息的开发者提交数为205,528个，66.34%来自中国，33.66%为国外开发者贡献。

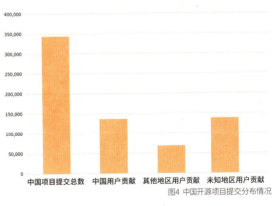

图4 中国开源项目提交分布情况

中国开源项目质量及影响力依然需要进一步增强

今天，我们纵览GitHub全球开源项目TOP50榜单（如表1所示），能够很清晰地看到，来自中国的开源项目实在是凤毛麟角，并且均属前端领域。按中国贡献者占比或中国用户Commit数量超过40%的维度来计算，由尤雨溪创造的Vue.js已经是一个非常典型的国际化开源项目，并不能将其定义为中国项目。在这个前提下，进入全球TOP50，且从地域属性上明确大多数贡献者来自中国的有蚂蚁集团的Ant Design，以及基于Vue和Element-UI实现的后台前端解决方案vue-element-admin。

我们进一步来细分中国开源项目TOP20（参见表2），可以发现，从技术类别上来讲，前端依然拿下了前三，微服务、数据库等的比重逐渐显现。而在所属公司或个人层面上，阿里系比重尤为显著，TOP20中有6个项目来自阿里系（阿里巴巴、蚂蚁集团、饿了么），分别为Ant Design、Apache Dubbo、Element、Nacos、Arthas、P3C。

再从公司维度来看，全球贡献排名前50的公司中（参见表3），有10家中国企业上榜，分别为华为、阿里巴巴、联发科（中国台湾）、腾讯、乐鑫科技、百度、字节跳动、中兴、瑞昱（中国台湾）以及涛思数据。其中，华为的贡献度排名遥遥领先，位居全球第六。

排名	项目	Star	Fork	综合得分	排名	项目	Star	Fork	综合得分
1	pytorch/pytorch	59,330	16513	44,288.98	26	panjiachen/vue-element-admin	78,731	28,633	11,203.07
2	tensorflow/tensorflow	168,154	87235	28,117.84	27	spring-projects/spring-boot	63,435	37,295	11,156.18
3	twbs/bootstrap	159,814	77315	25,685.78	28	angular/angular	84,134	22,243	11,137.81
4	vuejs/vue	199,777	32,877	24,190.23	29	bitcoin/bitcoin	66,361	33,076	10,835.49
5	facebook/react	195,592	40,513	24,042.60	30	django/django	66,600	27,917	10,486.43
6	public-apis/public-apis	210,747	24,113	23,085.03	31	axios/axios	96,085	9,820	10,355.54
7	torvalds/linux	138,982	44,900	20,757.70	32	laravel/laravel	71,115	23,018	9,835.16
8	octocat/spoon-knife	11,317	129,976	18,958.60	33	microsoft/typescript	84,711	11,017	9,515.45
9	microsoft/vscode	137,259	23,522	17,506.31	34	angular/angular.js	59,378	28,237	9,430.72
10	ohmyzsh/ohmyzsh	150,733	24,556	17,442.51	35	spring-projects/spring-framework	49,294	34,782	9,424.98
11	flutter/flutter	145,487	23,390	17,224.28	36	elastic/elasticsearch	61,345	22,288	9,218.66
12	vinta/awesome-python	143,616	21,960	16,342.74	37	redis/redis	56,977	21,800	9,210.76
13	airbnb/javascript	127,655	24,335	15,121.26	38	animate-css/animate.css	75,910	16,251	9,185.12
14	kubernetes/kubernetes	92,557	33,911	13,844.92	39	home-assistant/core	55,108	198,36	9,111.34
15	opencv/opencv	64,067	52,632	13,657.94	40	microsoft/terminal	85,495	7,519	9,108.96
16	tensorflow/models	74,488	46,036	13,313.03	41	grafana/grafana	51,223	10,057	9,095.77
17	ant-design/ant-design	82,096	36,086	13,077.07	42	rust-lang/rust	72,685	9,850	8,971.09
18	facebook/react-native	105,154	22,472	13,039.40	43	jetbrains/kotlin	42,767	5,281	8,852.01
19	d3/d3	102,984	23,174	12,754.34	44	ansible/ansible	54,716	22,437	8,780.73
20	mrdoob/three.js	85,808	33,001	12,693.16	45	git/git	43,753	24,075	8,695.09
21	nodejs/node	90,711	24,443	12,407.76	46	denoland/deno	85,628	4,627	8,622.65
22	golang/go	104,324	15,456	12,244.62	47	puppeteer/puppeteer	80,178	8,647	8,615.58
23	vercel/next.js	93,393	20,496	11,884.96	48	moby/moby	64173	18291	8,609.85
24	electron/electron	103,939	13,892	11,854.61	49	jquery/jquery	56775	20486	8,529.91
25	mui/material-ui	81,715	28,142	11,761.42	50	rails/rails	51517	20650	8,190.59

表1 国际主流开源项目TOP50（数据源：GitHub）

我们更进一步地来看中国企业的贡献（见图5），从Commit数据来看，华为为国际项目做了大量的开源贡献，包括Linux内核、Rust等，为中国公司在全球开源项目贡献中的TOP1。与之相类似的是联发科，专注为Linux作贡献。众所周知，单论Star而言，阿里巴巴位居中国第一，综合Commit数据，紧随华为。腾讯的贡献则以自有开源项目为主，包括bk-ci（持续集成平台）、Matrix（性能监控框架）等。

本次发布的项目列表中，有26个中国开源项目由于没有在GitHub托管，无法获取其GitHub Event数据，在排名中没有计算在内，其中包括知名开源项目OpenHarmony、openEuler、MindSpore等，我们将会在后续迭代中不断完善数据，汇总加入计算。

"中国开源迎来了最好的时代，按照创造价值的维度，目前全球开源五十强我们只有两家，但相信未来五年是中国开源创造和创富爆炸性发展的五年，我们预测并相信，五十强中将会有二十家来自中国。"CSDN创始人蒋涛表示。

排名	项目	所属公司或个人	Star	Fork	贡献者数量	CSDN索引指数	月均pus	月均PR	月均issue	活跃用户	月均Star	月均Fork	综合得分
1	ant-design/ant-design	蚂蚁集团	82,096	36,086	1946	51.25	797.28	137.96	219.24	45.64	3,528.48	597.96	13,077.07
2	panjiachen/vue-element-admin	个人（字节跳动）	78,731	28,633	124	33.96	0.28	2.28	20.72	2.12	808.88	374	11,203.07
3	apache/echarts	百度	52,604	19,198	178	99.17	516.77	22.64	130.14	10.45	417.23	159.95	7,546.85
4	fatedier/frp	个人	60,541	10,698	95	30.88	18.12	7.04	34.04	4.44	868.28	152.76	7,079.54
5	apache/dubbo	阿里巴巴	37,912	25,338	471	338.21	98.84	77.2	63.04	23.84	205.32	172.68	7,041.41
6	elemefe/element	饿了么	52,700	14,225	639	10.96	12.52	17.48	54.48	13.08	276.16	163.88	6,846.09
7	jeecgboot/jeecg-boot	北京国炬	31,049	12,316	13	10.67	13.59	1.94	70.53	1.71	471.53	205.24	4,583.07
8	gogs/gogs	个人	40,965	4,643	534	27.92	20.04	8.76	12.12	3.48	262.04	35.4	4,441.00
9	blankj/androidutilcode	个人（字节跳动）	31,421	10,428	51	2.17	6.44	1.32	12.32	1	169.44	67	4,309.74
10	dogfalo/materialize	个人	38,728	4,850	302	0.17	0.56	0.68	1.88	0.64	76.88	14.16	4,218.82
11	ventoy/ventoy	个人	40,073	2,894	79	13.88	22.04	6.72	39.2	6.04	1,178.68	95.08	4,172.92
12	taosdata/tdengine	涛思数据	19,342	4,486	180	9.63	17,316.68	429.16	66.12	32.88	226.48	46.68	4,036.52
13	iamkun/dayjs	个人（饿了么）	40,499	2,039	308	1.25	21.08	11.56	24.72	8.72	397.04	31.48	4,034.28
14	dcloudio/uni-app	DCloud	37,141	3,352	239	10.63	717.32	4.52	61.44	3.88	498.36	49.4	3,979.84
15	bilibili/ijkplayer	哔哩哔哩	30,792	7,875	63	7.21	1.12	1.2	12.4	0.92	157.28	37.56	3,900.36
16	pingcap/tidb	PingCAP	32,441	5,277	865	44.13	343.52	288.48	256	72.24	319.72	67.08	3,876.93
17	alibaba/nacos	阿里巴巴	24,072	10,709	290	502.67	188.04	68.4	128.8	21	410.64	250.24	3,829.13
18	alibaba/arthas	阿里巴巴	30,518	6,658	167	53.04	50.08	5.84	19.56	4.32	316.72	75.36	3,748.60
19	alibaba/p3c	阿里巴巴	28,267	7,755	44	14.13	1.04	0.92	5.48	0.8	229.12	82.72	3,665.37
20	agalwood/motrix	个人	33,666	3,895	58	0.83	10.08	2.4	14.24	1.76	483.6	53.96	3,650.94

表2 中国开源项目TOP20（数据源：GitHub）

开源深度指南

排名	公司	综合得分
1	Google	1,571,370,636.19
2	Meta（Facebook）	691,569,819.40
3	英特尔	322,620,764.93
4	红帽	247,301,828.81
5	美国超威半导体	178,148,916.66
6	华为	158,186,175.65
7	微软	143,549,439.68
8	英伟达	136,294,218.04
9	苹果	131,730,271.98
10	SUSE	104,245,021.84
11	GitHub	92,008,221.89
12	Yandex	90,458,420.54
13	VMware	78,848,844.02
14	甲骨文	75,506,703.89
15	Cloudflare	69,649,941.14
16	JetBrains	62,622,269.13
17	ARM	61,748,477.99
18	Elastic	57,077,360.89
19	阿里巴巴	54,257,540.36
20	NXP	51,876,629.39
21	IBM	50,220,969.02
22	亚马逊	45,936,621.05
23	Canonical	41,524,412.85
24	联发科（中国台湾）	41,170,248.21
25	Gradle	39,789,054.18
26	Cockroachlabs	39,298,420.25
27	Pengutronix	33,936,806.53
28	MongoDB	31,432,021.05
29	HashiCorp	30,575,523.72
30	Sentry	27,492,545.78
31	微芯科技	26,713,964.61
32	瑞萨电子	25,350,782.01
33	Linutronix	25,052,813.30
34	Collabora	21,905,361.00
35	腾讯	21,452,693.35
36	乐鑫科技	19,340,065.33
37	百度	18,501,453.39
38	ClickHouse	18,147,294.40
39	Glider	16,999,167.70
40	Sourcegraph	16,733,191.53
41	字节跳动	16,636,785.91
42	中兴	16,558,044.64

续表

排名	公司	综合得分
43	德州仪器	16,554,805.65
44	Bootlin	15,057,317.77
45	Marvell	14,340,424.73
46	Adobe	14,280,886.60
47	瑞昱(中国台湾)	14,205,166.99
48	Rapid7	13,775,780.01
49	博通	13,732,060.94
50	涛思数据	13,616,080.59

表3 全球公司开源贡献榜TOP50

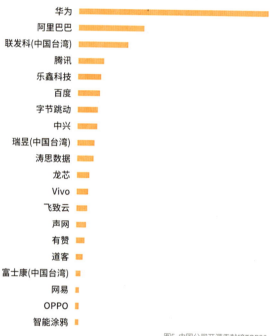

图5 中国公司开源贡献榜TOP20

《2022中国开源贡献度报告》报告的数据客观量化公开，分析方法开源开放，未来将定期发布，欢迎所有开发者及企业扫描文末二维码参与。

注：引用报告中的数据，请注明来自《新程序员》，并标明来源链接。

扫描二维码，查看详细报告数据或参与更新

邹欣对话Python之父：人类的大脑才是软件开发效率的天花板

文 | 罗景文　何苗

十五年前，《程序员》杂志曾专访过Python之父Guido van Rossum，一起探讨了Python 3.0较为明显的新特性，即增加了对中文（Unicode）的支持。十五年过去，Python的版本号只前进了一个数字，但Python已经是编程语言流行度的王者。《新程序员》也对Guido van Rossum再次进行采访，不仅带来了开发者们关心的Python 4的最新披露，还探讨了对软件开发核心的深层理解。

受访嘉宾：

Guido van Rossum

计算机程序员，Python程序设计语言的作者，拥有阿姆斯特丹大学数学和计算机硕士学位，曾获2001年自由软件进步奖。

采访者：

邹欣

CSDN副总裁，曾在微软Azure、Bing、Office和Windows产品团队担任首席研发经理，并在微软亚洲研究院（北京）工作了10年。在软件开发方面有着丰富的经验。著有《编程之美》《构建之法》《智能之门》《移山之道》4本技术书籍。

2007年，CSDN《程序员》杂志（《新程序员》前身）编辑在Google Dev Day大会现场采访到Guido van Rossum（以下简称Guido），那时的他加入Google近两年，而Python已经是Google的第三大编程语言，主要适用速度不太高的应用，如企业内部的一些小工具以及沟通交流的工具应用。当时的会场上，不断有中国程序员走近Guido，索要签名和合影，就像打卡网红景点一样。Guido很高兴地看到Python在中国正从小众走向大众。对于如何推动Python在中国的发展，他认真地提出了几个小建议："比如，CSDN网站上有人在翻译我的英文博客。出版社也可以考虑出一本中文的Python教程或图书，或把一些现有的Python书籍翻译成中文。"

弹指一挥间，从Guido在1991年发布第一个Python公开发行版算起，Python已然过了三十而立又一年。Guido的小建议已一一实现，如今的Python也在全球编程语言总榜牢牢占据第一，超越了众多历史上流行的编程语言，成为最受欢迎的解释型编程语言，可以跨平台运行在所有主流操作系统之上。同时它在大量软件企业和组织的应用中，如Google、Meta（前身Facebook）、Twitter、Red Hat、Dropbox、阿里巴巴、腾讯、百度、NASA等，都是排在最前列的编程语言。在CSDN《2021-2022中国开发者调查报告》中，常用Python的职业开发者占比达30.7%，使用量呈逐年攀升趋势。

另外，诞生之初便是开源项目的Python，三十多年来其生态圈对整个开源事业的贡献可谓源源不断。2000年，由于GPL早期在美国个别州与地方法律存在冲突，Python 2.0发行版便自行创立了PSFL许可证，为推动GPL的进步作出了贡献。Python社区也贡献了众多的开源软件，如NumPy、SciPy、Matplotlib等众多科学计算程序库，TensorFlow、PyTorch机器学习框架，SaltStack

和Ansible等DevOps运维自动化平台，OpenStack云计算解决方案，还有Django、Tornado、Flask等数不清的Python Web应用开发框架等，都已成为开源软件开发的重要基石。

此外，作为Python软件基金会（PSF）成员之一的Google，还有一个Google Summer of Code（GSOC）项目，被众多开发者所喜爱，它赞助世界各地的大学生利用暑假时间参与到一些开源软件的开发中，为开源提供生生不息的新力量，如今已是全球最大的开源社区实习项目。

Guido从一个小众语言的发明者，到最流行语言的"仁慈的独裁者"，转变为一个退休编程爱好者加入微软，他现在的工作和生活状态如何？本次对话我们也向CSDN社区的开发者征集了最想问Python之父的问题，从CSDN副总裁邹欣与Guido的独家对话中，一起来看他的精彩解答。下面是Guido在加州海边度假别墅中的对话实录。

Python缘起与三十载风云发展史

邹欣：现在很多人的第一门编程语言就是Python。你是怎么开始学习编程的？

Guido：我最早是1974—1975年在阿姆斯特丹开始学习编程。学的第一门语言是ALGOL 60，后续还学过一些别的语言，但我最爱的是Pascal，它是一门非常优雅的语言。在这个过程中，我逐渐了解一门编程语言应有的特性，以及它们在处理具体问题时各自的特点。例如，在ALGOL 60里是没有字符串类型的，如果想定义一个标识符就必须用一种魔法般的方式来处理字符串，这种魔法在不同的输入硬件上的施展方式还不一样——要知道我们当时是通过穿孔卡片来输入代码的，每种卡片机都不同。而Pascal在处理字符串上也很有一套，我认为Pascal非常优雅，能帮程序员高效率编程。

邹欣：20世纪90年代初，你在圣诞节假期作为个人兴趣项目创建了Python，当时有没有想过有一天Python会如此大放异彩？如何看待今天的Python？

Guido：当时，我在工作中有个任务要完成：用C语言写一大批功能非常相似的小型工具。对于重复编写非常相似的C语言代码，我比较心烦，如果能有个比C语言更好的编程语言就好了，我就能非常快速地完成任务。后来，我索性自己发明了Python。其实只是想创造一个"胶水语言"，把写过的C语言小程序粘贴在一起构成一个新的工具。

我对Python后来的发展根本没有什么预期，我觉得它就跟当时做过的许多失败的项目一样，没有什么特别之处。Python最开始的发展非常缓慢，后来之所以会受到大家的青睐，主要是在20世纪90年代末期，很多科学家开始在进行科学计算时，就像我一样用Python来作为"胶水语言"，调用原来由Fortran或C++编写的代码。对于这些科学家来说，Python是非常顺手的工具。

对比现在的Python和最早的版本，你也许会发现Python这门编程语言几乎没怎么变，只是类的声明有少许改变：print从最初版本到Python 2一直都是语句，直到在Python 3里才变成了函数；函数从最开始没有关键字和参数到后来有；以及Python 3子出现的双下划线魔法函数（Dunder Magic Methods）等。总的来说，现在的Python和最开始相比并没有特别大的差别，无论语法、语义还是其本质精神都非常接近。

邹欣：大家刚接触Python这门语言时都会好奇强制的代码缩进。如果重来一次，你是否会放弃缩进这个强制要求？

Guido：代码缩进（Code Indentation）其实并不是我发明的，是当时的同事给了我启发。在Python中要求进行代码缩进的原因是30年前的代码编辑器都不能很好地对代码进行缩进排版，所以我就想鼓励程序员自己来对代码进行正确的排版，从而确保程序员从视觉上对代码的理解与编译器对代码的解析是一致的，这非常重要。几年前苹果公司发生过一次非常严重的代码安全漏洞事故，就是由于代码中一个语句与程序员实际设想的if-else语法逻辑没有匹配而引起的，如图1所示。其实，严格要求代码缩进确实有点夸张，改用花括号也不是不可以。

```
So here's the Apple bug:
static OSStatus
SSLVerifySignedServerKeyExchange(SSLContext *ctx, bool isRsa, SSLBuffer signedParams,
                                 uint8_t *signature, UInt16 signatureLen)
{
    OSStatus    err;
    ...

    if ((err = SSLHashSHA1.update(&hashCtx, &serverRandom)) != 0)
        goto fail;
    if ((err = SSLHashSHA1.update(&hashCtx, &signedParams)) != 0)
        goto fail;
        goto fail;
    if ((err = SSLHashSHA1.final(&hashCtx, &hashOut)) != 0)
        goto fail;
    ...|

fail:
    SSLFreeBuffer(&signedHashes);
    SSLFreeBuffer(&hashCtx);
    return err;
}
(Quoted from Apple's published source code.)
```

图1 Apple的SSL/TLS错误

邹欣： 开源编程语言Python的发展是否像所谓的"曲棍球曲线"一样，是突然获得了高速发展？

Guido： 我其实不是很喜欢"曲棍球曲线"这个词，虽然这是一种非常直观的表述。实际上任何事物的发展最终都会变得平滑，就像一个S曲线一样，在发展达到一个高峰后就不会继续高速发展了。

对于我来说，衡量Python发展的一个指标其实是社区事件。Python最早是在1991年一个与开发工具有关的Usenet新闻组里发布的，后来我们建立了邮件列表，到1994年Python有了专属的Usenet新闻组comp.lang.python。在1994年初，Python仍然只是一个在线社区。后来社区里的开发者表示希望能有真实世界的线下活动，于是1994年年底我第一次主导了线下研讨会，当时只有不到25人参加。半年之后又举办了一次线下研讨会，参加人数倍增到50多人。从那时起，我觉得半年一次线下活动实在是太耗费精力了，于是从第三次开始改成了一年一次。再后来，我们有了PyCon的会议形式，其他Python会议逐渐在世界不同的地点举办起来。

关于Python的技术书籍出版也呈现出同样的"S曲线"发展，最开始每一位出版Python相关书的作者都会给我寄一本副本，我也开始收集这些书。到后来Python的书出版得越来越多，很多作者也就没有给我寄书了。我也不知道这些书有多少本是成功的，但关于Python书籍的市场规模慢慢起来了。O'Reilly也出版了不少，甚至有个时期同时出版了三本Python的书。

邹欣： Python的书在中国非常受欢迎，所有编程书籍里卖得最好的就是Python，其中有一本《Python编程从入门到实践》中文版畅销100万册，读者更是对其爱称为"蟒蛇书"。一定是因为Python能帮助人们解决他们在编程中所遇到的问题，人们对此有极大的需求。

Guido： 我想这一定也归功于中国庞大的人口基数，以及经济社会迅速的发展。

邹欣： 技术和社会的确在快速发展，程序员也一直很忙，几十年前，程序员的显示器能显示的代码行数有限。而现在的程序员喜欢用宽大、分辨率高的屏幕，甚至是多个屏幕，并排在一起。你觉得多屏编程能极大地提升编写代码的效率吗？

Guido： 你刚才描述的就是我在办公室的状态，被多个屏幕围绕，哈哈。但这并不会飞速提升编程效率。你得不停地转头查看各个屏幕，可能会让人分神。我有个同事为了能更专注地写代码，他只用一个笔记本电脑屏幕，但开了8个代码窗口并排在一起，并用非常小的字体。

软件开发没有银弹

邹欣： 随着硬件条件的改进，软件的进步，很多东西都变了，但所谓的"银弹"并没有出现。我们现在有Python，也有了新的编程语言，如Julia、谷歌新近推出的Carbon语言等，但这些是否只是语法糖？还是它们确实可以大幅提升开发软件的效率呢？

Guido： Fred Brooks在《人月神话》中最早引入"银弹"

这个词，阐述了没有什么工具能直接让软件开发的效率得到大幅提升。我认为人的大脑可能才是软件开发效率的天花板，而非屏幕上能显示多少行代码或编译器能跑得多快。新出现的GitHub Copilot，我一用就喜欢上了它，它太棒了，但我也不认为这是提升代码编写效率的银弹——因为它自动生成了10行代码，你还得花时间去确认这10行代码所做的事情确实就是你想要的。

我想起以前听过的一个笑话，那是在MS-DOS年代，有个外行的项目经理领导一个项目，要交付一百个用户界面的应用，期限是六个星期。然而到第三个星期，他们还没有生成任何一个用户界面，这个项目经理非常焦虑，对他来说，团队的生产效率就是零！然而程序员却说，他们正在构建一个工具，这个工具会在最后两天自动生成一百个用户界面。这大概是所有程序员都梦寐以求的事情。事实上，我当初创建Python时也是这么想的，我最后通过Python把原来所有C语言写的小程序都粘贴在一起，很快完成了任务。

邹欣：什么才是软件开发最核心的东西？是使用"创造工具的工具"来极大提高效率吗？

Guido： 我认为对编程来说真正酷的事情，是将新软件构建于先前软件的基础之上，现在的程序员编写代码可以借鉴前人的代码。举例来说，假设我需要用Python编写一个程序以对推特消息进行情感分析（Sentiment analysis）。虽然从未做过类似的事情，但我相信通过谷歌搜索引擎和Copilot就能在一个下午完成这项工作，因为我一定不是第一个去做这件事的人。可以看到我们现在构建软件的方式跟二三十年前很不一样。

软件实际上是由多层结构组成的，这有点像生物的进化。一方面DNA的编码方式已经有十亿年没有发生变化了，这就像计算机体系里的比特、字节、指针和内存一样。数亿年前隐生代的水藻细胞就已经有着自己独特的DNA编码，一个水藻细胞就像一个小型计算机。另一方面从水藻化石中发现的隐生代细胞跟现代的细胞，如人类的组织细胞，没有太大的形态变化。不同类的多细胞可以组成不同的器官，各种不同的器官最终又组成了

人类，人类自己又构成了人类社会。软件也像是这样，我认为软件开发领域最重要的事件就是通过网络把计算机都联系在了一起，从而能基于简单细小的结构构建出多层次的大型复杂体系。在简单中蕴含着高层次的结构，这里具有超乎想象的灵活性和可能性。

在软件当中其实最终都是指针、内存和计算，作为程序员了解这些底层的概念非常重要。至少在学习编程的时候，要对此有所了解。这就像做加减乘除一样，你可以通过计算器来按出结果，但如果你不懂算术原理，当你在用计算器计算时不小心按错了，得到了错误的最终结果，自己甚至都不知道错在哪里了。如果你懂一点基本算术原理，就能对计算器的最终显示结果是否正确有一个大致判断。如果还懂得更多一点的数学知识，就可以将一个原本无法直接用算术来进行解答的问题拆分成若干个小的算术问题，解决了这些小问题，就能算出最终答案。因此我们不能把计算机当作一个魔法盒子，而要去了解它是如何运作的。这样虽然不一定能成为最厉害的程序员，但会比那些完全不懂基本概念的程序员更了解软件和计算机的弱点和约束，从而更好地运用各种软件工具，避免愚蠢的错误。

从"集市"走进"大教堂"，在微软做开源的日子

邹欣：谈起微软和开源，有一本书必须被提到，那就是《大教堂与集市》。许多人认为微软就像大教堂，而开源则像集市，现在你从集市走进了大教堂里。在微软内部从事开源有什么不一样的感受和印象吗？与C#之父Anders Hejlsberg、VS Code负责人Erich Gamma等有过交流和思想碰撞吗？

Guido： 我对微软的第一个印象就是微软实际上并不只有一个微软，微软的内部实际上还有众多不同的部落，彼此有着不同的目标以及做事方式。有的人不怎么关心软件而只关心钱；有的人只关心软件而不怎么关心钱，却也不怎么关心使用软件的人；还有人会关心使用软件的人以及软件如何帮助到这些人。我很幸运在微软找到

了属于自己的部落，这个团队关心开发人员，也就是使用Python的人。

当然，微软大部分的部门都关心用户。我最近跟Excel团队有过接触，他们对Excel用户深入关注的程度给我留下了深刻的印象。我还跟C#、C++、F#和TypeScript等团队都有过接触，实际上Anders Hejlsberg就是我的入职导师。

我发现微软内部对待不同开发语言的态度非常有意思。这些编程语言的状态也很不一样，微软自己设计的语言，例如C#和Visual Basic得到了高度重视；而有的编程语言就像在光谱的另一端，不受关注，Java就是最显著的例子。由于一些糟糕的历史因素，Java在微软内部很长时间都没有得到关注。

邹欣：**在加入微软后，你有用过VS Code或Visual Studio吗？你喜欢使用什么代码编辑器，是Vim还是Emacs？**

Guido：这是一个非常有意思的问题。在加入微软之前，我是一个有着至少30年使用经验的Emacs用户。虽然我不是一个非常极端的Emacs用户，但Emacs的键盘快捷方式已经深深地嵌入了我的肌肉记忆中。在Emacs之前，我用的是Vim。一直到现在，任何时候我都能拿起Vim就用，我始终记得如何在Vim里切换编辑和导航模式。但只要超过了五分钟，我就会回到Emacs里进行工作。

在我加入微软之后，我决定去尝试一下VS Code。然后我就喜欢上了它。这也是前面我提到Copilot的原因。虽然Copilot并不是VS Code专属的，但是VS Code确实为Copilot提供了最为地道的支持。我个人认为VS Code是Emacs的继承者，尤其是它的扩展架构。至于Visual Studio的话，我觉得那是微软自己的东西。虽然Visual Studio也有扩展体系，但显然不是面向所有终端用户的。

Python 4还有多远？

邹欣：**大家都非常关注Python 4，你有些什么可以披露的呢？如果再次升级Python，对比从Python 2升级到Python 3会有什么不同？**

Guido：实际上我也不确定Python 4是否会出现。因为从Python 2迁移到Python 3对社区来说，是一件太过于痛苦的事情，这次迁移还导致了社区的分裂，甚至有些开发人员成了陌生人。Python的核心开发团队没有预料到需要付出这么大的代价，所以大家后来不敢想象再有Python 4了。从我来看，即便今后会有Python 4，它的迁移过程一定不能重蹈覆辙。

最近围绕Python有个激烈的讨论，是关于取消全局解释器锁（Global Interpreter Lock，GIL）。这个改变和迁移过程或许不会像之前那样痛苦。来自Facebook团队的Sam Gross就是极力提议要取消GIL的开发人员之一，他在过去很多年一直致力于采用多种策略来取消GIL，从而实现线程自由。但这个观点既有支持的，也有持怀疑态度的，我对此不置可否。

如果Python指导委员会支持，我希望Python 4至少在扩展模块上能有很多的不同——唯有这样才能使Python 3到Python 4的迁移对普通用户而言是无感的，但或许对编写Python扩展的开发人员来说依然是痛苦的，因为整个Python生态系统充满了各种扩展，如NumPy和其他众多的科学计算库、数据科学库和机器学习库等，它们将会从一个没有GIL的Python版本中受益。然而，它们已经使用含有GIL的Python版本编写了庞大的代码，迁移到没有GIL的Python版本肯定是一个非常复杂的过程。最终对于这些库来说，没有GIL可以实现更加安全的多线程以及多核计算。

邹欣：**对于Python在运行速度上的提升，大家也非常关注，在这方面有什么新的进展吗？**

Guido：对于这一点我倒是持非常乐观和正面的态度。加入微软之后，我被鼓励开启了自己的起步项目，我决定来看看如何提升Python解释器的运行速度。不过并非自己独自开发，还聘请了一个团队来做这个事情。这个小团队的第一位开发人员是过去十年来一直在努力提升Python解释器运行速度的人,他的名字叫Mark Shannon。

再有几个月Python 3.11版本就会正式发布,根据我们的基准测试,对比Python 3.10,它会有20%~25%的速度提升。这是我们三到五个人花了一年左右的时间完成的。3.12和3.13版本还在计划中,我们期待Python解释器将会运行得更快,拥有更好的未来。

"我不是未来主义者,更专注当下"

邹欣: 在Python发展早期,你曾经向DARPA写过提案,希望Python能成为大众的编程语言。你认为现在Python实现了这个目标吗?Python的下一步发展是什么?

Guido: 有意思的是,最近也有人向我提及了当年的提案。实际上Python并没有按照当初设想的那样发展。但Python今天确实拥有了非常多的用户,并且成为很多人入门学习编程的语言——这是Python最大的成就。

最近我还参与了一个采访,与我一同被采访的是一个摇滚乐手,同时也是个业余Python编程爱好者。他写了很多Python程序来管理他的摇滚乐队,如巡回演出的安排、追踪他们歌曲的创作进度等。他非常热衷于写Python脚本,我寻思,这大概能让他从创作音乐中解放出来。他从14岁开始就在乐队里弹电吉他,那时他就有个梦想:在23岁让他的乐队与唱片公司签约。他非常有目标驱动力,而且非常有雄心和专注,后来他真的实现了梦想,签约了唱片公司并且发行了热门唱片。他做事非常有计划,给我留下了深刻印象。他会设定最后期限,按计划推出下一张专辑,为了创作出十首足够好的歌曲来发行一张唱片,他们常常需要先创作出一百首以上的歌曲来筛选。

邹欣: 我曾读过一本Bill Gates的传记,他是一个非常有驱动力的人,这个传记书名叫*Hard Drive*,一不小心会和"硬盘"混为一谈。

Guido: 这个书名的确开了一个小玩笑。

邹欣: UNIX的创造者之一Ken Thompson的故事和你说的乐手不同,他没有雄心勃勃的创业理想或商业目标,而是喜欢通宵在机房写程序、玩计算机,他对于"加入伟大的公司"也并不热心。贝尔实验室花了一番功夫才说服他加入,最终他在那里和几个小伙伴创造了UNIX、C这些影响世界的产品。

Guido: 相比之下,我在23岁的时候还不知道自己将来要干什么,我只是关心当下什么事情最让我开心,那时编程就是。我不是一个未来主义者,更专注当下,我对Python未来的发展也没有雄心勃勃的设想。

这个夏天,我的一大爱好就是沿着海岸徒步,或者骑山地车到处转悠。我也会花很多时间阅读,如美国经典小说《杀死一只知更鸟》。我正慢慢看的另一本书是Marlon James的《七杀简史》。作者来自牙买加,目前在美国一所文理学院教文学,他写了一些我非常喜欢的奇幻书,而且故事背景设定在非洲。我非常享受这样的生活。

对话MySQL之父Monty：超越MySQL很难，但我做到了！

文 | 王启隆

Michael "Monty" Widenius早在1983年便拥抱开源，并先后带领团队创造了MySQL和MariaDB两大数据库，但他从不认为自己能够高瞻远瞩、预见未来，而是始终遵循着一个信条：倾听客户的需求，并且满足他们。在本文中，Michael "Monty" Widenius对数据库行业在开源时代产生的变化提出了自己的独特见解。

受访嘉宾：

Michael "Monty" Widenius
开源数据库MySQL的主要设计者和主要推动者，离开MySQL后创立MariaDB，现担任MySQL AB公司的创始成员和MariaDB基金会的首席技术官。

数据库是所有现代信息系统的支柱，打孔卡系统曾管理了20世纪的社会运作，而在计算机诞生之后，电子数据库系统存储和分析企业数据影响着无数企业的决策。如今，社交媒体和物联网的泛滥已经迎来了需要收集和分析海量数据的时代，在这一时代背景下，开源技术逐渐发展，开源数据库软件的灵活性和成本效益现在已经彻底改变了数据库管理系统。而世界上第一个开源数据库管理系统正是1995年的MySQL。从那时起，开源数据库管理有了许多改进和附加功能，使其成为当今许多企业的首选。

MySQL之父Michael "Monty" Widenius（以下称为Monty）是一位拥有四十多年编程经验的开源大师，除了MySQL的创始人，他还担任Monty Program Ab（现为MariaDB基金会）的创始人。已入花甲之年的Monty依然奋战于代码第一线，没有退休打算，对于编程有着许多独到的

理解，他曾参与《新程序员.004》的访谈，发表不少感悟和心得。

Monty和中国结缘已久，与中国数据库行业也颇有渊源。这一次，《新程序员》有幸再次对话这位开源数据库领域的引航者，他不仅带来了对于开源技术蓬勃发展下的新时代数据库领域的崭新观点，还讲述了一段艰苦卓绝的历史，描绘了MySQL原班人马如何在五年间重新建立MariaDB并东山再起，最终超越MySQL，超越了曾经的自我。

和中国结缘的MySQL之父

《新程序员》：这是你第几次来到中国？这儿有给你留下什么深刻的印象吗？

Monty：我应该来中国十次左右了吧，而这一次待得最久，差不多快一个月了。遗憾的是，明天我就要离开了。在中国最令人难忘的事情，应该是这次旅程中在酒店隔离了十天。不过，作为一名程序员，我的日常无非就是每天醒来，打开计算机进行工作。隔离并没有对我产生多少影响，反而因此少了许多外界的干扰。

《新程序员》：很多MariaDB的优质代码都来自中国开发者。你有什么关于中国开发者的趣事分享吗？

Monty： 我非常喜欢和中国开发者交谈，曾和不少参与MySQL的中国工程师进行过讨论，并让他们能更轻松地加入MariaDB的合作中。不得不说，中国开发者提供的代码都很有趣，他们做的不仅仅是修复数据库中的一些Bug，有的时候会为整个项目带来巨大的影响，所以我很期待未来能看到更多来自中国的代码。

《新程序员》：中国开源的发展可谓是有目共睹。您认为中国未来会在数据库领域扮演什么样的角色？

Monty： 和以往不同，现在的开源数据库领域遍布着中国开发者的身影。我认为中国开发者需要精益求精，勇于去创造少而精的产品，而不是大量复制平庸的产品，中国需要更多像阿里云和腾讯云这样的产品。此外，找到一种团队协作的方式也是当务之急，以MariaDB举例，MariaDB由一个团队管理，其他人可以围绕这个数据库进行补充，并在这个过程中进行合作。像这样的协作方式，对每个人都有意义，也值得学习。正确的协作方式能事半功倍。

《新程序员》：如今也有不少中国开发者想了解开源数据库，你有哪些对这些入门者的建议吗？

Monty： 任何行业新人在使用数据库的过程中总会发现某个自己所感兴趣的，从而产生与其合作的想法。想要入门，首先要站在客户或者公司的角度，为这个数据库找到一些新的需求，然后花时间学习相关知识，研究和改善这些功能。当你与产品本身以及产品背后的工程师，包括基金会合作得越多，对于数据库的了解就会在这些实践中增长，你的个人观点也会在开发者社区中留传下来。因此，去参与开源项目吧，实践将使你成名，实践是入门的第一步。

开源的好处是，所有参与者的个人价值体现在其拥有的技能，而不是学位、背景和身份。在这种情况下，开源开发者用代码和程序来证明自我，而公司将通过代码的质量来决定自己是否想要雇佣一个人。因为开源的存在，开发者不用再了解自己的合作对象是男是女，在意彼此长相如何、来自何方。这就是开源最棒的地方，开源让开发者只关注感兴趣的人，让人能在自己所处领域大放光彩。记住一件事：一名优秀的程序员，是很难被解雇的。

开源数据库——从创建到运营

《新程序员》：回忆往昔，你在创建MySQL时就坚定地选择了开源之路，是有什么契机让你在那个时代发现了开源的重要性吗？

Monty： 我在1983年左右就开始选择开源了。当时我和瑞典的程序员朋友们在做一些开源项目，但后来团队想让项目能够回馈到开源社区，却没什么合适的机会。在创建MySQL之后，我意识到这个项目不但能回馈开源社区，还可以让我不再只是把开源项目当成一个业余工作，我就是这么意识到了开源的重要性。MySQL是我倾注全部心血的第一个项目，我记得MySQL在发行两个月后就开始盈利了。

《新程序员》：在那之后，你建立了MariaDB基金会。你认为维护和发展好一个开源社区最需要的是什么？

Monty： 首先，要有足够的开发人员。在打算建立MariaDB之前，我就已经有一个陪伴我四年的MySQL团队了，当时我想保持原始团队完整，所以多亏了Sun公司付给我的钱，才得以雇佣当年那些最关键的MariaDB开发人员。用人是很重要的一点。其次，有了人才之后，就还需要找到新的商业模式，并实现开源。MariaDB团队曾耗费了五年时光从MySQL分叉出MariaDB，避免了MySQL在被收购之后闭源的风险。这也是值得考虑的问题。

《新程序员》：刚建立MariaDB和在那之前甲骨文收购Sun的时候，是你最困难的时期吗？对你而言，最困难的事情是什么？

Monty： 我认为那段时间的MariaDB称不上困难，因为整个团队在那时已经足够成熟，团队的成员都知道做什么事情是正确的。但在刚建立MariaDB的头五年，公司一直都没有客户，这确实带来了不少经济上的挑战。幸运的是，当时的MariaDB有着足够的资金维持下去，在熬过了那五年之后，新生的MariaDB开始重新和MySQL的老客户们恢复合作，我们也逐渐得到了来自各界的支持。不过，MySQL实在是太流行了，所以很难有数据库能与它竞争，开发者社区后来也花了很长时间才接受MariaDB，而如今，我们赢了。

《新程序员》：你认为做一款数据库要确定什么样的方向比较好？是注重综合性，还是寻找竞争对手的不足，专注填补市场的空缺？

Monty： 建立自己的独特性是很重要的，很多数据库都会这么做。在MariaDB中，开发团队分离了执行接口和存储，所以可以有不同的存储引擎供选择，而这可以让团队更好地解决各种性能问题。MariaDB可以解决很多问题，但并非万能，对于极端的要求，需要提供极端的解决方案。这就是为什么MariaDB前几年收购了一家名为Clustrix的公司，并重新命名了引擎以进行扩展。总而言之，扬长补短。

代码人生——从编程到管理

《新程序员》：从MySQL到MariaDB，你有哪些经验是共通和可以重复运用的？

Monty： 其实那几年行业的变化一直很少，这一点十分有趣。MariaDB一直在做的是添加新的功能，而非改动一些本质的东西。早期的MariaDB一直在研究怎么和MySQL以及Oracle的数据库兼容，开发团队想让以前的那些客户们能将所有数据完好无损迁移到MariaDB，这个想法是在MariaDB建立初期就有的。总而言之，不管是做MySQL还是MariaDB，我都是以客户的需求为本。倾听客户的意见并帮助他们，保持你现有客户的满意并尝试获取新的客户，我认为这些道理是亘古不变的。

《新程序员》：那么，对于开发者来说，可以怎么像你一样做出一款世界风靡、用户广泛的开源产品？

Monty： 万事开头难，一定要做好自己的第一个项目。一个初始的项目能打好根基，它需要在未来发挥作用，并且不能在襁褓中就遭受太多的竞争压力。当然，我很庆幸能有MySQL作为自己的起点。在确立项目后，自然就得建立好社区，拉拢更多人参与项目，获取更多开发者的信任和支持，这就是开源。在大多数情况下，参与一个现有项目肯定比创造一个新项目更容易，所以最好先去研究现有的同类型项目都是怎么样的，评判现有的这些产品是否有所不足，然后再去想想是否要分叉，进一步又该怎么做。研究市场，从而因地制宜。

《新程序员》：DB-Engines上目前统计了三百多款数据库，而中国现在也有很多数据库，你怎么看待这种百家争鸣的现象？

Monty： 如果回顾数据库的历史会发现，大部分数据库都只有短暂的生命期。数据库的客户往往是带着需求去寻找目标的，他们很清楚自己的预期和需求，而数据库公司可能究其一生都在研究用户的需求。为了满足不同的需求，更多的数据库被创建，更多的项目被分叉，而一家公司通常也不需要那么多数据库，因为管理起来太麻烦了。总而言之，数据库的生命期往往很短，但如果一个数据库能足够创新、有着独特的概念，确实能更容易存活下来。在数据库领域，概念太容易实现，成果太容易复制，所以产品一定要在创建之初迅速打响名声。

《新程序员》：你作为程序员的梦想实现了吗？你认为自己会在什么时候退休？

Monty： 我不打算退休，我至今仍在夜以继日地写代码，在参与数据库的优化和改进。我热衷于解决问题，也很喜欢帮助他人。事实上，我觉得能一直居家办公，其实已经实现了一大梦想。在家里我就不用每天出行上班，并获得了比他人更多的时间，这些时间可以用于思考、休息、推进新的潮流。我认为程序员不退休有个好处，那就是可以长期为项目作出贡献。而且，继续工作也可以保持头脑清醒，这也是一件好事。

经验铸成的开源策略

《新程序员》：你认为这几年数据库领域具体都有哪些变化？

Monty： 为了追求更快的速度，这几年各大分布式数据库的查询算法一直在改进。数据库最难做好的部分是数据下沉，这牵扯到对磁盘和内存的选择，其结果会影响数据库的性能。数据库领域的变化主要体现在这些增量的部分，而哪怕在二三十年以后，算法也是数据库考虑的主要问题，领域的变化也体现于此。总而言之，需求创造市场，只有增加更多的业务，才能促进数据库变得更好。数据库领域正在巨变，它其实是一个会让人突然感到无所适从的领域。

《新程序员》：开源行业化应用和商业化前景是业界一直关心的问题，对此你有何观点？

Monty： MySQL和MariaDB都是商业开源项目，我所做的就是不去妨碍或做任何影响开源许可证政策的事情。相比之下，我对那些开源的、基于公司的项目非常谨慎，并且对涉及学术的项目也保持谨慎。如今，大部分人已经知晓什么是开源，并且在其中寻找财路，我有幸在其发展初期就分到了一杯羹。不幸的是，现在也有一些人试图混淆开源的概念，在一些开源项目里开放大部分内容，然后将关键的部分闭源。这种行为本质上是对于公众的愚弄，不利于发挥开源的潜力。开源不能保证项目赚钱，相反，开源会保证所有人能够免费参与项目。不少人还没弄清楚自己为什么要选择开源，这可能是我担心的问题。

《新程序员》：关于MariaDB，未来有什么计划吗？

Monty： 我从不相信自己能预测未来、高瞻远瞩。MariaDB以客户为本，所以需要跟随客户的需求动态变化，MariaDB的团队一直在努力确保这一点。客户就是未来，所以我总是保持倾听客户的需求，并且满足他们。事实上，本就没有数据库可以真正做好所有事情，一劳永逸。未来仍然会有源源不断的数据库诞生，它们的类型都将各不相同，因为未来的客户总会有着不同的需求。

《新程序员》：最后，有哪些想对中国的开发者说的建议吗？

Monty： 在你热爱的领域多花时间。如果你喜欢编程，那么你就得开拓自己的领域，从你当前的项目开始寻找更多的可能性。不要将自己拘束在一项任务上，试着对自己的领域了解更多，试着参与到社区当中，和不同的人互动。总而言之，尝试承担更多的责任，尝试做你最擅长的事情。MariaDB的开发者很喜欢与客户互动交流，因为只有和客户直接接触，你才能了解到客户的需求，并且从客户那里获取反馈。在这个过程中，你会获取成就感和满足感，并从自己的事业中感受到热情。如果是在以前，沟通交流也许较为困难，甚至不起作用；而现在，开源使这一切成为可能，所以，去参与开源项目吧！

MongoDB CTO Mark Porter：开发者对抗软件创新焦虑的"180 法则"

文 | 屠敏

在MongoDB首席技术官Mark Porter看来，创新滞后并不是因为公司缺乏灵感或创造力，而是因为他们被迫将时间花费在维护传统框架上，导致数据相关工作举步维艰，这是大多数组织都存在的问题。那么，对于企业而言，在开源浪潮之下，如何突破数据的枷锁，构建自身独特的技术创新能力？在本文中，Mark Porter给出了他的见解和MongoDB的创新之策。

受访嘉宾：

Mark Porter
MongoDB首席技术官（CTO），先后担任Grab核心技术及交通首席技术官、AWS总经理、Oracle工程副总裁，并在MongoDB董事会、全球移动公司Splyt董事会和数据库公司MariaDB董事会任职。

创新，是我们时常提及的一个词语。企业、技术、产品倘若没有创新，宛如没有源泉的一潭死水，其结局就是干枯。不过，创新说着容易，行动却很艰难。在主流数据库MongoDB公司发布的《2022 MongoDB数据与创新报告》中，有研究人员指出，每获得一次商业成功，需要尝试3000个原创想法。毋庸置疑，要想在百花齐放、百家争鸣的科技领域脱颖而出，对于不少技术团队而言，经常需要周旋于技术负债、不必要的复杂的数据结构，以及截然不同的框架、工具链和编程语言之间，导致创新面临多重挑战。

作为一款开源的NoSQL文档数据库，MongoDB自2009年2月诞生以来，率先打破了关系型数据库一统天下的局面，随后几年间，它从一家名不见经传的创业公司，迅速成长为位居第一梯队的知名数据库厂商，且稳居在DB-Engines的TOP5榜单中。开源是否是其创新的唯一驱动力？面对复杂的数据结构问题，MongoDB成功的背后蕴藏着怎样的秘籍？因此本期《新程序员》与MongoDB首席技术官Mark Porter，围绕开源数据库的构建、开发者工作与创新的平衡，以及MongoDB的创新优势等方面进行了深入的探讨，也希望能够给对业务结果直接负责的IT决策者、想要提升效率的开发者带来借鉴与参考。

开源与云改变新时代下的数据库

《新程序员》：许多成功的数据库产品都是开源的，这是否意味着开源是创新软件成功的一条道路？

Mark Porter： 开源对MongoDB的成功至关重要，也是全球软件行业的一个重要趋势。开源已成为建设社区和吸引开发者的默认标准。

在MongoDB，我们的研发支出已接近10亿美元，其中半数以上资金用于免费开源产品研发。2021年，MongoDB免费开源产品下载量甚至超过了MongoDB成立以来前十年的下载量之和。

《新程序员》：许多企业都在构建云原生数据库或将数据库迁移上云，那么，在云数据库这一新的竞争领域内，企业如何利用云与开源的结合，在角逐中胜出？

Mark Porter： 如今，开发者需要在各种不同类型系统中使用大量的技术、数据模型、应用程序编程接口（API）和编程语言，来满足用户对现代应用程序中事务、搜索和分析功能的需求。虽然云计算给科技行业带来了革命性的变化，提供了低廉的入门成本和无限的规模以及其他各种显而易见的优势，但大多数云迁移仅复制了传统数据中心的复杂性和弊端。

对于那些确实有必要迁移到云端的应用程序而言，"直接迁移上云（Lift and Shift）"听起来是一个不错的选择。然而，这些迁移很大程度上只是将团队必须在本地完成的工作复制到了云端。以数据库为例，开发者仍需处理多种类型的数据系统，才能满足企业所需构建的事务、操作和分析需求。

"直接迁移上云"并不能解决团队结构或操作流程效率低下的问题。在面对各种请求时，开发和运营团队往往各自为营，束手无策。这导致应用程序交付时间很难得到改善。除非面临紧急事件，如数据中心租约即将到期，否则，"直接迁移上云"不仅耗资巨大，还会给公司带来诸多麻烦。即便完成了"直接迁移上云"这一步，既有的应用程序也并未发生改变，依然无法满足对敏捷性和速度的需求，区别只在于这些工作都被迁移到了云端。

但是，你将无法运用云原生的种种优势，如弹性；也不能像云厂商和SaaS公司那样，通过大量投入来提升韧性、安全性和合规性。"直接迁移上云"带来的成本和破坏对于企业的发展几乎没有任何助力——客户无法从中获得任何益处，企业也几乎没有获得任何优势。

显然，还有更好的方法，因为许多组织机构已经在上云方面取得成功。我们认为，企业在上云方法上要另辟蹊径。我们看到，一些最具创新性的企业对应用平台进行了战略投资，从根本上改善了四大关键领域：

- 提高开发者的工作效率。
- 优先考虑使用优质且可重复使用的架构。
- 轻松保护数据安全与隐私。
- 采用既兼顾灵活部署能力又侧重于多云模式的新方法。

《新程序员》：许多人在面对数据处理的挑战时，由于数据库的能力不足以解决问题而使用大数据技术，这是否意味着数据库领域需要一款足以比肩大数据能力的新型数据库？

Mark Porter： 自20世纪80年代被提出以来，大数据概念已经发生了重大变化。结构化数据、非结构化数据和半结构化数据都属于大数据的范畴。如今多数大数据都是非结构化数据，包括视频、图片、网页和多媒体内容。每种类型的大数据都需要一套不同的大数据存储和处理工具。

大数据数据库可以快速摄取、准备和存储大量不同的数据。它们负责将结构化数据和半结构化数据转换为分析工具支持的格式。鉴于这些独特需求，MongoDB等文档（或其他非关系型）数据库成了存储大数据的理想选择。

《新程序员》：近两年中国涌现出了很多优秀的开源项目，也有不少走向海外。MongoDB在全球范围内有许多用户，有什么样的经验可以分享？有人认为开源与商业毫无关系或互相矛盾，你怎么看？

Mark Porter： 有这种想法的人还停留在过去的开源项目上。过去的开源项目旨在创造公平的竞争环境，为那些负担不起昂贵软件许可证的人提供支持和帮助。然而，随着开发人员的崛起和开源技术的战略性使用，市场上出现了许多令人印象深刻的开源软件公司，除了MongoDB，还有Confluent、HashiCorp和DataBricks等。

我们承认，每个公司利用、构建和扩展开源根文件的方式都不尽相同。对MongoDB而言，首先，我们会构建备受开发者青睐的优秀产品。在此过程中，我们始终奉行一个简单的理念，那就是打造一款有助于大幅简化数据处理流程的产品。

其次，我们会通过开源渠道使产品尽可能易于访问和使用，并创建尽可能多的优质培训文档和支持性文档。创建优质文档是一个关键因素。此外，我们还会提供免费的MongoDB大学课程，开发者可以轻松掌握MongoDB。

截至目前，MongoDB的下载量已经超过2.65亿次，在全球100多个国家和地区拥有数千名员工和35000多家客户。那么，MongoDB是如何成功构建业务的？当然，成功不是单方面的因素造就的，也不是一蹴而就的。我们采取了多管齐下的市场战略，专注于为客户提供更大的价值。其中包括以下要素：

- 许可——这是一种传统的"开源销售"方式，指出售软件及额外支持服务的升级版许可。在这方面，我们有MongoDB Enterprise Advanced企业版，许多大型组织机构都喜欢在本地和云端运行此版本。

- 软件即服务——在这种模式下，MongoDB将现有软件作为托管服务提供给客户，主要通过MongoDB Atlas来提供托管服务。在中国，开发者也可以通过阿里巴巴和腾讯获得MongoDB官方授权的托管服务。

- 服务——MongoDB还为客户提供专业服务，满足他们对额外专业知识的需求，帮助他们更好地实施战略和转型，或从战术角度帮助他们在大型发布活动之前完善部署工作。

- 合作伙伴——当然，我们也与许多不同的合作伙伴建立了良好的关系，包括云厂商、大型集成软件厂商（ISV）、咨询公司和系统集成商（SI）等。所有这些公司都专注于为开发者提供支持，推动业务向云端迁移，并优化自身的数据管理能力，而MongoDB可以为这些公司提供最佳的数据层解决方案。

"创新税"的根源在于数据

《新程序员》：据《2022 MongoDB数据与创新报告》显示（见图1），55%的受访者认为其组织机构的数据架构很复杂，60%的受访者认为这种复杂性是制约创新的主要因素。你认为导致数据架构复杂的原因是什么？

图1 来源于《2022 MongoDB数据与创新报告》

Mark Porter：导致这种复杂性的因素有很多。其中最为明显的是许多组织机构仍在使用过时的传统技术，增加了开发的复杂性，但问题远不止于此。例如，大型企业可能拥有成百上千个应用程序，而每个应用程序都拥有各自的数据源和数据管道。

随着时间的推移，数据存储和管道成倍增加，组织机构的数据架构也变得愈发复杂，犹如一团乱麻。由于应用的技术各不相同，且每一种技术都有自己的框架、协议，甚至是语言，基础架构的扩展变得极其困难；同时每一种架构都是定制的，生产质量难以保证。团队不得不把本该用于深度技术研发的宝贵时间花在集成工作上，从而没有更多的时间构建企业需要且客户青睐的新应用程序和特性——这就是所谓的创新成本。

在很多情况下，创新成本表现为没有能力去思考新技术的应用，因为底层架构太过复杂且难以维护，更不用说理解和转型。很显然，组织机构应当做好采用新方法的准备。

另一方面，通过观察一些走在创新前沿的企业，我发现这些企业并没有将创新工作外包给第三方。相反，这些组织机构的领导团队清楚构建软件的复杂性，并希望为开发团队提供有效的解决方案，帮助提升团队工作效率。

《新程序员》：应用需求千变万化，但系统设计没有唯一正解，如何设计一款简单、稳定且实用的系统架构？如何平衡数据复杂性与开发新产品/新功能之间的关系？

Mark Porter： 在我的职业生涯中，曾有幸部署过许多不同类型的软件。从最早的光盘，到从网上为客户提供软件，再到迭代数据库实例和网络层。此外，我还负责过大型关键任务系统的在线升级工作。

我将这称之为"有幸"，是因为对于软件工程师而言，最开心的事情莫过于将软件交付到终端用户手中。然而，软件部署并非总是一帆风顺。虽然每项部署任务都有其特定的难点，但它们之间也有一个共同点，那就是焦虑。

我经常会谈到开发者在部署软件时产生的焦虑感，以及这种焦虑感对创新的负面影响。早期，我会使用"180法则"来帮助团队克服焦虑心理。也就是开发者应能够将软件部署到生产环境中。如果软件无法正常运行，应将软件快速剥离生产环境，并将系统恢复到之前的工作状态；如果开发者有信心检测和修复问题，那么对于软件部署的把握也会更大。

所有软件部署总体上都可以归纳为以下几个阶段：

- 部署——无论你是逐步把负载迁移到生产环境，或者一次性切换到生产环境，这个阶段需要将二进制文件或配置文件可靠地部署到生产环境中，然后让系统开始使用这些文件。

- 监控——系统在实时负载下的运行状况如何？我们是否会收到系统运行正常且性能良好的信号？监控阶段应更多地关注现有功能，而不是一味地追求实现新功能的"理想路径"。换句话说，首次发布是否会对系统造成损坏？

- 回滚——如果出现系统运行异常的迹象，则需立即进行回滚操作，将系统从生产环境恢复到之前的状态。从某种意义上说，回滚也是一种部署，因为开发者正在对实时系统进行另一项更改：将其返回到之前的状态。

"180法则"中的"180"有着双重含义。在这里，我们指的是回滚操作带来的"180度"大转弯。同时，它也意味着任何部署目标都是可以实现的。我相信，在任何环境中，我们都可以将软件部署到生产环境中，也可以当软件运行出现异常时，在3分钟（180秒）内完成回滚操作。这意味着，在第一个60秒内，将二进制文件部署到生产环境中，并为客户指明路径；在第二个60秒内，观察事务负载是否存在问题；在最后的60秒内，根据需要回滚二进制或配置文件。当然，行业或产品不同，所需的时间可能更短。但底线是，故障软件在生产环境中停留的时间不能超过3分钟。

开发者应时刻遵循这三个步骤，并且这个过程通常需要手动完成。大家可能会想："单纯依靠人力怎么可能在那么短的时间内完成软件的部署、监控和回滚？"

这正是"180法则"的神奇之处。要满足时间方面的要求，唯一的办法就是流程自动化。我们必须训练计算机，使其能够自动收集信息并制定决策，而不必等待人为制定决策。遗憾的是，对于许多公司来说，这意味着一种根本性的改变。但是，这种改变是必要的。如果不做出改变，企业就会陷入两难境地，一方面希望软件能够顺利部署，另一方面又担心失败。这也会导致开发者对软件部署产生抵触情绪。

MongoDB的创新宝典

**《新程序员》：许多企业中，员工大部分时间都花费在维护基础设施和解决业务问题上，且工作时间比较长，能真正用于创新的时间非常有限，很多创新也都是基于解决问题和需求的角度出发的。你怎么看待这种现象？其根本原因是什么？

Mark Porter： 你对这个问题的认识一针见血。的确，创新滞后并不是因为公司缺乏灵感或创造力，而是因为他们被迫将时间花费在维护传统框架上，导致数据相关工作举步维艰，这是大多数组织机构都存在的问题。

尽管已经认识到创新和速度的重要性，也对此投入了持续关注，但不同规模的公司内部仍然存在团队不被人理解、管理不善、边缘化等问题。虽然不是有意为之，但组织却要为此付出高昂的代价。这些问题很快就会演变成为组织在创新数量和质量方面需要付出的成本。创新成本的一个表现就是组织未能正确认识开发者的工作内容和工作方式，或者无法为开发者提供高效的工作环境。在数字化经济时代，无法解决这一问题，将给组织带来极其严重的后果。如同要交税一样，创新成本也是真实存在的，它会严重打击员工士气，导致人员流失，还会从其他方面影响组织机构的利润。面临创新成本问题的组织机构将人力和资源都花费在维护工作上，在创新方面的投入则少之又少，导致创新速度异常缓慢。

还可以从DIRT的角度来考虑这个问题，DIRT（Data & Innovation Recurring Tax）是指数据与创新经常性税（成本）。立足于根本，DIRT的根源在于数据（D），因为企业往往试图使用传统数据库技术来支持现代应用程序，但现代应用程序却需要获取实时数据来创建丰富的用户体验，这无异于作茧自缚。在这种情况下，团队不得不将大部分时间用于支持复杂、棘手的架构，用于创新的时间则少之又少，因此影响了创新（I）。这种情况会经常性地（R）出现，因为这不是一次性税收（T）。事实上，DIRT适用于所有新项目，每个新项目都会添加新的组件、框架和协议，同时需要对它们进行管理和维护，也因此变得更加复杂。

对于技术领导者而言，DIRT并不是一个新名词。他们早已意识到这种税收的存在，只是一直没有命名而已，如今我们的研究已经明确证实了这种税收的存在。技术领导者还可以即刻了解自身的数据架构会在多大程度上导致或减轻这种税收。数据具有黏性、战略性、繁重性和复杂性等特点，但其仍然是现代数字化公司的核心。当前，应用程序变得越来越复杂，数据需求也愈加复杂；此外，数据量一直在不断增加，用户期望公司能够对数据蕴含的所有信号作出更快速、灵活的反应，这无疑将技术领导者们推到了十字路口——因为单一模型、僵化、低效且难以编程的关系型数据库等传统技术已经无法满足当前的需求。

《新程序员》：MongoDB有哪些技术创新实践？如何平衡工作与创新？

Mark Porter： 在成功构建和完善团队方面，我想分享以下三个理念：

■ 康威定律——简单地说，组织风格及沟通方式取决于领导者。例如，如果两位领导者的关系不睦，在组织中各执己见，那么他们负责的两款产品也会相互格格不入。所以，确保组织、准则和领导者步调一致，才能呈现出受客户青睐的产品。

■ 邓巴数字——邓巴数字定律指一个人每一次只能维持一定数量的社会关系。我认为，这一定律同样适用于团队构建和管理。在构建团队和进行互动交流时，确保团队人数在邓巴数字以内；不要盲目地构建一个千人大团队，你会发现团队成员之间缺乏信任或了解。特别是，如果你将开发者最私密的东西（例如，未受保护的地址空间）分享给他们不信任的第三方，那么结果很可能事与愿违。

■ 自治和问责——根据我的经验，大多数团队都想要并渴望拥有自治和问责权。无论是否是软件开发，当今的头部企业都会组建起一个个小型授权团队，这些团队知道自己的任务流程和进度，拥有自主决策权，并拥有着良好的客户关系网络。在这个过程中，领导力发挥着关键作用——引导并帮助创建一个自由、坦诚、赋权和自主的环境。你会发现，这样的团队更乐于主动承担责任，效果远比强迫他们承担责任要好。

此外，在MongoDB构建自治和问责能力时，我们格外看重以下四项特质，这些特质相互交织且结合起来产生的作用要远远大于各自相加的总和。

- 坦诚：要想打造坦诚文化，首先需要弱化利害关系。无论遇到什么问题，我们都希望员工能够敢于讲真话，以善意的角度表达想法和接受反馈。
- 背景：我们与员工分享大量企业信息和战略（甚至是疑虑和担忧），因为我们认为员工应该获得所需的所有信息，这样才便于他们更好地做出决策。
- 赋权：我们希望，在公司内部，员工不必事事请示。例如，作为首席技术官，我的职责之一是审批每一位员工的出差申请，但我并不愿意这样做，我希望员工将相关政策抄送给我，而我有权提出质疑或反对。我们应该授权员工，让他们自主做选择，而我们的职责是为员工创建起这些必要的机制。
- 心理安全感：每个人都需要在工作场所中获得心理安全感。没有人是奔着失败来的，但失败在所难免。作为领导者，在发现实验失败时，我们需要坦然接受，将失败视为通往美好未来的垫脚石。

深入钻研永远不会过时！

《新程序员》：中国有非常多的程序员，但据CSDN《2021—2022中国开发者现状调查报告》数据显示，从事数据库内核研发的人只有7%，对于数据库核心研发人才培养，你有什么建议？

Mark Porter： 首先，我不确定7%这个数据是好是坏。如果我们是在讨论有多少开发者从事数据库技术研发这个问题，而答案是大多数开发者都在从事这项工作，那么我会感到不安。如同操作系统编程一样，数据库核心技术研发需要专业技能，我认为大多数开发者应该利用底层数据库技术来构建应用程序，而不是自己研发数据库。

对于所有应用程序来说，数据的使用、存储、保护和管理都是非常重要的环节，甚至可以说是最重要的环节，但也只是其中的一个环节。建立数据库是一项非常困难和复杂的任务。要想建立数据库，就需要非常关注这些问题。

我希望能够让大多数开发者都专注于为客户或组织机构创建新的价值/功能。我们的使命是打造一个理想的数据平台，让开发者不需要花费太多时间去研究，就可以快速实现迭代和创新。数据库研发不应该是开发者考虑的问题，应该交由我们来完成。对于想要从事数据库研发的开发者而言，则应该了解数据库的基本工作原理及数据库与应用程序的交互方式。

《新程序员》：在踏入工作至今，你的做事方式或工作方法是否发生了改变？有哪些感悟是受用至今的？

Mark Porter： 我认为，工具进步是软件开发领域最为明显的变化。在现代开发环境中，我们可以轻松避开编码过程中的各种失误，甚至可以自动编写和运行大多数测试。如今，只需点击一下，即可部署数百台机器，还可以进行回滚操作。在我刚进入软件开发行业那会儿，这一切都是不敢想象的，那时的我们不得不将大量时间花费在简单的低价值任务上。

谈到人生感悟，我认为做事情应该求深求精，而不是浅尝辄止。深邃的知识会转换为卓越的成果。学会钻研本身就是一种技能，深入地了解有关软件组成或技术的几乎所有知识是一件令人振奋和自豪的事情。从我的人生经验来看，我发现懂得如何钻研技术的人比其他人更有价值。

《新程序员》：如果回到30年前，你会给年轻的自己提出什么建议？

Mark Porter： 不用回到那么遥远的过去。我的妻子曾给我提过一个建议，我一直铭记于心，在我担任管理者和领导者期间也一直在坚定地贯彻这个理念。

我和妻子育有五个可爱的孩子。在孩子们还不到十岁的时候，某一天，妻子走过来对我说："如果你总是以相同的方式对待所有孩子，你会慢慢失去他们的。你觉得'做父亲有一个正确的模板'，但实际上，你必须要认识到，我们的五个孩子需要你给予他们不同的关爱。"

听从了妻子的话，我做出了改变，也取得了显著的效果。大概一两年后，我意识到，作为一名管理者或领导者，我也需要保持同样的心态。我们要学着成为一名多面性的领导者，成为一名每位员工都需要的领导者。在此过程中，没有诀窍可言，唯有不断投入和付出，才能得到回报。

《新程序员》：业界有不少程序员会有"35岁"危机，大家普遍认为此时的开发者在精力和体力比不上年轻人，编程质量可能也在管理团队的过程中因为脱离一线而下降，你怎么看待这种现象？有什么建议可以分享？

Mark Porter： 首先，我完全不认可"35岁是大龄程序员"这个说法。相反，我认为这是开发者的黄金时期。因为这时他们大多已经步入行业多年，拥有了丰富的经验，能够避开初级开发者可能会犯的一些错误。我觉得，35岁左右的优秀开发者可以转向架构和指导方面的工作，这样可以开辟更多学习和成长的途径。作为一名成功的开发者，关键在于终身学习，而我们在任何年龄段都可以做到这一点。

就职业发展而言，开发者应该慎重考虑是转做管理岗还是继续从事开发工作。同时，开发者还需要明确一点，无论作为个人贡献者，还是管理者，都必须要得到公司的切实支持。

在这里，我想给开发者的建议是，深入钻研永远不会过时。无论负责算法、调试还是工具链，只要你足够优秀，就会得到组织的器重。只有足够优秀的开发者，才能独具慧眼，才能抓准颠覆性迭代或重新设计的时机，也才有信心肩负起这份重任。

我不欣赏那些每两年就从一个技术转向另一个技术（或从一家公司跳槽到另一家公司）的人。10~15年后，他们会发现自己什么都会一点儿，又什么都不精通。在这个职业阶段，本应该考虑晋升到更高级别的职位；但不幸的是，自己一步步走下来，已经失去了最佳时机。我见过很多人在职业生涯中受挫于此。

◎ 开源深度指南

开源安全的核心是全球协作
——专访Apache之父&OpenSSF开源安全基金会总经理Brian Behlendorf

文 | 王启隆　何苗

Apache软件基金会与Linux基金会作为全球开源的旗帜，创立二十余年已深深影响着全球数千万开发者。随着开源在全球的渗透率逐年加深，引发巨大影响的开源供应链等安全问题也在向开源从业者发起挑战。本文将跟随Apache创始人之一、OpenSSF开源安全基金会总经理Brian Behlendorf的视角，直面这位开源奠基者对开源生态与安全的深度思考。

受访嘉宾：

Brian Behlendorf

Linux基金会旗下OpenSSF开源安全基金会总经理，Apache软件基金会联合创始人。Brian先后担任了开放源代码促进会（Open Source Initiative）和Mozilla基金会董事会成员，Wired Magazine、Organic Online、CollabNet的联合创始人或首席技术官。他曾在奥巴马政府的美国白宫科技政策办公室工作，也是世界经济论坛的首席技术官。Brian于2016年加入Linux基金会，领导超级账本项目，自2021年9月起领导OpenSSF开源安全基金会。

在开源开发者心中，Apache与Linux的意义不言而喻。开源能够发展至今，离不开众多非营利开源软件组织的帮助，Apache便是这些组织中的佼佼者。时至今日，早年间由Brian Behlendorf带领程序员们重写开源程序NCSA HTTP Server而成的Apache HTTP Server仍是世界使用排名第一的网页服务器。这个最初被戏称为"补丁服务器"的存在，成就了Web服务器的传奇，也让Brian Behlendorf获得了"Apache之父"的尊称。

同时，国内开发者耳熟能详的Apache ShardingSphere、Apache SkyWalking、Apache Doris等也都是Apache孵化的顶级开源项目。Apache的开源文化深深地影响着全球开发者，Apache Way向技术人员指明了一条"如何去做开源？怎样做好开源？"的大道。其中"没有在邮件中发生的事就没有发生"这一准则，更是沿袭自Brian Behlendorf的一个偶然举措，早年间他为了更好地进行沟通，建立了一个邮件列表，将大家召集在一起，更好地协同工作。

如今，开源已经步入一个全新的阶段，先驱者们已经从拓荒中归来，开始研究更加现实的开源安全问题。Apache创始人之一的Brian Behlendorf也加入了OpenSSF开源安全基金会担任总经理，致力于全球开源生态系统安全方面的建设。本期《新程序员》有幸邀请到了这位开源大师展开专访，他不仅向我们分享了许多开源安全领域建设的实践经验和宝贵思考，还吐露了自己最真挚且崇高的开源理想。

以下是Brian Behlendorf访谈记录：

"Apache之父"的成长之路

《新程序员》：你的父母在科技领域工作，但你大学却没有主修计算机，那时候的你对什么更感兴趣？后来又是什么引发了你对计算机编程的兴趣？

Brian：1991年的时候，我高中毕业，就在同一年，Tim Berners-Lee推出了世界上第一个网络浏览器和网络服务器，但在那时候还没有多少人知道这件事。我的父母在IBM工作并相识，得益于此，当我上高中的时候，家里有一台个人电脑。但我的父亲是一个COBOL程序员，而COBOL语言对我来说又索然无味，所以当时并没有打算将编写软件作为未来的工作。

在加州大学伯克利分校上大学期间，一开始我主修的是物理，但后来我在大学里建立了自己的第一个电子邮件账户,并接触到了互联网,慢慢地对计算机科学更感兴趣。从那时起,我开始经营一些独立的编程项目,也因此得到了一份协助管理UNIX机器的实验室工作,对计算机编程行业的工作和运营有了一定了解。后来我对电子音乐产生了浓厚的兴趣,所以在1992年建立了一个关于电子音乐的网站,并开始在那里建立一个社区,这也导致我最终没有时间完成本科学位。

《新程序员》:那么你第一次听说UNIX操作系统时,对它有什么看法?

Brian:我对UNIX的第一印象是——它是命令行驱动的,这一点让我欣喜若狂。对我来说,输入命令行就像和计算机说话,我可以通过命令行给计算机下达非常精确和具体的要求。命令行甚至比图形用户界面更好操作,因为我不需要打开一个个文件夹,然后试着找到正确的按钮或输入方式。从这个角度来看,UNIX的诞生是鼓舞人心的。

现在回想1991年到1993年左右的时候,当时的互联网氛围乃至社会文化非常鼓励相互帮助。那是一个一切都很完美的时代,你会因收到陌生人的邮件感到兴奋,你会去遐想自己在互联网接触的每一个人都是友善且风趣的,你会希望让更多的人能接触到互联网。这种文化甚至早于开源软件诞生之前,但我认为它至今仍在被发扬光大,现在许多开源社区都是富有生产力和创造性的。

《新程序员》:还记得自己写的第一个比较有趣的程序是什么吗?你早期的编程风格是否有延续到如今的工作中?

Brian:大约在八岁的时候,我读过一本关于如何用BASIC为TRS-80计算机编写程序的书,也曾用这本书编写过一些简单的游戏和程序。至于我写的第一个真正的程序,那得回溯到我上小学四年级的时候。当时我要每两周为班里安排一次随机座位表,于是我写了一个程序,可以随机分配座位且把结果打印出来。有意思的是,如果我被随机分配坐在不喜欢的人旁边,我就会让它再运行一遍,就可以"随机"坐在班上那些很酷的孩子旁边——所以这个座位表并不是完全"随机"的。老师不了解原理,所以也没能发现我的小动作。

但在那之后,我职业生涯的大部分时间里,都不经常编程了。还记得在建立 Apache Web服务器的早期我编写了不少程序,在Apache的第一个赞助网站上线时也写了很多东西。我现在仍然会维护自己的邮件服务器,但我从不以一个伟大的软件开发者自居,我并不伟大。

《新程序员》:1993年告别校园后,你曾与伙伴们创立了Organic.Inc,但当时网络服务器软件无法处理公司需求,因此你尝试了修补开源代码,那是你第一次接触开源吗?你是如何与开源结缘的?

Brian:不,并不是那时候。我第一次接触开源应该是1991年第一次到伯克利的时候,当时我开始探索早期的互联网是什么样子,看到互联网上有很多软件可以轻而易举地下载到自己的计算机上运行。从那时起我就有了一个想法:软件并不应该是让一两个人去编写、并且卖30多美元一份的东西;相反,软件应该是成百上千的人把小段代码拼在一起编写、将所有东西都集中在一起的存在,这可能就是我开源思想的雏形。这段经历发生在1991年,那是我第一次使用你们如今所认为的"开源软件",但直到1998年,它才被称为开源,开源这个术语是在那之后发明的。

安全的开源开发需要公开的"配料表"

《新程序员》:自2021年12月Log4j曝出"惊天"漏洞以来,引发了全球多个国家政府以及科技巨头的关注与反思,同时关于开源软件安全性问题的探讨也变得越来越紧迫。对你来说,开源安全领域过去几年发生了哪些大的变化?

Brian:开源安全是政府和企业需要共同努力的事情。我记得当时他们在Log4j事件之后发布了相当多的报告,但在一份大约3周前发布的报告里表示:是很多不同的情况导致了这场危机,因此希望像OpenSSF这样的开源安全基金会越来越多。OpenSSF被那份政府报告引用了29次。在我看来,至少在过去几年里,国家安全委员会不曾在修复漏洞的问题上对我们发表意见,所以基金会能取得如今这样的成果和地位，非常令人满意。开源安全是摆在我们面前的一项艰巨任务，社会依赖它来运转，就像依赖桥梁、高速公路、电网或社会的其他部分一样，我们的生活不能没有它。

《新程序员》：2021年10月，Linux基金会宣布筹集1000万美元新投资，以扩展和支持开源安全基金会（OpenSSF），保护开源供应链。为什么开源供应链如此重要？它在开源的发展中占据什么位置？

Brian：供应链代表着一切，可以说我们所生活的世界就是由供应链组成的。而软件自然也不例外，很少有哪个软件是由一个人写成后直接把它发送给终端用户的，开源软件也离不开供应链的存在。

正因如此，供应链现在也是主要被攻击的对象。十年前我们肯定想不到，可能会有人在我们的包数据库里偷偷安插一个坏包，更想不到某个JavaScript模块的作者可能会把账户卖给某个黑客，而这个黑客可能会在我们的网站上设置后门……我们的事业是在一个彼此高度信任的时代建立起来的，当时我们不必担心这些类型的攻击。现在我们已经意识到了，要帮助开源开发者做出更加安全的产品。

《新程序员》：你认为开源软件的安全性目前面临的最大挑战是什么？

Brian：我认为现在的开发者经常忽视一个问题，那就是平台的选择。例如，当我需要添加一个功能时，一般会在现有库的基础上进行构建，构建的过程中就需要平台的帮助，但我们从来都是默认了一个平台并且依赖它，没有去思考深层的安全性问题。你可以认为这是因为大部分程序员都很"高效"，但其实也是一种"懒惰"。所有人在开发过程中都给予GitHub这样的中心组织很大的信任，甚至从未质疑它们。

当然，我希望GitHub永远不会被黑客入侵，一旦GitHub被入侵了，很多人都会遭殃。到目前为止，GitHub做得很好，但我们真的应该把所有的信任都交给一个组织吗？我也不清楚这个问题的答案。我们在OpenSSF中有一个名为Sigstore的项目，它使用了非常轻量的Let's encrypt方式来用

密钥对研发流程中的制品进行签名，以便将其嵌入到每个人用来进行构建和发布的工具中。这就像我们生活中随处可见的配料表：如果你拿起一瓶番茄酱，那么制造商必须告诉你瓶子里装的是什么，以免有人过敏。总之，开发者现在还需要更好的软件工具来促进开源安全。

开源开发也需要这样的"配料表"，需要透明公开的协作流程。很多企业通常不知道他们运行的是什么软件，Log4j也是因此出现了问题。开发者们在部署软件时需要理解目标对象的构建了解整套工作的运行流程。我们要尽量避免那些只有一个开发人员看过的软件、来源不可信的软件或者那些你不能保证构建服务器是否被入侵的软件。

跨越语言障碍，OpenSSF助推中国开源安全建设

《新程序员》：很多问题到了中国可能又会有所不同，从而衍生新的问题。你对中国开源的现状有哪些看法？

Brian：开源安全是每个国家都存在的问题。在这一点上，大家的利益其实是一致的，毕竟Log4j的漏洞就是由阿里巴巴（阿里云）的研究人员发现的。我们需要一起努力，而这也是我参与本次访谈的原因之一，我真的希望看到中国社区、企业、开发商甚至政策制定者在这方面真正统一起来。

当然，我也很清楚中国开发者现在面临的一些问题，最主要的肯定是语言问题。如果你的母语不是英语，与中国以外的开发人员合作可能会是一个挑战，由于不知道如何提出正确的问题而阻碍合作和发展。Linux正在与OpenSSF合作，我们试图创建一个中文子社区，专注于服务和帮助中国开发者采用这些先进技术，同时也让中国开发者帮助我们改进技术，最终在中国开设我先前提到的Sigstore项目。这些都应该本地化到中国，让中国社区能够更广泛地学习和使用。

**《新程序员》：想要降低开源软件的安全风险，安全意识也很重要，OpenSSF是如何帮助开源使用者有效提

升安全意识的？

Brian： 我们在OpenSSF上发布了相当多的内容，不仅能帮助开发者学习如何使用工具，还能帮助他们编写更安全的代码。事实上，我们已经在培训网站上发布了一门关于Linux安全基础培训的课程，现在正在将其翻译成中文，叫作安全软件开发基础课程。课程时长大约有20小时，虽然不是很长，但它可以教你如何避免一些问题，比如不要解析不受信任的用户，还有怎么提交正确的输入格式字符串——这个问题曾导致了Log4j的bug。我们相信，如果有更多的开发人员参加这个课程并进行认证，就能大大降低代码进入软件供应链时产生的风险。

总而言之，我鼓励开发人员前往OpenSSF的网站上学习这门课程，特别是在我们将其本地化为中文之后。我们还发布了一份指南，上面介绍了开源项目可以做的一系列事情，以提高安全性。OpenSSF开放了许多资源来帮助开发人员，这些工作并不只是为了让他们的代码更安全，更重要的是要培养一种不同的思维方式和做事方式。

《新程序员》：许多中国开发者都比较关心开源软件的商业化和开放，你对此有什么想法？

Brian： 如果每个人都选择把代码卖出去，那么像谷歌、亚马逊甚至百度和腾讯这样的公司都不可能发展壮大。我们确实应该具体思考如何将开源代码商业化，但肯定不是通过出售开源代码本身，而是围绕它做其他事情。比方说，我们可以使用开源代码去构建一个很棒的网站，或者是移动应用程序、移动应用程序的后端还有启动一些引人注目的新服务等等。不要总去想怎么把开源代码卖出去，你应该思考自己如何利用这些开源代码在世界上创造更多的价值，人们自然而然会付钱给你。

《新程序员》：你曾提到过可持续开源的软件理念。中国的开发者该如何从这一理念中获益呢？

Brian： 可持续开源理念不一定和软件有关，首先你得认识到，大多数人写开源代码并不是出于慈善，他们选择开源并非出于无私，而是为了免费地编写代码。比方说，如果你是为了建立一个网络服务或一个支付平台而开展项目，那么在这个过程中每当你修复了一个bug，或者添加了一个特性、写了一些新东西，都是需要付费的。因此，一个运行良好且持久稳定的开源项目是人们进行活动的主要驱动力，我认为这是企业需要考虑的关键问题。

对于中国的开发者，我还想说的是，我们就在这里，我们想让你们更强大，我们也想让你们互相帮助，从而达成全球协作。我认为有许多开发者已经投入了大量精力来解决这个问题。"传播"是一件很重要的事情，人类的发展便起源于传播，我们将会提供工具让所有中国企业甚至全球行业，共享这项开源事业的结果。

Apache Way是更安全的协作方式

《新程序员》：作为Apache软件基金会的创始成员，你对著名的Apache Way的理解是什么？这种开源的运作方式如何保障开源软件的安全？

Brian： 其实Apache Way一直没什么确切的定义，它的核心有两点——电子邮件和数字交流。Apache Way是一种完全包容、开放、透明且基于共识的工作方式。打个比方：如果一个项目、一件事情没有发生在我们公众的邮件列表里，那么你可以先在私下进行它，但是你必须把它带回到公众面前，进行一次群体的交流，然后才能继续项目的推进。Apache Way的主题是透明、协作，我们要尽量避免出现"一个人负责整个软件"这种情况，因为如果某个项目唯一的负责人哪天离开了项目，就没有任何人知道怎么继续维护了。

正如我前面所说，你要确保在开源项目中，总是有很多人对每一行代码负责，甚至是对整个项目进行负责。这就是Apache Way，我认为它其实是一种生活准则。我们通过这种方式一起使用简单的工具来协调我们的活动，并且对事物的编写方式有共同的期望，这样我们才能够高效生产，编写出最好的软件，从而在代码中建立公众对我们的信任。

《新程序员》：那关于Apache Way和你们的工作方式，你有哪些趣闻可以分享吗？

Brian： 我很喜欢用电子邮件来进行工作交流，我喜欢这种以异步方式在线协作的感觉,电子邮件也包容了我们的时间、文化还有语言等众多差异。至于趣闻,其实我们的Apache Web服务器项目就是一个例子。我们项目里有一个叫Alexico的人,他在服务器项目建立后的3年里,大部分时间都对我们提供了不少实用的帮助。他不仅是帮忙写了一些代码,他还会帮助项目里的其他人写代码,并且协助审查他人的代码,甚至还帮我们回答用户的问题。不得不说,他真的是一个优秀的社区构建者。

但是那时候还不流行视频会议,我们也没有很多面对面的机会,所以我没有见过他本人,所以我唯一知道的就是这位Alexico的电子邮件地址。直到有一天,他给Apache Web服务器的开发者邮件列表发了一条消息,说:"嗨,伙计们,我有一些消息要告诉你们。我以后可能没法给项目带来那么多贡献,也没法经常上线了;因为我今年秋天就要上大学了。"

他作为一名高中生一直在参与这个开源项目,与所有其他专业软件开发人员进行交流!当时我们项目的所有人,都为他的勤奋、智慧以及纯正的开源精神而震惊不已,后来我们在许多不同国家的人们之间也看到了这种精神。所以我认为,Apache Way可以帮助那些英语不是母语的人使用电子邮件进行交流,这比使用视频或电话或其他方式要好得多,因为使用电子邮件能保证信息被更准确地传达。

开源生而自由,全球协作是最终理想

《新程序员》:在开源领域Richard M. Stallman(自由软件运动的精神领袖)的自由价值理念是永远绕不开的一大思想。你认为和过去相比,如今的"自由软件"和"开源软件"有什么不同?

Brian: 我很尊重Richard M. Stallman,我们的社区流行过这么一种说法——如果Richard M. Stallman不曾存在,我们就必须创造一个Richard M. Stallman。因为让他代表各种观点是非常有用的。相比之下,社区中的其他人看起来就像温和派。我非常了解共享源代码的实际好处,我

认为这个权利是非常重要的,而Richard M. Stallman甚至认为这是一种人权。我相信我们已经能够让行业的很多人转向开源软件事业。要知道,当今世界的手机、汽车或网站上所使用的90%软件都是开源软件。

当然,我并没有从道德或人权的角度来强调软件应该是开源的。正是因为团队协作的开源项目能够更有效地构建更好的软件,所以我才认为自由软件和敏捷开发可以与开源软件共存,我并不认为它们是对立的或不一致的。开源软件运动所讨论的一直都是"我们该如何帮助开发者?""我们该如何帮助企业编写更好的代码?""我们要如何避免回到以前Mac和PC的平台战争当中?"其实我认为关于这些问题的争论早已结束了,开源在很大程度上获得了胜利。既然我们赢了,接下来就该思考要如何用开源发展出自己想要的社会和未来,我的理想便是全球协作。

《新程序员》:最后,你有哪些话想送给中国开发者?你如何评估开源在全球和中国的发展前景?

Brian: 我是一个理想主义者。我想要的未来是,我们能够在共同的项目上进行全球合作,我们能在未来找到一种不受语言、时区、政治等障碍影响的方法并共同协作,但我很担心这是否能够实现。实际上,我认为现今没有足够的人写开源代码来满足市场的需求。我希望未来就像Apache的早期一样,所有人可以一起工作,彼此不关心出身、年龄或背景,这就是我想要的开源代码的未来。我也希望政府能更多地认识到,开源软件在建设我们想要的社会中发挥关键作用,开源将建设一个非常数字化的社会。所有企业(当然主要是大型企业)和个人,都需要认识并投资开源代码,认识到开源代码会给社会带来哪些积极的结果。这些都是我的希望,但我担心我们根本无法接近这个目标,或者会朝着相反的方向前进,我无法预测我们在未来是否会乐观发展,所以我所能做的就是谈论目前乐观的方向。

宫敏把自由软件和Linux带回中国

文 | 谷磊

对于宫敏，在中国的开源界及技术圈内，大家所熟知的是"中国Linux第一人"的称呼，因为他用手提肩背的方式将Linux带回了中国，组建了中国第一个自由软件库。然而宫敏却谦虚地表示，他只是中国自由软件和Linux的先行者。宫敏的人生，经历颇丰，感受过截然不同的文化。在一路的成长中，彻底明白了计算机的工作原理，深刻认识到计算机系统安全的重要性。而这，也塑造了今时今日的宫敏。

受访嘉宾：

宫敏

凝思软件董事长、首席科学家，中国开源软件推进联盟副主席。1980年毕业于北京大学无线电电子学系，1999年获得芬兰赫尔辛基理工大学技术科学博士学位。1994年首次将Linux引进中国，1997年利用20盘DDS2磁带将世界最大的自由软件库——芬兰教育科研FTP网站完整复制，带回中国。1999年建立凝思公司，开展安全操作系统的工作。

采访嘉宾：

刘韧

云算科技董事长、《知识英雄》作者、DoNews创始人。1998年共同发起中国第一个互联网启蒙组织数字论坛；1999年发布中国第一个博客系统DoNews；2001年获北京大学中国经济研究中心财经奖学金。曾在《中国计算机报》《计算机世界》《知识经济》和人人网等媒体或互联网公司任记者、总编辑和副总裁等职。出版《中国.com》《知识英雄》《企业方法》《网络媒体教程》等十余本专著。

1994年，北京，国内贸易部正在建立VSAT信息发布平台，没有互联网，包括主站在内的很多应用都在Windows系统上运行，性能很差，问题频发。回国休假的宫敏看后说道："咱们试试这个"，就拿出自己从芬兰带回的SLS Linux发行版系统，装上后，贸易部的同行惊讶道："这个系统一装，怎么感觉我的PC变成工作站了！"高兴得不得了，"这东西哪来的？""自由软件是怎么回事？""唉！可惜咱们接触不到这东西呀！"宫敏说："会接触到的，我能让你们接触到！"

这神奇的系统，是宫敏在赫尔辛基理工大学做研究时发现的。他在构建新的分布式并行计算模型，需要用到IP多播协议，可没有操作系统能支持这个IP协议，在浏览教育科研网的FTP时，突然出现的Linux Kernel引起了宫敏的注意，他的分布式并行处理有些东西要在Kernel里做，"这玩意儿有点意思！是赫尔辛基大学二年级的学生Linus Torvalds写的，自由软件、源代码开放、运行自由修改和散发，太好了！"

可此时，Linux的状态还做不了什么。

一年后，网上一些人拿出了一个叫SLS的Distrbution（Softlanding Linux System，最早的Linux发行版之一），"这大概是Linux最早的一个Distribution"，宫敏拿过来开始安装，下载了内核代码，发现可以支持自己需要的IP多播协议，研究工作进一步推进，"加进来经过修改原先的Bug之后就好用了，这东西可太好了！""如果以前做地面站的时候有它，我的系统会做得非常漂亮。"

同时，他认为中国应该很需要这个东西。

一次，宫敏去瑞典计算机科学研究所（SICS，Swedish Institute of Computer Science）做交流，大家聊天时谈到瑞典比芬兰更发达，可为什么Linux会出现在芬兰，而没出现在瑞典？其中有个人说："是因为全世界最大的软件库Archive在芬兰，芬兰的学生、老师有机会接触到全世界几乎所有的源代码，所以这里的人思路开阔。"大家也认同这种观点。

宫敏受到启示，"我得把这东西拿到中国，让中国人也能接触到它。"

1997年，北京，国家信息中心在中国软件行业协会下成立了"中国国际自由软件分会"，并决定利用国家信息中心的中经网的基础设施建立"中国自由软件库"，推选宫敏担任顾问，提供自由软件资源并进行答疑等支持。也因于此，宫敏自费做了这件事。

宫敏把想法告诉了在芬兰教育科研网Archive工作的朋友Ari Lemmke，他是真正给Linux命名的人。Ari是一位理想主义者，在Otaniemi科技园Inopoli附近开了一个小型的ISP（X-gateway），为了推广新生事物"因特网"，让园区的公司免费使用，他通过其他的工作挣钱养活这个ISP，同时负责"芬兰教育科研网（funet）"的FTP系统管理工作。

Ari说复制Archive软件库大概需要80GB。1994—1995年，PC磁盘容量普遍为40~45MB，完全不够用，起码需要1GB作为缓冲，而1GB的SCSI硬盘需要8000马克（原芬兰货币单位）。

另外，为了在服务器上跑SCSI硬盘，还需要买一块SCSI卡，因为没这东西就没法玩儿，宫敏连卡带硬盘共花了1万马克，花销不菲，"该花的钱要花，自己也得学东西呀！"

用1GB硬盘传80GB的资源不可取，宫敏就想到了磁带，买得起的是和数字录音带很像的DDS（4mm）磁带，宫敏花了几千马克买下20盘，又花了4000马克买了个二手磁带机，还好，把SCSI卡插上就能用。"既然想干这件事就得放开干。"

设备都齐了，宫敏想让Ari帮他导资源，由于比较费工夫，Ari建议宫敏去自己学校弄，学校的网很快。随后，宫敏白天工作，晚上在学校用脚本拷资源，每拷一部分就拷进磁带里，再拽、再拷，他还专门写了脚本，以免出现混乱。

宫敏用几个月的时间拷完所有的东西，带回到中国。

为证明自己这套东西名不虚传，宫敏说："咱们的自由软件库就用自由软件来搭。"说干就干。宫敏用Linux做了软RAID，把不常用的PC机加大内存和磁盘用起来，信息中心的一台HP小型机上有磁带机，宫敏要了账号，通过网络使用磁带机，开始存储资源。网用磁带机比较慢，但最终还是把全部资源导进RAID里了。

软件库建成了，Linux操作系统成功引进中国！

可宫敏觉得光放着不行，就在上面建了一个新闻组，大家有问题可以在这里讨论。但很久都没有互动，宫敏就在里面发帖，慢慢地开始有人留言提问，终于活跃起来了。只要有提问，宫敏一定回答，"我可能答得比他问的更深、更多一点。"

用户越来越多，宫敏答不过来，就挑有意义的或新问题来答。对于老问题，会有人告知去找哪个帖子，"我觉得这样很好，大家都在无私地作着贡献。"一有东西就能让大家知道，给大家用；不会用的就一起讨论；都不会的，宫敏就帮忙在"因特网"上真正的新闻组上发起话题讨论，得出结论后完整地告诉大家。

当大量活跃用户出现时，就有越来越多的人说"你做的这些工作很有意义，能不能回国做？在国外做把很多东西留给了洋人，回来为自己的国家做吧。"于是宫敏就回国了。

幼时情节

"每周回家，爸妈都会问我，在幼儿园吃了什么？"

1959年11月，宫敏3岁（见图1），就和其他科学院的孩子一样，进了端王府幼儿园，星期一送进来，星期六接回家。这里让他体验到了集体生活的纪律性，睡觉、吃饭、出去玩都要大家一起去，不能自作主张。

图1 3岁的宫敏

一次，幼儿园组织孩子们去四不要（中关村）礼堂演出，演完节目又呼呼地坐着卡车回来，中午"小演员们"美滋滋地吃了顿炸鱼，这对宫敏来说是最好的奖励了。

幼时关于吃的情节，总是耐人寻味。一天晚上，父亲说："豆腐脑能增加蛋白质，爸爸带你去买豆腐脑，回来大家吃。"宫敏就跟着父亲点着灯，在豆腐脑摊位排起长长的队，买到后拿回家，有辣的和不辣的，宫敏不经意吃到一碗辣的，当时就被辣哭了，"这段印象真深刻！"

宫敏的好奇心也给生活平添了些插曲。一天，心理研究所的人员来幼儿园找孩子做实验，宫敏很好奇，就被叫去了，他们被带进一个小黑屋，头上装上电极，面前一盏红灯，扬声器里提出来各种问题，他们就一一回答。

周末回到家，他把这件趣事告诉家人，家人惊讶道，"拿我们孩子做什么实验？我得去心理所问问。"得知是做儿童心理实验，只是看看脑电图，这才放心。

学霸之家

早就掌握了识字能力的宫敏，一二年级就开始看小说了。

四五岁时，宫敏看见父亲在做一个放大器，就跑过去不停地问："这是什么东西？"

"这个是电阻。"父亲说。
"那是什么东西？""那个是电容。"
"这是什么东西？""这是电子管。"
"这是什么东西？""这是变压器。"
……

这种儿时碎片式的学习，宫敏很早就开始了。

父亲经常给宫敏买儿童读物，有些是讲科学人物的图画书，像特斯拉、爱迪生、罗蒙诺索夫和祖冲之等，父亲有时也给他讲一讲，更多是看宫敏的意愿，"反正书在这，你自己看"，看宫敏对哪些方面感兴趣。

很快发现宫敏对无线电、物理更感兴趣，就开始多买这方面的书。宫敏有问题，父亲有时直接解答，有时说："你看完这本书就知道了"，宫敏就去看书。

1953年，父亲从武汉大学无线电学专业毕业，是新中国培养的第一批大学生，毕业后分配到了中科院地球物理研究所，由赵九章等几位老先生带他做一些项目。

1958年，国家进行人造卫星预研，选了十多位科研人员组成研究小组，宫敏的父亲也入选了。

科学院有很多研究所，父亲主要是研制科学仪器，"没有仪器是做不了科学研究的，老爸和他的同事都热衷于做仪器。"

宫敏的母亲毕业于湖南长沙的湘雅医学院，是美国教会创办的高等医学教育机构。母亲很早就教宫敏认识26个英文字母，他学拼音时就学得非常轻松，"只是这个字母我们以前都念A，怎么到这儿念a（啊）？"。

宫敏的爷爷当年从安徽含山县出来，去上海念了大学，在宫敏快上小学时患了半身不遂，不能说话，"他以前，会拿着一本线装书摇头晃脑地在那儿唱诗。"奶奶毕业于武汉大学中文系。

忽然没有学上

环境艰苦，"在这样的情况下谁去了都是没学上的。"

生活中，宫敏一旦有不明白的，就去找书看或者问父亲。1963年宫敏读小学，1966年全家搬到了陕西112大院，在秦岭的一个山沟里，这里是赵九章先生选点建设的三线单位，父亲和几位同事算先遣人员。

刚到这里，实验室的设备、用具还没到位，更难的是星期天只吃两顿饭。家里连饼干和馒头都没有，宫敏就和妹妹跑到食堂，工作人员忙说，现在没饭，要9点才有。两人饿得不行。

学校还没开起来，距大院约5公里还有个山沟，有个子午钟表厂，这里住的全是上海人，生活比较好，子弟学校已经开张了。宫敏就和伙伴们跑去旁听，跟上海小伙伴们一起玩儿，可还是比较远，不能每天去，"反正这段时间基本是没学上的"。

1967年政策变了，宫敏跟随家人回到北京搞运动，三年级没怎么念的他，直接在中关村小学上了四年级，直到小学毕业。

"我不记得有太多事情发生，好像也没有什么考试。"回京后住在中关村，小伙伴的家人不是这个所的，就是那个所的，"都是在家听大人讲完，就来学校吹各种科学上的牛。"宫敏一旦有不明白的，就回去找书看或问父亲。

这个时期也是父亲参与研制任务的关键期。父亲经常夜不归宿，宫敏有些实验做不通，就把实验现场留在桌子上，写一张纸条说明问题和现象，再去睡觉。早晨起来，还是不见父亲的人影，"桌上的纸条变成了老爸的指导意见，按照意见处置后，问题基本就解决了。"

不久，父亲负责研制的部分进入关键阶段。他提出利用国内所能提供的器件，满足总体设计要求创新性的技术方案，最终获得成功，圆满完成了任务。

父亲总是把"多普勒效应""截止频率""参量放大器""阶跃二极管"等新名词挂在嘴边，宫敏不明就里。一次，父亲自言自语地说："国内最好的晶体管的工作频率是40MHz，200MHz怎么搞？"宫敏觉得父亲遇到了大的挑战，后来发现，正是父亲的方案和产品保证了第一颗卫星能被地面"跟得上"。

科学、音乐两不误

"没想到物理世界和音乐世界竟有着如此奇妙的联系！"

宫敏在北大附中表现一直不错，只是大家不轻易聊成绩。学校生活很丰富，他参加了校合唱团，时常排练，由于变声，从男高声部唱到了男低声部。

一天，邻家来了一位会拉小提琴的大哥哥，演奏水平很高，琴声深深打动了宫敏，很快，两人就成了好朋友。宫敏很想学小提琴，就开始跟父亲软磨硬泡，在向父亲承诺"不能三分钟热度，一定练到至少和邻居哥哥一样的水平"后，父亲才答应买一个便宜的小提琴。

经过邻居哥哥的介绍，宫敏结识了住在磁器口的小提琴老师，老师同意每周为宫敏做一次专业指导。家里给买了月票，他每周四放了学就去磁器口学琴。

在老师的指导和自己的苦练下，宫敏的演奏水平提升很快，就这样，在科学之外，宫敏真正掌握了一门乐器演奏技巧。他的阅读范围也扩展到了和声学、音乐史、德奥音乐和俄罗斯音乐等，图书馆的《人民音乐》（过刊）杂志也成了他的阅读对象。有些小伙伴家里有唱片，宫敏就去造访、听音乐，也会把唱片借回家听。

为了高品质地欣赏唱片，宫敏开始研究、设计和制作高保真功放，增加了电子电路方面的知识和经验。通过音乐，对一些物理概念有了更加直观的感受，例如频率就是音高，波形就是音色（正弦波圆润乏味，方波刺耳，三角波又是不同的音色，偶次谐波比较悦耳，奇次谐波比较令人烦躁等），这一切变得越来越有意思了。

附中有个校办工厂，除了做广播用的扩音机，还做半导体（碳化硅的发光二极管），工厂是由宿舍楼改建的。后来得知，这些发光二极管是供北大设计建造的大型电子计算机（杨芙清院士的150机）使用。

科学院计算所要做晶体管电子计算机,学工要协助制造一大批晶体管,工序就是在一个直径3~4mm的陶瓷片上,用小笔画三条银浆。银浆有很强的化学味道,宫敏很好奇,就弄了一些请叔叔阿姨辨别是什么东西,他们闻过之后说应该是丙酮。用丙酮做溶剂弄出三条墨绿色的线,就是银浆,在烘烤箱中把这些有机物烧掉后,金属银就呈现在上面了。三条绿线烧完以后就变成三条银线。宫敏就是画这三条银浆线,其他单位在这个有银薄膜的陶瓷片上造晶体管。

做完以后让大家去参观计算所。在计算所北楼(该楼后来拆除,宫敏刚回国时还在)有很大的一间屋子,里面是一台大型计算机,宫敏和同学们就听叔叔阿姨们讲它的工作原理。

内存会有电波发出来,一个收音机在接收。他们通过编程发出来的电波,用收音机收到后就是音乐。

一个大大的控制台吸引了宫敏,上面有许多开关和闪着的灯。他好奇地在里面乱串,串到一个地方,见有一个电动机,带着一个圆筒一样的东西呜呜地转,这时一个叔叔过来说:"你不在那儿听讲,跑到这儿来干什么?"

"我看看计算机里都有什么东西。"宫敏说,"这是什么?"
"这个是磁鼓。"叔叔回答。
"磁鼓是干什么的?"
"哎呀,跟你讲不清楚。"

宫敏回家问父亲,父亲告诉他磁鼓上面有一堆磁头。磁盘是盘状的,磁鼓是鼓状的,它们都是磁面,磁盘和磁鼓都是外存。宫敏不知道这种东西怎么玩,因为一般人买不起。

"说起来还是沾了点光,在那个年代大概没多少孩子能见到这种东西","就算是没吃过猪肉,也算见过猪跑了"。

回到112大院

很多同龄人初中毕业就去插队了,宫敏在这里倒是学到了很多知识。

临近初中毕业,停办已久的北京高中开始少量招生,一个四五十人的班,大概有两三个学生能上,条件要求比较多。家里评估宫敏上高中的机会基本为零,全家户口都已迁到陕西,在北京升学会有更多障碍,他就跟随家人去了陕西112大院。

宫敏没有在意这个人生转折,毕竟还是在父母身边,已经熟悉了这种生活。

112大院在长安县(现西安市长安区),离当时的西安市相对较近,这里一半是工作区,一半是生活区,大家一起吃饭。孩子想去图书馆只要跟解放军打个招呼,就能去看书,反正有书看宫敏就高兴。

父亲调研了周边学校,帮宫敏选了韦曲一中(现长安一中)。学校的师资力量很强,民国时建校,1962年被列为陕西省重点高中之一。

高中离家很远,宫敏不得不住校,一个星期回家一趟。每个周六宫敏和妹妹吃过午饭,不到1点就要从学校骑车往家赶,差不多5点到家,中间要翻一两个塬(黄土高原的一种台状地形),很难走。到家后妈妈给做好了饭,帮他们洗脏了的衣服,宫敏和父亲津津有味地谈论科学话题。星期天,宫敏吃完午饭,再骑上自行车回学校。

这里比较偏远,在那个特殊的年代,反倒成了好事,老师可以正常教课、考试,宫敏在这里学到了很多知识。

很多北京的同学初中毕业都去了海淀苏家坨插队,他们的生活也因此被改变。"初中同学上大学的并不是很多,但北大和科学院的孩子后来升学的比率要高一些。"

另辟蹊径,解决饮水问题

宫敏认为,这种电学的方法在当时是最简单的,任何有机械加工的东西都是复杂的,因为他不具备那种能力。

韦曲一中的大门建在川道上,整个学校是沿着一边的塬一节一节往上建成的,在最高处建有一个水塔。

学校无法正常供应自来水，因为需要有人经常爬上水塔去看，没水了就灌水，有时工人师傅灌着水去忙别的，水就溢出来，又要跑上去关上阀门，使得自来水不能正常供应，这让宫敏很疑惑。

他开始思考：可不可以做一个自动装置，在低于一个水位下限时就能自动开泵灌水，等水位达到规定的上限，就能自动把泵关掉？

具体的实现方案是，在水里放三个电极，一个放在水塔底层，一个放在最低水位，一个放在高线水位，通过晶体管检测水目前处在哪个位置上。"这里面有一个状态机"，当低于最低水位时，就开泵灌水；当超过第一线水位继续涨到高线水位时，就关泵。

可处在高线和低线之间的时候该怎么办？

正常来说，当从最高水位落下来时，如果处在中间，是不应该管它的，继续用到比最低位置更低时再来开泵，开泵后水位再往上升。

这里的逻辑关系是，当处在中间水位时，怎么才能知道它是从哪个路径过来的？从上面落下来的，还是从下面涨上去的，这需要看到前面的情况。从下面涨上来就不该关泵，从上面落下来就不该开泵，可是没有地方保存这种记忆。

宫敏看到老师和其他人的解决方法，都是用很多个继电器。"继电器可以做逻辑，它是有记忆的。"

宫敏的想法是只利用继电器的固有特性，而不是用多个继电器。继电器有一个特性，就是吸附电流和释放电流（从张开到吸合）有一个差值，例如某个继电器，10mA的电流才会让它吸合，那降到8mA它仍然会吸合，只有降到7mA它才会释放。

如果让处在中间位置的电流是9mA，就意味着原来是吸合的，就不会放开；原来是放开的，就不会吸合，能让它保持原状。这个方法就是用了继电器固有的特性，通过调整继电器，让这个差值变得更大，控制晶体管电路提供不同水位点时的不同电流更稳定。

宫敏把原理写清楚后拿给了物理老师，老师没发现任何错误，奇怪为什么没人这样做，就说"那就试试吧"。

校长问宫敏："你觉得做这件事要花多少钱？"

宫敏回答："50块钱应该足够了。"

"批给你100块钱"，校长说，"咱们有校办工厂，壳子什么的让校办工厂帮你做。"

最后宫敏用了不到50块钱，就把这套自动化的水位管理装置做好了，他成了学校的名人，让大家真正喝上了自来水。

在生产队组装电视机

"有你在这儿，我们的广播站就没有后顾之忧了。"

转眼间高中即将毕业，宫敏面临着双重选择：一方面，自己擅长小提琴演奏，可以报考西安音乐学院；另一方面，继续在实验室里搞科研。两难之下，宫敏去征求家人的意见。

奶奶对他说，"你的这两个爱好都是正当事业，都应该支持。""你是愿意做研究，处理新的问题，还是愿意坐在乐池里，每天演奏相同的音乐？""你可以把一个作为职业，另一个作为爱好。"

想来想去，宫敏更愿意留在实验室。这个决定，也是自己做水塔自动控制系统时，学校给予莫大的支持，让他觉得只要有好想法，社会就能给你机会，科学研究应该是自己真正的事业。

这一年，赶上号召年轻人到农村生活劳动，每户家庭可以留下一个孩子，于是家庭会议召开：让妹妹去，还是让哥哥去？宫敏觉得自己是哥哥，不能让妹妹去，父母满意地说："这哥哥的态度挺好，那你就去吧。"

临行前，父亲说："你把书都带去，要坚持学习，英文也要坚持学，不能放松。"就这样，带着心爱的书和小提琴，宫敏离开了家。

他被安排在陕西省长安县，虽然与家在同一个县，可也有几十公里的山路，从生产队回家不需要翻塬，却要上山，沿着山路一直往上走就可以到家，从家里回来一路下坡就能到生产队。

刚到这里，宫敏和其他几个青年都住在老乡家，不久县里给的安置经费到位了，生产队就划了一块宅基地，盖了一个小院。

宫敏所在的集体户是两个男生三个女生，小房中间盖一堵墙，一边住女生，一边住男生，吃饭会在一起。"我记得我负责烧火，另一个男生就出去挑水，女生负责擀面条、做饭。"

大多数农活宫敏都能做，可也有意外发生。一次，宫敏在麦场收麦子，把麦捆铲到垛子上时，腰忽然扭伤了，在床上躺了好长时间。

另一次是修水库时，一个事故伤到了腿。宫敏扒着伤口从真皮、脂肪到下面的肌肉包膜一层层都看得清清楚楚，还不忘调侃："这下我学到了直观的解剖学知识。"

宫敏对生活没有太高要求，能吃饱饭，睡觉不冷就行。收工回来别人打牌、谈恋爱，他就读书。

在知识的海洋里畅游，他又鼓捣出了新名堂。

干活之余，宫敏想弄明白电视机的工作原理，"只有把它做出来，才证明我确实弄明白了。"

在读高中时，宫敏经过一个学期的研究，组装过一台电视机。当时扫描发生器和锁相环路都是使用的最新器件"单结晶体管（UJT，又名双基极二极管）"，利用它的负阻效应制作"张弛振荡器"，通过改变两个基极之间的电压，改变振荡频率，利用振荡器产生的信号，与电视台发送的同步信号的频率/相位差，产生控制电压完成扫描的同步。这一点让研究所里的叔叔们都赞不绝口。

他设计了一个电视机的完整电路，寒假到北京探亲，顺便购买了显像管、屏幕等相关零部件。北京生产的零部件宫敏都买等外品，最贵的是显像管，一个要13块5，其他东西二三十块钱就能全买到，组装下来不到50块钱，三周的时间里宫敏从采购零件、制作印刷电路到整机调试，完成了一个9寸晶体管电视的制作。

有了第一部电视机的制作经验，第二部就轻车熟路了，显像管和部分零件都是从北京带过来的，他自己绕制了高压变压器，最终完成了电视机的组装。

简直是天大的事，村里这下能看电视了！这里离西安几十公里，用一个外置天线接收信号。大家都围着电视看，"电视节目大概是每天晚上五点半开始，先是新闻，再是别的，最后是文艺节目，十点左右就没有了。"

消息很快传到了公社，公社领导叫宫敏到公社来上班。

被推荐上大学

考研结束后，老师表情有些沉重，从班里挑了五个学生说："你们五个人把考研试题做一下，我们要评估考题情况。"宫敏就和几位同学去答题，答完后老师看过成绩说："你们当中考得最低的，也比这次考分最高的学生考得好。"

在公社，宫敏和领导吃住在同一个院，很快就熟络起来，工作上听从书记安排，事情做得也很漂亮，受到了书记的赏识。

好事来临，北大开始招生，无线电系在长安县有一个招生名额，书记得知后跟宫敏说："这专业不正是你做的事情吗，你应该到那里去啊"，专业对口，就推荐他读大学。

说来也巧，在北大招生之前，部队曾前来征兵，宫敏跟部队的人聊得很好，就说："你把我带走吧，我当兵去。""好啊！"解放军说。

几天后解放军跟宫敏说："我不能带你走。"

"为什么？"宫敏问。

"你的岗位不应该在我这里，你应该去上大学。"解放军回他。

"我觉得我现在没有机会上大学。"

"你听我的,你的机会就是去上大学,我不能带你走。"

就这样与部队失之交臂。宫敏想到,解放军可能跟公社这边沟通过,领导一直认为他该读大学。

不久,宫敏通过了入党申请,外调的资料也都合格了。在准备回京的时候,支部书记忽然对宫敏说:"你是不是能够明年再去上大学?我们希望你留下来,再为我们工作一年。"

可一心求学的宫敏,难得有了奔赴理想的机会,他非常珍惜,就没有答应书记。

人生充满机缘巧合,宫敏想,既然走了,就尽量走好,不要给学校丢脸。

图2 1978年的冬天,宫敏于北大留影

在北大(见图2),宫敏很享受师生之间的关系。"老师们都拿我们当朋友,不当孩子对待。"大家都很认真地讨论问题。

一次,宫敏向老师们请教32路数字电话的专业问题,他们惊讶于学生竟能问出这种问题!问到我就给你讲,讲完后告诉宫敏下一步的研究方向,希望他也对这些感兴趣。"北大老师和科学院的叔叔阿姨们的作风很像",这也是宫敏从小接触到的,熟悉的氛围让他感到亲切。

更有意思的是,有几门课刚上了几堂,专业老师就说"这门课我给你通过,你别念了,去别的系听你感兴趣的课吧。"宫敏觉得这很不可思议,老师们都很开明,

"他觉得继续听这门课是浪费时间,就劝你别听了。"

学习之余,宫敏加入了北大游泳队,每天下午训练,"还是很辛苦的,每天都要游3000多米。"教练要求很严格。好在小学时,父亲就带着他和妹妹去横渡昆明湖,"从排云殿游到龙王庙有700多米,游过去休息一会儿,再游回来。"从小养成了锻炼身体的习惯。

让遥感探测项目起死回生

在20世纪80年代,飞机遥感是很先进的技术,此时中国的高科技是在西方封锁之下搞出来的,"真的跟美国差距没有那么远"

1980年,北大,20多岁的宫敏已有了人生目标,"我就是想成为老爸那样的人。"毕业时,宫敏顺理成章地被派遣到科学院工作。此时徐梦侠老师对他们说了很重的话,"你们毕业以后,前五年可以用母校的名字,五年以后北大指望着用你们的名字。"

到了科学院空间中心,宫敏(见图3)被分配到了地面系统部,单位的短期使命被定义为两星一站,即天文卫星、资源卫星和遥感卫星地面站,"虽然我最希望加入卫星团队,但还是服从分配好好搞地面系统吧。"研究室领导给宫敏介绍了这里的三个研究方向:硬件、软件和算法,可以自己挑。"想让哪个老同志带你,你就去争取他的同意。"于是宫敏开始摸情况。

图3 1981年,在科学院空间中心工作时期的宫敏

宫敏喜欢挑战,做别人不敢尝试的东西。

在跟各位老同志交谈、看了各个实验室之后,宫敏发现这里有一个机房,里面设备很多。这是1976年我国第一

次航空遥感的数据处理系统，可一直没有成功运行，且负责人已去了美国。

这个机器是上海计算机厂（以前叫上无十三厂）生产的DJ S-131小型计算机，仿美国Data General Nova的产品。

按照计划，这个研究室是负责处理飞行时仪器所采集、记录的数据，可这一步一直未完成。宫敏就向研究室请求来这个机房，让它完成历史使命。谁知研究室觉得他资历不够，无法批准他负责这项工作，但允许宫敏来这里进行认为必要的工作，前提是必须保证不把它搞得更坏。宫敏回答："保证不把它搞得更坏，争取把它搞得更好。"

宫敏是学无线电的，对电子计算机完全不懂，可他认为既然是电子计算机，它的基础就是电子电路，只要是电子电路宫敏就能搞懂。

"那个机器现在看起来很烂，主频0.5MHz，一个内存周期2μs，内存32KB，但它居然配了40MB的硬盘。"里面还配了数字磁带机，有两台是东德卡尔·蔡司生产的，另外一台是内蒙古生产的，质量不可同日而语。

宫敏决定，放弃使用内蒙古的磁带机，只用东德的。可东德磁带机的接口接不到我们自己的机器上，得自己做接口。好在计算机的逻辑图都是完整的，宫敏就一张一张地爬逻辑图，"最后弄明白了，它还有Diagnostic诊断程序，读这个诊断程序，才能深入理解计算机的工作原理。"

通过这件事，宫敏就彻底明白了计算机是怎么工作的。

此时这台机器工作还不稳定，宫敏就分析它的逻辑，发现有个地方的时间利用不充分，导致时间很紧张，持续的紧张会造成机器误判，比如0判成1。宫敏就把计算机的逻辑稍微改了一下，加了两个逻辑芯片，"按照新的时序来，可以更充裕地去建立时间，这样机器就能稳定工作了。""我还给它超频了，本来是2μs一个周期，我把它提升到1.6μs，超频还不稳定。"

这就能更好地利用起来了。航空遥感飞回来的数据，本来是模拟信号，需要把它数字化，数字化的过程需要和航空遥感仪器每一圈转动的起始点同步，可同步的挑战比较大，因为磁带录回来信噪比不好，噪声比较大，这会造成同步的电路失误。

宫敏想，能否用一种方法把真实的同步信号提取出来。这种做法纯学计算机的人是做不好的，纯学逻辑电路的人也做不好。宫敏有专业的信号处理背景，想到了匹配滤波器（Matched-Filter），用一个已知信号去匹配它那个（同步）信号，判断哪个是真实信号，一个信号在不应该来的时候来了，那就是假的。宫敏做了一块信号采集板，成功地把真实的同步信号提取了出来。

老同志得知后就和宫敏一起搞，他们帮助项目正式立项，要到了经费，最终把遥感飞行的数据全部处理出来了，这是国内第一个完全自主知识产权的图像处理系统。

浙江大学和解放军测绘学院作为第一批用户上机试用获得了良好反应，物理所的雷达波带信息经过系统的处理成功成像。系统通过科学院鉴定后，获得科学院科技进步二等奖，宫敏排名第二。

这次遥感飞行的主要目的是验证我国自己设计制作的遥感仪器和我们的地面处理系统，另一个目的是探测地下的铀矿。二机部的同志根据处理出来的照片，"我们最后是出成胶片"，通过胶片判读，得出了比较积极的结论，也得了二等奖。

这次遥感飞行探测早在1976年就开始了，当时做了很多工作，可运行都不正常，数据（模拟磁带）就一直放了四年，直到1980年宫敏来后，把旧有的东西重新设计、制作，用了两年多的时间把这件事起死回生了。

方案被美方认可

100多人中有30人提交了方案，又经过一轮筛选，宫敏和另外4人的方案得到美方认可，获得了赴美工作的机会。

法国宣布，将在1986年发射世界最先进的SPOT遥感卫星。1985年，中国决定建SPOT卫星地面系统，接收和处理法国的SPOT卫星数据，系统将由中国人自主在美国设计和建造，利用美国的工业技术和供应链，有效而快速地建设地面站，成果运回中国并在中国完成研制。

项目启动之前，美方专家来中国讲解处理系统的具体内容和要求，单位来了100多人听报告。

专家画出几个任务，让在场每个想干的人任意领一个回去，利用三天时间写出自己的解决方案。宫敏选了一块有挑战性的，三天后提交了自己的方案。"美国人在阅读了30多人提交的方案后，又听取了10个人的方案讲解，最终选定了5个人，其中有我。"

随后，所里领导找到宫敏："美国人很认可你的方案，所里准备派你去美国做这件事。""不过回国后，你需要为所里服务三年，三年以后你想做别的，可以走。"

宫敏听后说："如果是三年的话我就不去了，您派别的同志去吧。"

"为什么？"领导问。

"我已经29岁了，去两年31岁回来，再服务三年，34岁了，我还要深造，我还没有博士学位呢。"宫敏分辩道。

"可别的同志都同意是三年。"领导告诉他。

"他们同意是他们的事情，如果一定是三年的话，我选择不去好不好？"宫敏说。

"那你觉得多长时间可以接受？"领导问。

"最多两年。"宫敏说。

宫敏觉得一旦答应就要做到，这个年龄，读博士比去美国做事更重要。

一个星期后，领导又找到他："所里开过会了，同意你服务两年的要求。"

感受西方世界

宫敏从妈妈嘴里和在外面听到的美国生活大相径庭，等真正到了美国，他感觉这里"就那么回事儿。"

1985年，巴尔的摩，宫敏走在街上感受着这座东部大城市，种种景象触动着他，"能感觉到这座城市曾经很辉煌，可如今已衰败得不得了。"

路边有很多联排别墅，一次，宫敏从一个联排别墅的后院经过，一对老夫妇正晒着太阳，看到宫敏，就跟他友好地打招呼。

"你从哪来？"老头问道。

"你看我像从哪来的？"宫敏说。

"Cuba"老人看了看宫敏。

"你看你我的长相像古巴人吗？"宫敏笑道。

"那你是从哪来的？"老人接着问。

"我是从中国来的。"宫敏回他。

"中国在地球的另一边，你坐船过来要几个月？"老人惊讶地问。

"我没有坐船过来，是坐飞机来的。"宫敏说。

"那么远坐飞机！"接着他把老伴叫过来，"这个小伙子说他从中国坐飞机来的，我们两个还没坐过飞机呢！"

这次相遇让宫敏感触很深，他觉得虽然老人没坐过飞机，可住得起联排别墅，已经过得很不错了。

这里曾是美国的蓝领工人区，20世纪70年代，美国的蓝领工人也是中产，这个阶层的人在美国并不在少数。

另一方面，在街上能见到很多无家可归的人，晚上警车到处跑，警用直升机在空中飞，感觉很不安全。

巴尔的摩离华盛顿D.C.很近，开车50分钟就到了。

美国的生活很丰富，每个星期宫敏都到华盛顿D.C.去参观一个博物馆。国会大厦前面有一大片草坪，草坪两边是各类博物馆（史密松尼亚博物馆群）。航空航天博物馆让宫敏觉得很震撼，各种航天文物和小型物品，包括天空实验室和美苏飞船对接，在这里都有展出。

一次，宫敏正在逛国家美术馆，发现旁边有两个人指着他问："诶！诶！诶！你是不是北大的？"

"我是啊"，宫敏惊讶道。

"你是不是游泳队的？"

"是啊。"

"我是经济系的，当时我们经济系的某某也是你们游泳队的，你老去找他。"

"对！对！对！"宫敏笑着说。世界真是太小了！

宫敏把这里的博物馆看了个遍。大概在靠近白宫的科技历史博物馆，宫敏看到了一些自己从书本上熟悉的东西，如ENIAC（世界上第一台电子数字计算机）的一部分，还有巴贝奇的机械计算机的一部分，等等。"这都是以前听过但没见过的东西，见到之后感觉不错！"

在学术资源方面，宫敏觉得中国的实验室仪器跟美国比，不能算非常落后，"我们是有些很好的仪器在手里的，可能没他们全，他们可能有二三十种，我们可能有五种，但我们这五种绝对是好的。"在科学院，大部分高级的东西是可以从外面买到的。

在单位上班时，有两次宫敏中午吃饭和工人坐在了一起，后来美国老板找他谈话，"你应该和工程师坐在一起，不应该坐在那边。"老板认为宫敏不属于那帮人，而是属于工程师这帮人。在美国，人群实际上是有分隔的，而宫敏受到的教育是要和工人、农民打成一片，还是受到了些文化的震撼。

宫敏也会抓住各种机会跟美国人聊天，多了解一些美国社会。

最先完成任务

美国有先进的供应链，利用美国的信息和制造能力，做完拿回中国，知识产权是中国自己的，"放到现在美国不会这么干。"

1985年，美国，一切进行得都很顺利，住宿免费，饭要自己买，有一辆车周末免费给中方人员使用，每个月发420块钱。"一个月只吃饭的话100块就够了，都是到超市买菜，回来自己做，下馆子是不敢的。"

宫敏领到的这块任务难度不小，可他最先完成了任务。每个人对自己的设计负全部责任，设计出来自己调试，"都是你一个人的事儿，工厂会按照你的设计进行加工。"

任务完成后，回国进行后续的工作。

临走之前，宫敏看中了一台PC/XT兼容机，里面有10MB硬盘，一张单色图形显示卡，他自己配了1MB内存，"我就是奔着顶级去的，彩色图形对我并不重要。花了700多美元。"

此时，在美工作学习一年以上的外国人回国可以带八大件，冰箱、洗衣机、电视等用品，该买的宫敏都买回来了，孝敬了家人。

成功移植CPM/68K操作系统

"以前都要做交叉汇编，现在系统支持了C语言，让整个系统上了一个档次。"

1987年，北京，宫敏开始了地面站研制的后续工作。机器没有适合的操作系统，非常难用，宫敏说："我们要给自己的机器做个操作系统"，于是准备移植Digital Research的CPM/68K操作系统，可人家只给了BDOS，宫敏不得不自己写BIOS还有ROM上面的Bloader和Device Driver（驱动程序）。机器用的总线是Intel的MULTIBUS，而处理器是当时最好用的摩托罗拉的68020，"这是一对很魔幻的组合"。

MULTIBUS的硬盘控制器不好买，进口非常贵，宫敏看到满街的PC磁盘控制器说："我做个总线转换器（Bus Converter）吧"，然后做了一块板子，上面是PCBus，把街上买的磁盘控制器插上，将总线转换器再插到MULTIBUS上。前面那些系统都写好以后，操作系统就boot出来了，这下好用多了。

宫敏成功移植了CPM/68K操作系统，并通过操作系统支持了C语言，摆脱了原来只能汇编语言交叉汇编下载的低效率模式。后来，这个项目获得了科学院科技进步一等奖。

以外国专家身份去芬兰

宫敏突然收到一封信，上面写着"你就是我们在找的人，耽误这么长时间，是因为我们一直跟芬兰教育部沟通，邀请外国专家。"芬兰教育部批准宫敏以外国专家的身份加入本国项目。

宫敏在美国的时候，妹妹在挪威，常跟他聊北欧五国的教育和科研情况。宫敏就想要去北欧，看看那里的学校都在干什么，自己有没有参与的可能性。

一天，北京举办国际教育展览会，会上介绍了很多参展国的情况，包括各大学的教育、实验项目，会场派发相关材料，宫敏在一份材料上发现芬兰赫尔辛基理工大学在开展一项"实时图像处理"的项目，就回去写申请信，把自己的个人信息、工作经历都填上了，说自己对这个项目很感兴趣，很想加入。

离开美国之前，宫敏请老板给自己写了评语（Statement），提到自己在美国的工作表现，他把美国老板的评语、科学院老同志的评语、大学老师的评语、还有自己写过的一些专业文章一并寄了过去，等待回复，可是几个月都没有消息，心想：那就算了。

三个月后，惊喜来临，宫敏收到了赫尔辛基理工大学的邀请信，自己能以外国专家的身份去芬兰工作。

芬兰靠租美国的设备做研究，看到宫敏在科学院做过遥感处理系统，处理中国的遥感仪器飞行记录信号、参与法国SPOT卫星地面站系统研制等经历，自然视他为专家。

不久，宫敏到大使馆拿火车票，乘车前往，中途在莫斯科转车，停留几个小时，宫敏趁机跟几位当地市民交谈，看到这里的市容和地铁，对"老大哥"的现状有些伤感。

在去芬兰之前，研究所的领导跟宫敏沟通，由于这一走时间不会短，领导建议他辞职，宫敏答应了。忽然想到宫敏未满三年的服务期，就说"等下，你三年的服务期还没到。"

宫敏把当年的事跟领导说了一下，自己是两年而非三年，随后所里开了所务会，核实之后确实有这么回事，于是批准了。

工作之余进修博士

在研究课题时，宫敏发现有人拿出了一个叫作Linux的内核，并在多人努力之下，做了一个Distribution（名叫SLS），宫敏安装了SLS，下载了内核源代码，实现了IP多播，研究课题顺利推进。在此期间，宫敏研究了GNU GPL v2，"觉得这个许可协议很好，中国可以利用GPL做很多工作。"

1989年9月，赫尔辛基火车站，火车缓缓驶进站台，随着车门统一打开，车内旅客相继走了出来，人群中一位中国青年提着行李，沉稳地走出车厢，看到站台上有人手举一张纸，上面是他的名字，就过去打招呼，原来是芬兰教育部派人前来接站，上车后就直接奔向离学校最近的外国专家公寓。

公寓里的设备又好又齐全，可以做饭、洗澡，里面有三个独立卧室，大家共用厨房和卫生间，宫敏很喜欢。很快电话打来，校方告诉宫敏冰箱里有早餐，宫敏打开一看，面包、奶酪、火腿，东西还真不少。

校方说："你先休息，明天我们会来看你。"

宫敏说："我明天可以去学校看看。"

"那好，你来我们欢迎！"

当晚，宫敏就在自己的卧室安然睡下了。

伴随芬兰初冬迟到的晨光，宫敏醒来，开始奔赴新的生活。他吃了早饭，整理了一下就去了学校，终于见到了校方领导和同事，他们解释了之前为什么三个月才给到回复，又给宫敏介绍了学校的特色。这里的研究方向不少，宫敏想做什么自己定。他选择了分布式并行处理，这是自己的兴趣所在。

上班后开始忙起自己的工作，同事们有问题会很客气地请教他，宫敏就去帮忙，"都是些比较棘手的事，尽管棘手，我也都能解决。"时间长了难免会"过一过招"，由于是新人，他们就给宫敏来个下马威，"你接住了就站住脚了，接不住，那以后有你好日子过了"。经过一番考验，他们觉得宫敏有些本事。

在注意到宫敏没有博士学位时，就建议他顺便读个博士，宫敏说可以。芬兰的博士分两级，第一级叫Ph.D（Doctor of Philosophy），第二级叫Doctor of Science（科学博士），证书上写作Higher Doctor（高级博士）。

宫敏说："我选第二级。"

对方接着说："第二级需要通过考试来获得资格，有一本《数字图像处理》共二十二章，有两种考法，一种是把这二十二章的内容做成一张考卷，你要用一天时间考完，这样我们对你能有一个大概的了解；第二种是每章各出一张考卷，也是考一天，这种考法可以更深入地了解你，但会比较难。"

宫敏说："选这个难的吧。"

"我不怕。后来考过第四章，他们说我们决定不考了，你Pass了。"

"为什么？继续考多有意思。"宫敏问。

"你前四章的考试不光答得都对，还有书里没有的东西，每一章考试你都答出了更深层的东西，所以我们认为没必要考了。"对方回答。

读博士也需要拿学分，出去开学术会议，投稿成功，发表文章、上课等都记入学分，"该做的都做了，没觉得很困难，很不得了。"

宫敏的博士论文是一本专著，叫作 *Distributed parallel processing for photogrammetry and remote sensing*（《分布式并行处理用于摄影测量学和遥感》）。摄影测量学和遥感有大量的图像数据要处理，直到现在，计算机都必须通过并行处理进行功能的增强和性能的改善，这是宫敏以前就实际遇到和处理的问题。学校也很骄傲，答辩时邀请了英国纽卡斯尔大学的教授来做Opponent（质辩人）。

在芬兰，高级博士在答辩前两个星期，要在当地最大报纸上登消息：谁，在哪年哪月哪日，在什么地方，就哪个题目做科学博士论文答辩。这被视为一件大事，在报纸上看到这条消息的人都可以来听，且都有资格发问。"所以历史上确实出现过委员会没意见了，却被社会听众问了问题。"

你要有充分的信心，才会公布这件事。

芬兰事件

黑客黑掉了宫敏的并行计算机群，一台不剩，这让他很不高兴，火速进行了一场"保卫战"。

1994年夏天，宫敏休假结束回到学校，忽然发现自己的并行计算机群全部工作异常，经了解原来是黑客在对芬兰的计算机进行大规模网络入侵（称为芬兰事件），这次入侵不仅针对Linux，BSD和学校的AIX、HPUX、OSF1、Solaris等计算机都未幸免。

宫敏认识到计算机并非是安全的，解决计算机安全性问题是分布式并行处理的前提，否则其他都无从谈起。

宫敏把这个想法告知学校，学校支持并批准他使用原本用于研究并行处理的计算机，进行安全性研究。战场就设在了宫敏的计算机，宫敏一旦发现有人正非法使用自己的计算机，就通过写脚本来监视他们，发现异常后立即报警，如果他在场就人工监视并干预，如果打不过黑客就拔掉网线。

最后，宫敏缴获了黑客工具的源代码，通过这些源代码，宫敏了解了他们入侵的方法。通过内核侦测出了黑客的入侵路径，再根据预定的策略采取行动，做到了100%成功防御。这种安全方面的研究一直在持续。

1997年，宫敏利用假期回国建设"中国自由软件库"，并开通"新闻组"进行问题讨论和答疑，二者的完成获得了极大成功。清华大学和中国科技大学都拉取新闻组，开展讨论和答疑，从软件库中拉取感兴趣的内容进行使用。讨论和答疑活动在中国普及了自由软件的概念和Linux操作系统，为后来的开源运动打下了坚实的基础。

回国创业

2004年，《程序员》杂志（《新程序员》前身）将宫敏同中文操作系统CCDOS开发者严援朝、金山软件创始人之一求伯君、江民杀毒软件创始人王江民、UCDOS、联众公司创始人鲍岳桥一起，誉为影响中国软件开发的元勋。

1998年，中国驻芬兰大使馆，宫敏和新华社驻赫尔辛基分社的同志聊起了近来的工作，他们鼓励宫敏撰写个人材料提交新华社，准备小范围发表宫敏有关自由软件的稿子。

此后，大家开始劝宫敏回国，包括大使先生和远在家里的父亲，宫敏同意了。经过一年的收尾，宫敏于1999年年底结束了旅居生活，回到中国。

1999年年底，北京，宫敏来科学院相继见了陈芳允、张孝祥和倪光南等院士，有些是父亲的朋友，看到宫敏回来很是欣慰，不过前辈们不建议宫敏回科学院。陈院士说："我觉得你不如以公司的形式为国家服务。我最大的愿望是希望你把公司做成中国的贝尔实验室。"

宫敏感叹道："您对我的要求太高了，这是要我的命啊！"

作为中国Linux第一人，宫敏质朴而敬业的精神被前辈们看在眼里。"先辈有期望，我就往好的方向去做吧。"

宫敏不擅长经营公司，就有院士给他推荐合伙人，接触之后，大家志同道合，彼此欣赏，就一起来做。

创办公司后，宫敏的角色并没有变，依然专攻科研，合伙人负责找钱。"一件事从国家的角度来说是应该做的，我们就力所能及地替国家干这件事"，团队陆陆续续做过两三个国家863课题，牵头做过核高基课题，两个国家发改委的项目。宫敏也很感谢合伙人和他找的那些资本，因为项目周期很长，很多资本是受不了的。

宫敏目前在公司主要做安全操作系统，面向的客户也是电力、铁路、电信等国家的核心部门，像国家电网遍布全国的调度系统用的就是宫敏公司提供的操作系统，"我们知道自己的责任，这个东西要出事可不得了。"他们通过自主的Linux内核安全模块，将系统的安全性实现了很大的提升。

问答实录

刘韧： 民间公司做安全操作系统的优势在哪里？

宫敏： 从学术角度来讲，操作系统并没有太高的学术水平，因为都有标准在，而学术都是探讨目前不存在的东西。

问题是有标准在，不一定有符合标准的东西在，既然美国、欧盟、中国等国家都有自己的标准，那我们就尽量参考所有相关标准，弄清各个标准的内在逻辑，把它融会贯通以后做出来。

刘韧： 你觉得一个民间公司落实一件事情会更有效率，而科研单位会追求更高的科研水平，所以双方追求的东西是不一样的。一个公司它可能更务实，更愿意做出可用或更好用的东西。

宫敏： 对，科学院有些东西也很有实用性，可它服务的对象可能就是科学院和少数几个单位。可能社会上对这种东西还没有需求。

我们做的东西可能并没有特别大的学术突破，但也不是一点学术都没有，我们有学术和基础，所以国家863计划才能批准我们申请的课题。

刘韧： 什么叫作矿石收音机？

宫敏： 最开始用的都是电子管，没有晶体管，电子管很贵，轻易得不到。最早是外国人从一些矿石中发现，把矿石拿来，用一根针在上面轻轻触碰，这些被触碰过的地方就能让直流电通过，这颗矿石就具备了检波的作用。无线电波过来后，通过矿石用耳机就能听见声音了，就是广播。

比较有名的叫作方铅矿，方铅矿是效果比较好的材质，最早、最便宜的收音机就是用矿石做检波的收音机，叫矿石收音机。

检波的英文叫作Detector，一般的广播是调幅广播，是把音频调制在你的载波上面，载波的幅度高低是通过音频来变的，这个是我们听不见的。通过检波可以把载波去掉，留下半边的包络线，这个过程叫作检波，就是变成人能听见的声音。

最开始用矿石，后来就用晶体二极管，比矿石的效果要好得多，但大家仍然把它叫矿石收音机，因为它只有检波，现在再找块矿石都困难了。

刘韧：开源是什么？开源对中国的意义是什么？

宫敏： 我只表达自己的观点。实际上在理查德·马修·斯托曼（Richard Matthew Stallman）看来，开源这个说法很不精确。2005年，科技部委托我代表中国去柬埔寨暹粒市参加联合国开发署亚太地区的开源论坛，会上有人播放了一段Bruce Perens的视频，他是开源概念的提出者之一，谈他是怎么看开源和自由软件关系的。

在那段视频里，Perens说，在他看来这两个东西大致是一个意思（More or less the same），只是开源的概念让人更容易理解，这是否代表现在开源的普遍概念，也不一定，至少是Perens的一家之言。

鉴于他是开源这个词的发起人之一，他的看法应该也有一定的代表性。要是按照Perens的说法，我们姑且认为开源软件和自由软件基本上就是一回事。另外，我也看到一些开源组织的统计数据，它们定义了一个开源的标准，在所有符合开源软件标准的软件当中，自由软件大概占了60%以上，这样是不是可以认为，自由软件是开

源软件的一大组成部分。

实际上在很多基础性、有代表性的开源软件当中，基本上是自由软件。操作系统、编译器，甚至包括FirmWare固件，都是以自由软件的信息形式存在的，尽管自由软件是一个小集合，但它是开源软件中相当大的一部分，应该是超过50%的。如果我们从基础性来看的话，自由软件应该是更重要一些。

我一直认为我们国家最弱的不是你能玩出花来、短期能挣很多钱的上层应用，恰恰底层系统是我们最弱的部分，要加强我们的底层系统。自由软件是一个非常好的学习对象，因为有自由的编译器和工具链，包括Linker、汇编器，这些东西包括操作系统Kernel、Shell和上面的Utilities，构成了一个最基本的操作系统，这些东西应该是以自由软件为主的，虽然说有BSD那个更宽松的也不错，你愿意学也没问题，但现在从活跃度上来说，最活跃的还是GNU/Linux。

在活跃的情况下，你往往通过讨论能学到很多东西，包括与人交流的方式，这个我觉得也是需要学习的。早年间我看到国内有人参加研讨会，上来就说，我希望你能够加入这个，加入那个，我觉得这个可能不是研讨的方式，你凭什么告诉别人他应该做什么？正确的方式是，你要觉得这个事情很有必要，你就把它做了，然后拿出来讨论，源代码也是对你开放的。

你可以做得不是太好，来征求一下他人的意见是可以的。所以什么是开源文化？是一帮人在一起应该怎么互动，这些都是需要学习的。社区里面也没有那种，我是头儿，你们都得听我的，那凭什么呀？你愿意做什么你倒是做呀，凭什么让我做呀？

这是我们所欠缺的文化之一。

另外，我刚回国的时候，教育部搞过一次Linux相关的教材的审定，也请我去，我说这个教材的审定可能不是我们几个人坐在这儿拍拍脑袋就可以审的，这些教材有哪些学校用过？在教的过程中有什么经验和教训？它到底好在哪里？这些也要考虑，所以可能不是先着急审定一

批教材，而是让大家把现有的教材先用起来，然后根据使用情况写出文章，老师对这些书都会有评价的，把几本不错的书取长补短，来编一本是可行的。

你看自由软件，包括开源软件很多发展都是自下而上的，并不是谁下了一个任务，你给我做一个东西。

这些话我希望大家能听进去，有很多事情我也是反复讲，很多年以后，我发现越来越多的人的说法，跟我的说法越来越像了，这个就是成功不必在我吧。

刘韧：为什么开源在中国还没有很好地开花结果？

宫敏： 我可以用更积极的说法来讲，应该是越来越好了。比如你去看Linux Kernel里的贡献者，中国人的名字越来越多，所以我用积极的方式来说还是越来越好了，可能这个速度不像有些人期望得那么快，可它毕竟在向前走。

二十几年前，我说开源的时候，很多人都怀疑："这个家伙到底在说什么？他是骗子吧？"现在已经不是这样了。

从这个方面来看还是有些积极的进展，确实开源对很多人的价值观，对社会构成、行为模式是有颠覆和冲击的，要理解和接受它是有困难的，现在大家是在逐渐接受。

也有很多人说自由软件就是各尽所能，各取所需。后来我跟斯托曼聊天，他也一直在强调自由软件的关键不在开源，而在自由。

他还说很多的软件公司实际上在做的是殖民主义在对人群进行分割（segregate），这样不好，自由软件的实质是让大家团结一心，不能各打各的小主意。

所以我认为，我们是能学到不少东西的，把这些东西真正学到手，就像你念了很多书之后，可以自己写书，在你自己的书里，你可能引用其他书里的话，只要在文中注明出处，这不影响它是你的作品，但你要是没有这些修炼，你想一下子写出一本好书来，恐怕不太可能。

要写出好软件，你就必须读过很多好软件。

刘韧：你怎么评价Linux对世界的贡献？

宫敏： 我认为Linux的胜利是自由软件的胜利，因为Linus Torvalds拿出他第一版Kernel的时候，许可证不是GPL，很多人就劝他如果用这种方式许可的话，你的东西是不会有前途的，没人跟你玩儿。

他听劝之后就改成了GNU GPL，事实表明这个决定是正确的，这也从一个侧面反映出许可证的精神条款对你的东西能否发展、活跃的重要性。举个例子，BSD的条款比GPL条款要宽松很多，可是你也看到了极度的宽松，并不能使它很流行；极度的不宽松，也不一定能让它很流行。从这个角度来看，斯托曼的GNU GPL把人性拿捏得比较好，所以与其说Linux的胜利，不如说是GNU GPL的胜利，是社区的胜利，是组织方式的胜利。

吴峰光杀进Linux内核

文 | 李欣欣

吴峰光，Linux内核守护者，学生时代被同学戏称为"老神仙"，两耳不闻窗外事，一心只搞Linux。吴峰光的Linux内核之路，是天赋、兴趣、耐心、坚持的综合，这从他将一个补丁前后迭代了16个版本后还进行了重写和简化便可一窥。

受访嘉宾：

吴峰光

博士毕业于中国科学技术大学自动化系。先后工作于Intel与华为。开源贡献包括：2007 Linux Kernel I/O预读算法、2010 Linux Kernel回写算法、2013 LKP（Linux Kernel Performance）内核性能测试、2018 Memory-optimizer冷热内存检测与透明迁移解决方案、2020 Compass-CI开源软件全栈测试平台、2021 openEuler开源操作系统技术委员会成员等。

采访嘉宾：

刘韧

云算科技董事长、《知识英雄》作者、DoNews创始人。1998年共同发起中国第一个互联网启蒙组织数字论坛；1999年发布中国第一个博客系统DoNews；2001年获北京大学中国经济研究中心财经奖学金。曾在《中国计算机报》《计算机世界》《知识经济》和人人网等媒体或互联网公司任记者、总编辑和副总裁等职。出版《中国.com》《知识英雄》《企业方法》《网络媒体教程》等十余本专著。

2011年4月4日，旧金山，Linux存储与文件系统、内存管理研讨会（LSF/MM）上，大家正在讨论吴峰光和Jan Kara的代码哪个进入内核更合理。此时，远在上海的吴峰光很焦急，像是在等待一场命运对他的判决……结果，捷克人Jan Kara获得了多数人的支持。这一集体决策的基调，怕是很难翻转。"我当时真的很失落。"吴峰光说。

Jan Kara的补丁更合Andrew Morton（Linux内核开发群领导者之一，被称为Linux内核守护人）的胃口，是因为多数人认为其方案更简单，一目了然。而吴峰光在方案中深究内核脏页平衡（balance_dirty_pages）偶发的长时间阻塞问题，他们认为是多此一举，他们觉得用户根本无法感知这个内核内部的细微差别，可忽略不计。

时间倒回到2008年，31岁的吴峰光在Intel着手优化回写算法。Jan Kara是ext3文件系统的维护者，在头两年，他和吴峰光互相审核回写补丁。2011年2月，在吴峰光发的第六个版本遇到困难，几近搁浅，突然，Jan Kara "乘虚而入"，他简化了目标，提出了更简单的方案，并独立更新了两个版本。

半路杀出程咬金，一个竞争者出现了。

竞争一度很激烈，两人争分夺秒……吴峰光一方面很自信，另一方面又感觉到困难重重："我认为这个东西本质上是'控制算法'的问题。其实我是控制专业出身，更有优势。"然而，"真的很难，为了兼顾多种指标，我选择了高难度的算法设计，因而屡屡遭遇技术难题，进展缓慢，甚至需要重构算法，两次推倒重来。"

Peter Zijlstra是吴峰光的代码复审人，作为Linux的四个重要子系统模块的维护者，他以局外人的身份试图理解吴峰光的代码，他先找了本控制理论的书看，看完书后能看懂吴峰光的算法，但依然难以理解动态行为。"我的确贴了很多动态响应曲线图，那是很不好琢磨的一些事情。"吴峰光说。

吴峰光和竞争者Jan Kara两种方案相持不下……就在吴峰光即将放弃，打算按大家的意愿把他一些好的东西

开源深度指南

嫁接到Jan的方案之上时,他意识到自己的方案虽然复杂,但经过大量测试铺垫,趋于成熟;而Jan的方案是"未经考验"的简单,很难改进为支持理想中的其他目标(如LowLatency)。吴峰光决定背水一战。但是,大家似乎并未觉得他的方案有"不可比拟的优势",吴峰光又一次陷入了困境。

为了加速推进,Linux社区决定召开会议,现场评议。结果我们在文章开头都知道了。吴峰光很不甘心,他反复琢磨,想到一个在重要的场景下,竞争者的代码束手无策,他的代码应付自如的情况。第二天,吴峰光给几位核心维护者发邮件,图文并茂,一个星期内,吴峰光连续发了20多封邮件深入讨论,为了让大家理解其方案的内在原理中无法拒绝的收益,他用了很多数据和动态图。几天之后,吴峰光收到Jan Kara的邮件,他承认吴峰光的代码处理方式有其优越之处。此后,Jan Kara偃旗息鼓,吴峰光继续完善代码。

2011年10月,布拉格,Kernel Summit会议上,大家再次讨论吴峰光的代码方案。此时,他的代码已经更新到第12个版本。直到2011年11月6日,吴峰光的IO-less writeback补丁集最终被Linus Torvalds(以下简称Linus,参见图1吴峰光和Linus的合影)合入了内核主线。这不是吴峰光的代码第一次合进Linux内核,也不是吴峰光经历的第一次"好事多磨"。

时间再倒回2005年,合肥,中国科学技术大学(以下简称中科大),28岁的吴峰光正在读博士二年级。每隔几周,他就会更新一个版本到Linux内核社区,起因是他在863项目里搭建高性能流媒体服务器时,遇到并发能力不足的问题,经过抽丝剥茧的排查后,发现其根本原因是内核预读算法没有按预期检测出视频流和音频流两者交织的顺序读,吴峰光随即动手对预读算法进行优化。接着,他顺手把补丁提交给Linux社区,其深层的动机源自他想让世界上更多的人享受到改进,那样,"技术"就产生了实用的价值。

吴峰光在Linux社区连续更新了5个版本,无人回应。他的心一直悬着,他认为这个问题必须有人解决。直到2005年10月10日,吴峰光收到一封抄送给他的内部邮件,是技术骨干Ingo Molnar对Linux内核"看门人"Andrew Morton说:"这个补丁还不错,你是不是看下?"Andrew Morton回:"是吧,其实我也注意到。只是我最近没时间,在忙……"然后,Andrew Morton@另外两个人问:"是否可以帮看下?"

读完邮件,吴峰光感觉有戏!他心里一直悬着的石头落地了,更有干劲了。"这事我肯定能给它干到100分!""能通过社区重重考验的才是靠谱的研究成果。是否进入内核是0和1的价值差别。所以一定要进内核。"

接着,吴峰光收到来自世界各地、各种背景、有不同专业经验的技术高手的反馈。有着深不可测耐心的吴峰光一遍又一遍地修改版本,哪怕一次又一次推翻重写也毫无怨言。每更新一个版本,吴峰光都需要不断做实验测试、分析论证、总结复盘,再发图文到Linux社区,供社区成员们公开讨论。"我对任何意见都来者不拒,你们说改什么我就改什么,我把它改进到你们没话可说为止。""事情不怕难,就怕认真。既然做了这件事,就把相关问题一次性彻底解决掉,之后就不用有人再为此费力了。"吴峰光继续改进,提交了第16个版本。在通过了社区的几个审核流程后,他的代码眼看就要进入Linux内核,只差最后一步,等待Andrew Morton的最后提交操作。

图1 吴峰光和Linux之父Linus Torvalds

几个星期后，吴峰光意外收到Andrew Morton的邮件：
"我受不了了，你的补丁越来越复杂了，我不能把它合
进Linux内核里。"这对吴峰光无疑是一个晴天霹雳。有
着深不可测耐心的吴峰光又开始反思，又一次重写和简
化了代码，直到Andrew Morton愉快接受。

2007年7月19日，吴峰光打开计算机，整个屏幕被Andrew
Morton发出的一连串邮件占满，每一个邮件代表一个
补丁。接着，Andrew Morton把补丁集发给Linus，然后
从-mm tree里移除消息。至此，提升IO性能的文件预读
算法代码被Linux官方正式接纳。

这一天，对吴峰光来说意义重大，历经一波三折，前后
写了16个版本，到此时，功德圆满。但他没有与任何人
分享，也没有庆祝，吴峰光独自怀揣着这份欢喜，如平
日一样。

自此之后，吴峰光一发不可收拾，在Linux内核开发的
路上披荆斩棘，完成了readahead、writeback、hwpoison、
0day/LKP、NVDIMM等Linux项目，横穿了他十四年从
博士到Intel的学习和职业生涯。

学习上开窍

刚上小学的吴峰光，身体不好、学习差。到了三年级，
老师有意把吴峰光调到跟班上学习最好的学生坐同桌，
帮助他的学习。他像突然开了窍，从此，无论学什么，
都能轻松拿第一名。

1977年11月7日，吴峰光（见图2）出生在浙江金华市浦江
县的一个小山村。父母务农，每天凌晨3点，天还黑着，
他们起床开始一天的劳作，挖沙、挖土方、种菜、卖
菜……什么脏活累活都做。日复一日，早出晚归。吴峰
光的父亲总是铆足了劲，一个人干几个人的活儿。他经
常说一句话："有力气不花，过期作废。"到了冬天，天
寒地冻，吴峰光的父母经常在雪地里扒菜，双手被冻
肿得像馒头一样，南方的田间湿气很重，经常在土里劳
作的双手会长年开裂、溃烂……到了晚上，劳累了一天
的父母回到家里，煤油灯点起来，豆大点的火苗在屋里

图2 孩提时代的吴峰光

忽明忽暗地跳跃，吴峰光经常看到他们坐在椅子上就已
经睡着了……

学习上，父母未曾管教吴峰光，只是常把"考不上大
学，就下地干活"挂在嘴边。吴峰光心里明白自己要好
好学习，要争气。父亲是一个严肃的人，不怒自威，虽
从没打过他，但发脾气时气势磅礴，吴峰光很害怕，从
来不敢忤逆他。好在吴峰光从小性格安静，能坐得住学
习，倒是让父母很省心。

1984年，7岁的吴峰光在本村的大溪中心小学上一年级，
他长相很憨，胖嘟嘟的。"我那时身体不好，经常流鼻
涕，学习成绩也不好。"同学们叫他"蝌蚪"，在浦江话
里的意思就是说一个人很"憨傻"。直到吴峰光上了三
年级，学习上发生了转机。

小吴峰光喜欢在自家屋后的水渠抓小鱼、小虾，跑到大
水渠和池塘洗澡。每年暑假，一家人走很远的山路去外
婆家，每次快走到村口时，远远看见两棵像巨大伞盖一
样的老樟树矗立在路口，像是站岗的哨兵，他心里便十
足地开心，这意味着马上要见到外婆了。

小山村背靠茶山，每次到了采茶的季节，村里人星星点点分散在茶山各处，互相遥望，有人扯着嗓子唱了一句山歌，对面的采茶人来和应，这样的劳动场景让小吴峰光感受到集体劳动欢乐的气氛。夏天，山里的各种水果也熟了，西瓜、桃子、梨……一茬接一茬能吃整个暑假。吴峰光欢乐又轻松的小学时光很快就过去了。

1989年（图3），吴峰光被浦江第二中学录取。小学三年级时的好状态持续了吴峰光的整个中学阶段。他心无旁骛地投入学习，继续轻松拿第一名。浑身上下都充满活力，意气风发，他总是跑着去上学，放学后跑着回家，超过一个又一个同学。"我很喜欢这种感觉。"

图3 1989年，吴峰光高小毕业升入中学

中学的课堂上，跟班的老师们有时间与学生个人互动，这让吴峰光感觉很亲近，遇到对他好又有教学魅力的老师，吴峰光的那门课的成绩自然就好。家里条件有限，课余时间，吴峰光喜欢去邻居家看书，连环画、学习类期刊。到了初中，则看起了金庸、梁羽生的武侠小说。

一本书看一周，掌握了C语言

高二暑假，16岁的吴峰光人生中第一次出远门，他被老师选中去杭州参加物理竞赛的培训。在杭州的一家书店里，他翻到一本谭浩强编写的《C语言程序设计》，买回来后看了一周，便掌握了C语言要点。整个暑假，他的注意力被计算机吸引，物理竞赛不了了之。

1992年，中考后，吴峰光被当地最好的浦江中学录取。

在这所全县掐尖录取学生的学校里，吴峰光很快感受到了压力，原本在初中毫不费力稳居第一的他现在却在班上是中游位置。他只有在课后再加把劲儿学习。半年后，吴峰光重回第一名，之后一直霸榜，成绩有时甚至远超第二名。

吴峰光的中考物理成绩是100分，高中物理老师看好他，有意培养，选他当物理课代表，派他去杭州上物理竞赛培训班……直到他的兴趣在杭州悄然发生了转向。暑假回家后，吴峰光把主要时间和精力都花在自学计算机上，无暇顾及正课，原本稳居第一名的成绩开始变得飘忽不定。

高二，学校有了机房。吴峰光第一次接触苹果II计算机，学习简单编程。计算机老师为了统计学生成绩编写了一个BASIC程序，在机器里运行半天的时间才能统计出成绩排名结果。这颠覆了吴峰光的认知——计算机这么快，为什么还需要这么长时间？

他开始着手优化老师的算法，跳过老师先排序的方法，直接统计每个分数出现的次数，再做累加，很快得出学生成绩降序排名结果。从那以后，计算机老师给"很喜欢的学生"吴峰光配了把机房钥匙。

到了高三，吴峰光的身体又不行了，他日常有气无力，精神涣散。他一边吃药一边学习，勉强撑到高考。高考吴峰光考了600多分，是县里前几名，可圈可点的是物理和化学两门成绩。"物理能考好，得益于我高二暑假时去杭州上物理竞赛培训班，老师们的赛题讲解打通了我学习物理的任督二脉，之后哪怕遇到再难的题，我都能轻松解答。""化学老师是我的班主任，每次上他的课我都战战兢兢，他一进教室就在黑板上写一道题，然后随机叫三个学生上台解题。这招真的很厉害！我们不得不做好课前预习。"

中科大的招生老师找到吴峰光，问他："愿不愿来中科大？"吴峰光就在志愿表上填了中科大。随后，他被录取到第二志愿"自动控制专业"，与心仪的第一志愿"计算机专业"失之交臂。

自学Linux

1999年,合肥,中科大,男生宿舍楼,606号寝室。22岁的吴峰光默默站在他的同学弓岱伟的身后,看着弓岱伟在笔记本上噼里啪啦地敲击着键盘,娴熟地操作Linux控制台。他边心生羡慕,边像海绵一样快速学习吸收。"我后来觉得这是最理想的学习方式,有个师傅带我飞奔。"

1995年,18岁的吴峰光第一次坐火车,从老家到合肥的中科大,这是他人生中第二次出远门。一路上的奔波劳累,导致旧疾复发,吴峰光在医院住了几个月,第一学期勉强读完,为了调理巩固身体,他又休学了一年。到了第二个学期,吴峰光被顺延至下一届的96级,继续学业。

中科大每年招生很少,本科5年制的培养周期比其他大学要长一年,吴峰光和同学们的学习更加扎实。吴峰光说:"从专业方面,我所在的自动化学科分为两大类:一类是计算机知识,五花八门,像C语言、数据库、UNIX操作系统等;另一类是各种理论知识,像数学、物理等,理科是科大的优势学科,课程设置比其他学校更难。"

进入地处偏僻但高手如云的中科大(图4)后,吴峰光一头扎进学习里,两耳不闻窗外事。一学期后,吴峰光的成绩从入学时班里的中游水平上升到第一名的位置。他被同学们戏称为"老神仙",形容他不食人间烟火、心中自有丘壑的超脱个性。计算机依然是吴峰光最着迷的东西。他和室友们合伙买了一台计算机,放在宿舍里四个人轮流使用。

1999年,大三,吴峰光帮老乡安装Linux,第一次接触Linux后,他意犹未尽。吴峰光的同学弓岱伟已经是学习了多年Linux的高手,恰巧住在他隔壁宿舍。近水楼台,吴峰光常常到弓岱伟的宿舍,静静坐在他的身后看着他玩Linux。

吴峰光在啃过大部头 *Borland C++* 之后更钟情于Linux。他立志在GNU/Linux里深耕。他意识到Linux的世界宽广又深邃,经得起时间的考验,值得深潜;GNU/Linux开放源代码,可以深入学习;一应俱全的命令行工具好

图4 本科某个大雪天,吴峰光和同学梁家恩(云知声创始人)于中科大校园内合影

像乐高模块,组合灵活,一旦掌握了做事的效率翻飞,很多原本想想都难的事情,现在也唾手可得。"学了之后终身受用。"

2001年,24岁的吴峰光本科毕业。彼时,吴峰光的父亲希望家里能出一位博士,尽管家里的经济条件一直不宽裕,但全家人支持他继续学业,吴峰光遵从父命。同年,他考上了中科大"模式识别与智能系统"硕士研究生。硕士期间,吴峰光跟实验室老师一起做实验,深入了解神经网络等课题。2004年,吴峰光升入本校"控制理论与控制工程"专业读博士,终于实现了父亲的愿望。

中科大、瀚海星云BBS上,性格内向的吴峰光找到了社交杠杆,他活跃其中,发帖子,讨论技术,甚至当上了Linux版主。除了计算机系的同学,吴峰光认识了一大批背景多元的学习Linux的同学,生物系、物理系、数学系……吴峰光眼界大开,他了解到物理系和生物系用Linux是在做超算。作为自动化系学Linux的人,他感觉自己不再单枪匹马,有了共同学习的氛围感。"我们系里的网络有IP冲突,我发现服务器在实验室的一个角落里,风扇坏了还能运行,我写了一个IP冲突的解决程序,当时蛮有成就感的。""我一直对服务器很有感情,也喜欢为别人提供服务,只要是跟服务器相关的问题,我都乐意研究搞定。"吴峰光的Linux水平悄无声息地突飞猛进。

后来,吴峰光和弓岱伟把他们的计算机用一根网线互连,一起尝试做网络服务,弓岱伟搭建BBS,吴峰光做

文件服务。"后来,我跟弓岱伟的关系非常好,他很活跃,无论在计算机还是社交上都非常厉害,吃得开,不像我一直笨笨的。我那时很崇拜他。"吴峰光在寝室摸了三年的Linux控制台,后来,他顺理成章变成了实验室里的网络管理员,帮老师接管了机房。

博士期间,吴峰光所在的大实验室里的几位老师都是数学出身,吴峰光本计划跟老师们做理论方面的研究,博士论文的选题方向锁定在控制理论研究方向上。未曾想,实验室接了863项目,擅长Linux服务与编程的吴峰光自然成了此项目中的关键力量,他很难再分出时间和精力继续原定的理论研究。吴峰光索性把手头的863项目当成论文的新选题,开始转向计算机方向的研究——Linux的IO优化。自此,吴峰光开始对预读算法进行优化,并向Linux社区提交。

从1995年到2008年,吴峰光在中科大深造了十三年,分别在本科两届同学、硕士和博士同学,以及两个实验室里认识了很多同学,跟这么密集的高手打交道,像是在积累无形的财富。中科大里有人格魅力的人比比皆是,有的同学对《红楼梦》有透彻研究;有的同学能记住全套卡牌,推算出对方手里的牌面;有的同学平常吊儿郎当,考试前突击学习几天,总能过关斩将。"跟他们一起真是太有意思了,他们身上各有我羡慕的长处,令我心生敬佩,谁在哪方面强,我就去学习。"

Intel暗下功夫"抢"人

2008年,吴峰光博士毕业,正在找工作。网易丁磊先生发来工作邀约,这不是他们第一次有交集。彼时,互联网行业欣欣向荣。时间退回到2004年,吴峰光硕士毕业,网易到中科大招人,他前去笔试。做完了题出考场的时候,守在门口的丁磊问他:"你这题用了什么数据结构来解?""如果我当时直接回答'哈希算法'就好了,我回答的是'哈希算法'的另一个代名词……结果面试失败。"当时,如果有人答上了丁磊的问题会被当场签约。四年后,吴峰光拒绝了丁磊先生。"我担心身体吃不消,扛不住互联网繁忙的工作节奏。"

此外,吴峰光还考虑过是否要留校,也被自己否了。一来他觉得在学校里闷头做研究离现实太远,实际价值转化太难;再加上中科大地处偏远,拿到好项目的机会有限。

Intel开源技术中心邀请吴峰光加入公司,吴峰光欣然接受,任高级工程师。他愿意在众多机会中选择不在"风口浪尖"上的Intel,更多是为了能专注地延续做自己喜欢的内核开发,持续地在世界范围内发挥技术价值。

时间倒回到2006年,当时在Intel上海担任经理的冯晓焰在Linux社区的邮件列表里看到吴峰光发的patch算法巧妙,加上对他的韧性也印象深刻,主动提出赞助吴峰光首次去加拿大参加Linux Kernel Summit会议的费用。后来,又专门为吴峰光申请了一个学校合作项目,为他提供了一台先进的计算机。"Intel对我真的很好,在我还默默无闻的时候下功夫接触我。"两年之后,回头再看,吴峰光选择Intel似乎也顺理成章。他开始在广西的巴马远程为Intel工作。此后,每隔一段时间,吴峰光会从一个风景优美的地方搬到另一个空气清新的地方……他像侠客一样,浪迹天涯,工作之余,看世间繁华。

Intel的技术氛围更开放,吴峰光在工作上的贡献可见度不仅局限于公司内部,还体现了更广阔的社会价值。在Intel,吴峰光先是延续了在博士期间的项目,接着重写了Linux脏页面平衡回写算法,解决了困扰多年的写延迟和应用挂起问题,改善了CPU利用率和写性能。之后又对Linux内存管理机制进行了一系列改进。

接着,吴峰光开始建设0day/LKP测试系统,为Linux社区提供即时测试和全自动bisect服务,净化了内核研发流程,降低了新发布内核的编译与启动错误、性能回归等问题。在三年持续不断的高强度改进中,0day/LKP越来越受到Linux内核社区开发者们的喜爱。

构建面向未来的操作系统

2022年,杭州。早晨8点,吴峰光从家里出发,走40多分钟,到达华为公司。9点,是规定的上班时间。原本骑车20分钟到公司的吴峰光改为走路,是为了参加同事们举行的"健步走竞赛",下班后,吴峰光再走回家,正好能完成每天刷一万步的任务。

华为公司的纪律性和强执行力是众人皆知的一面。刚到华为,在高校和外企待了20多年的吴峰光颇不适应。"但领导为我创造出一个相匹配的工作环境。"华为有两条线,一条是商业驱动,另一条是技术驱动。"我的工作偏技术驱动这条线,做的是更长远的事情,而不是根据商业分析的结论去做一些短、平、快的事情。"

2019年,华为宣布开源openEuler,与业界伙伴共建操作系统新生态。中国已经累积了大量开源开发者,而华为在内核投入多年,能找到更多志同道合的人,完成一个真正根植中国、引领全球的OS,吴峰光自觉技术和经验全面契合,内心有了冲动。于是,42岁的吴峰光进入华为鲲鹏计算,加入openEuler操作系统团队。

华为与Intel的行事风格完全不同,如果说Intel的管理从上到下像一条线,华为的管理更像是一个立体的网。"在Intel,如果你想做某件事,你的上级领导同意后,你就可以去做。""在华为,你需要先写项目可行性报告,再去宣讲,说服各方领导,经过各种论证后,如果确定可行,再按流程正式立项。""项目真正做起来时,你会变成了团队作战体系中间的某一个环节。比如,你可以专注做架构设计,会有项目经理负责推动项目、有专做编码的人来协同作战。"

OS很考验综合竞争力。有冰山上看得见的功能特性,也有隐藏海面之下的基础设施,还有如汪洋大海的生态。在吴峰光的理念中,做OS的基础是搭建好一个生产软件包的流水线。拿红帽来比较,红帽的OS生产线在全球有6000台服务器,形成分布式开发、构建、测试的庞大体系,保障良好的质量和兼容性。"目前,生产线是我们的薄弱环节。如果能把生产线的基础设施做好,实现成体系的自动化运转,就像是铁打的营盘,你的OS质量就好,还能自主演进。"吴峰光说。

Linux Kernel支持从服务器到嵌入式的广泛场景,但Linux OS长期陷于场景化OS烟囱林立的状态,造成生态割裂与内耗。而且新硬件、新软件、新场景还在继续增加中。"需将它们纳入一个统一OS体系!我们的OS生产线,要能面向千行百业的需求,量体裁衣,构建相应的OS制品。""当中国有机会来主导OS构建,我们可以面向新时代的需求,兼顾'多样'与'统一',创造一个繁荣共生的OS生态。"吴峰光这样说道。

芯片与OS是技术问题,更是生态系统的建设要点。众所周知,开源软件依靠社区用户在免费使用时顺便"测试"其质量,但主流开发者和用户目前只有x86系统,这就是x86系统的"生态红利"。如果说"软件"和"用户"是"鸡"和"蛋"的关系,"先有鸡还是先有蛋?"这个永久的哲学问题,也是吴峰光在思考"中国未来芯片与OS新生态破局"中的核心问题。

进入华为后,吴峰光发起了Compass CI,这是一个通用的开源软件测试平台,打开芯片生态的同时也服务于OS的测试。通过主动测试数以万计的开源软件,暴露这些软件在芯片和OS上的问题,在第一时间自动定位问题并以报告的形式反馈给第三方软件开发者,方便第三方开发者能及时处理掉问题,提高软件质量,这就是达到双方共赢,撬动"软件+用户"生态飞轮的开始。

体力的确会影响到智力

2014年夏天,北京怀柔,吴峰光租住在一个90平方米的老房子里。住了一阵子,他总是隐约感觉房子里有一种说不出来的像是灰尘的气味儿,一进入房子就感觉心神不宁。起初,他没放在心上,直到后来,他的皮肤开始出现红斑点,甚至耳朵旁边长出肉刺一样的东西,精神也在内耗……他赶紧搬离了房子,但为时已晚。

此后,吴峰光的身心日渐损耗,他无法像以前身心安宁,总是魂不守舍。"我的身体是经历过高峰和低谷的。对于身体状态的好与坏,我所能体会到的或许比常人要深刻。我在中学时身体很好,做什么都是跑着的。到了大学时,我身体时好时坏,最糟糕的时候很痛苦,躺着都解不了乏。""但那时至少我的思维是清晰的,但吸入甲醛后，我不仅是体弱，圆通的状态没了，失去了很多高级的能力。"后来，吴峰光从艾灸中找到了治愈身心的方法。

吴峰光知道高峰状态的身体能带来多么大的价值，他更加珍惜身体。他认为保护身体要遵循身体的客观规律，其次把时间拉长，看总体的效率。"我之前也经常熬夜，后来有过反思：熬夜看似是在努力，其实是反方向的努力，《庄子·齐物论》里'朝三暮四'的故事是一个很好的寓言，遵守客观规律是最好的努力，你睡眠质量好，工作的总体效率就提升了。"

问答实录

《新程序员》：你的经历很独特，在中国科学技术大学一直读到博士，大学时自学了计算机并应用，以你的经历来看，国内的计算机在教育和应用方面存在脱节现象吗？

吴峰光：现在大学的计算机系有两套培养体系，一套是像我们当时在中科大的计算机系，更偏理论，系主任鼓励大家追求远大的目标，比如当"科学家"；另一套是软件学院，课程设置更接地气，偏实践为主，为以后的工作做准备。学校的课程设置的确可能滞后于社会需求，好的方面是，现在大企业也在积极与高校展开合作，研究和教学都有覆盖。就我的成长经验，同学之间的互相学习与启发非常重要。拓展开去，有意识找一位能力强的高年级学长做助教，能发挥很好的影响力。

我有个小小心愿，能多开设一些像Linux这样的开源软件与开源社区课程。成功的开源软件社区都有一套在实践中培养新人并提高能力的文化氛围。给开源社区作贡献，起步不容易，也绝不是简单的单向输出。虽然现在GitHub普及，但是真正触及开源实践的学生还是少数。很多人在参与开源后，能爆发出惊人的热情与能量。

《新程序员》：你认为当科学家和工程师是矛盾的吗？

吴峰光：做工程师还是当科学家，要看自己的兴趣和擅长，也要看社会需求。像当年我们自动控制系的同学毕业后基本都去从事计算机工作了。就我而言，这两者很难分开。我的博士论文就是一边做算法，一边做工程验证，它们是一个不断促进的循环。工作的时候，我也用科学方法指导工程，比如做writeback用了控制理论，做构建用了图论。

《新程序员》：对于流行的"人人都可以学编程"的观点，你怎么看？

吴峰光：计算机作为一种工具和思维方式，每个人都应该学。作为一个职业，因人而异。就我的经验来看，目前真正优秀的计算机人才还是很少的。

《新程序员》：你对游戏的态度是什么？

吴峰光：游戏利用人性的弱点，玩游戏门槛低，奖赏高，人很容易上瘾。我个人无法体会到游戏的迷人之处，Linux这种奖赏对我够强了。

《新程序员》：在周围同学们都很high地玩游戏时，如何才能超然置身于外？

吴峰光：须认识到游戏里的排名、收获、胜利，不是值得一较高下的目标。明了和找到自己更切实、有意义的目标，避开从众心理，建立心理优势和防火墙，早早确立真实价值导向。

《新程序员》：你学习一直很好，有什么心得吗？

吴峰光：心无旁骛——从小比较坐得住。学习动机强——这方面是来自家庭的言传身教。有高人指点——比如高中物理竞赛培训让我开了窍，大学时吴刚老师（中科大教授）一句"你去看一下《金刚经》吧"把我点醒。我学习是为了认识、认知。小时候认识世界，长大了认识自己。每个人的能力不同，取决于他的禀赋表现在哪个方面，以及经历感悟在哪方面开窍。像有些人社交能力很强，我在这方面就愚钝些。另外不要下意识地把"不聪明"当成一个不能解决的问题，思考力是可以训练的，方法论是可以习得的。虽然有点难，但是如果刻意追求，一定会有长进，如果认命，这一道门就此关上。有意识地不断自我丰富、改进、复盘、开拓、学习、思考，就会一辈子进步。

《新程序员》：你觉得数学和计算机之间是什么样的关系？

吴峰光： 我可以谈谈学好数学对于我自己的计算机生涯带来的影响。我在学校的时候学过的数学和控制方面的各种各样的理论知识，在我后面的工作上都多少发挥了作用，像概率论与数理统计、随机过程、组合数学、控制理论、模式识别、最优化方法、数字逻辑电路等。我在架构设计中，会用到数学建模、物理建模的方法去定义概念、推导逻辑，实现一个自洽的系统。在项目技术沟通中，依靠扎实的理论功底，能更清晰地表述自己的设计思路。

《新程序员》：在你进入内核社区的时候，来自中国的开发者多吗？

吴峰光： 寥寥无几，第一次在Linux Kernel Summit只碰见一个华人，他在澳大利亚。接触时发现他脑子转得快，说话利索，是一个高手。到后来，遇到的国人就逐渐地多起来了。

《新程序员》：为什么内核社区里中国开发者会比较少？

吴峰光： 国内的人接触的机会少，我也是玩计算机很长时间后才接触到内核社区。国外整个计算机产业、互联网都比我们早，开源运动也是他们最早发起。那时，我们的生存压力更大，有可能还要去外面找兼职，没有办法完全专注在开源社区上。

《新程序员》：从你2006年对Linux作出贡献至今已有16年，为什么在内核上作贡献的中国开发者数量和总开发者数量依然不匹配呢？

吴峰光： 的确偏少，但已经有很大进步，比如Linux内核5.10中，代码贡献排名第一的就是华为。国外的内核社区最早是一群爱好者不拿工资给Linus发补丁，后来随着Linux的商业成功，越来越多的全职工程师加入社区中，成为社区贡献的主力。在国内，我们接触内核整体还是比国外晚很多，最早接触内核的大学生很快就步入工作，而当时国内招聘内核的职位数量还很有限，只有Intel、富士通、Oracle等少数几家在招。后来，随着国内互联网的兴起，大公司对内核底层掌控和优化的需求增加，招聘也就多了起来，很多人去了华为、阿里等公司。总体来说，内核的业界机会更多了，参与的人数也更多了。只是，每个时代有每个时代的浪潮，如今互联网、手机、AI等一浪接着一浪，选择更多了。

《新程序员》：我们要做自己的操作系统，对内核的人才需求大吗？

吴峰光： 搞OS、芯片及其他互联网基础设施都需要内核人才支撑。像麒麟、统信操作系统厂家都是上千人的招聘，OS人才的缺口很大，其中包括了对内核人才的需求；还有芯片和互联网大厂，如华为、阿里巴巴、腾讯、字节跳动，需求都在增长。华为2012内核实验室除了做Linux内核，也在自研微内核。

《新程序员》：你认为国产的操作系统，目前是一个可为的赛道吗？

吴峰光： 大有可为。当芯片被美国卡脖子，芯片的机会就来了；芯片的机会来了，OS的机会就来了。正所谓"立根铸魂"，"根"是芯片，"魂"是操作系统。内核代码贡献量最多是硬件厂家。操作系统为硬件打软件生态。一个通用芯片能跑好各种软件，用户用得起来，硬件才能卖得好。像x86的生态能够繁荣，背后就有着Intel开源技术中心上千人的软件团队。

《新程序员》：以你的经验来看，国产的操作系统什么时候能够比肩世界？

吴峰光： 从国内的服务器市场占有率看，几年内就能反超CentOS。从技术角度，OS是一个系统工程，先做到自主可控，然后自主演进。补短板、追求领先，这两件事情在并行的做，分不同领域、不同子系统，一步一步的进行，而且重心正在往后者倾斜。像Compass CI，既是在补短板，也是在做一个世界领先的系统；又比如我们正在做的构建系统，也是奔着领先一代去设计的。

开源深度指南

开源云计算软件实践与思考

文 | 王庆

从20世纪90年代互联网兴起开始,我们每个人就开始憧憬着计算资源有代价地进行共享。从HTTP到Web服务,再从网格计算到P2P计算,我们距离云技术始终有一步之遥。直到虚拟化技术的兴起,才正式迎来云计算的爆发。本文回顾了21世纪初虚拟化技术发展孕育出云计算基础设施及相应开源项目OpenStack,同时围绕云计算各条路线衍生以及后面萌发出来的云原生技术进行思考和总结。最后,展望未来开源云计算软件趋势和应用场景。

虚拟化孕育出云计算基础设施

1959年,在国际信息处理大会上,一篇名为《大型高速计算机中的时间共享》的报告首先提出了"虚拟化"的概念,从此虚拟化发展拉开帷幕。随后,IBM推出了分时共享系统,它允许多个用户远程共享同一台高性能计算设备的使用时间,这也被认为是最原始的虚拟化技术。

1972年,IBM发布了用于创建灵活大型主机的虚拟机(Virtual Machine, VM)技术,它可以根据用户动态的应用需求来调整和支配资源,使昂贵的大型机资源得到尽可能的充分利用,虚拟化由此进入了大型机时代。IBM System 370系列就通过一种叫虚拟机监控器(Virtual Machine Monitor, VMM)的程序在物理硬件之上生成许多可以运行独立操作系统软件的虚拟机实例,从而使虚拟机开始流行起来。

1998年,VMware的亮相,开启了虚拟化的x86时代,虚拟化发展进入爆发期。2003年,开源虚拟化管理软件Xen面世。2005年11月,Intel发布了新的Xeon MP处理器系统7000系列,x86平台历史上第一个硬件辅助虚拟化技术——VT技术也随之诞生。此后若干年,AMD、Oracle、RedHat、Novell、Citrix、Cisco、HP等先后进军虚拟化市场。

虚拟化技术是云计算发展的基石,正是由于虚拟化技术的成熟和普及,为后面云计算的蓬勃发展创造了条件。2006年3月,Amazon推出弹性计算云EC2,它根据用户使用的资源进行收费,开启了云计算商业化的元年。此后,Google、IBM、Yahoo、Intel、HP等各大公司又蜂拥进入云计算领域。2010年7月,美国国家航空航天局NASA与Rackspace、Intel、AMD、Dell等企业共同宣布OpenStack开放源码计划,由此开启了开源基础设施即服务(IaaS)的时代。

开源基础设施先行者OpenStack

在开源基础设施领域,OpenStack是毋庸置疑的领导者。作为一个IaaS范畴的云平台,OpenStack一方面负责与运行在物理节点上的VMM进行交互,实现对各种硬件资源的管理与控制;另一方面为用户提供满足要求的虚拟机。

在OpenStack内部,主要涵盖6个核心组件,分别是计算(Compute)、对象存储(Object Storage)、认证(Identity)、块存储(Block Storage)、网络(Network)和镜像服务(Image Service)。计算组件根据需求提供虚拟机服务,如创建虚拟机或对虚拟机做热迁移等;对象存储组件允许存储或检索对象,也可以认为它允许存储或检索文件,它能以低成本的方式通过RESTful API管理大量无结构数据;认证组件为所有OpenStack服务提供身份验证和授权，跟踪用户以及他们的权限，提供一个可用服务以及API的列表；块存储组件，顾名思义，提供块存储服务；网络组件用于提供网络连接服务，允许用户创建自己的虚拟网络并连接各种网络设备接口；镜像服务组件主要提供一个虚拟机镜像的存储、查询和检索服务，通过提供一个虚拟磁盘映像的目录和存储库，为虚拟机提供镜像服务。

OpenStack有一个紧密团结了众多使用者和开发者的OpenStack社区。这个社区共计包含来自195个国家和地区超过10万个社区会员，有近700家企业会员。在这个世界里，社区始终遵循开放源码、开放设计、开放开发和开放社区这四个开放原则。开发人员可以讨论什么样的设计是最优的，运维人员也可以提出使用OpenStack的反馈意见和需求建议。

在OpenStack社区里，开设各种渠道跟社区其他成员进行讨论，如邮件列表、IRC渠道或项目例会、定期举办的峰会和PTG（Project Team Group），以及各种不定期在各地举办的Meetup等。经过了十二年多的发展，OpenStack项目相对成立之初已经非常成熟了，现在社区更多是提升系统稳定性，增强现有功能以及迎合如数据处理器（DPU）、算力网络（CFN）等新场景新挑战设计解决方案。

云计算基础设施之网络与存储

基础设施主要围绕三块共享资源展开，即计算、网络与存储。网络与存储作为基础设施的三大重要组成部分之二，在云计算兴起之初，社区里就出现了软件定义网络（SDN）和软件定义存储（SDS）的概念，并涌现了不少业界瞩目的项目。

在网络技术里，SDN技术早已是业界公认的未来方向。但是怎样统合各个厂商甚至学术界的标准，一直以来是一个难题。在2013年，一大批传统的IT设备厂商联合几家软件公司，发起了OpenDaylight（ODL）项目。该项目发展至今，已经成为开源SDN方案中最有影响力的项目

之一。ODL的每一个版本都是以化学元素周期表中某一元素来命名，充满了学术气息。

不仅如此，在技术上，ODL项目也有其独到之处。首先，此项目是基于Java开发平台的，充分利用了Java平台上成熟的动态模块技术（OSGI），以微服务架构为基础，非常灵活高效地集成了各种插件来提供多家厂商设备的支持，以及各种高级网络服务。在北向API接口的设计上，ODL不仅提供了Restful的API，也提供了函数调用方式的OSGI接口，以应对不同方式的北向集成方案。在南向API接口的设计上，充分考虑了多协议支持和多厂商设备适配的便利。另外，OpenStack中Neutron模块的集成，也一直是ODL项目的技术重点之一。

在存储技术里，SDS存储方案的制定，也是无法绕过的要点。Ceph项目是开源分布式存储方案的最主流选择，在和OpenStack配合部署的场景下更是如此。

Ceph诞生于学术项目，2014年在原作者依此创业的公司被RedHat收购之后，RedHat成为Ceph项目的最主要贡献者和技术领导者。2015年后，Ceph正式开始社区化管理，社区委员会最初吸收了8家成员公司。直至2018年，Ceph成立基金会，吸收了Amihan、Canonical、中国移动、DigitalOcean、Intel、ProphetStor Data Services、OVH、RedHat、SoftIron、SUSE、Western Digital、XSKY和中兴通讯等公司。它接受Linux基金会的管理，并为Ceph社区的合作和成长提供一个中立的机构。Ceph基金会董事会不对Ceph的技术治理负责，也没有任何直接控制权。开发和工程活动通过传统的开源流程进行管理，并由Ceph技术领导团队监督。

Ceph项目提供了全方位的分布式存储接口，涵盖了对象存储、块存储和文件系统全部三种云环境使用场景。在OpenStack的云环境中，由于分布式块存储方案往往集成Ceph的RDB技术，所以在选用对象存储方案时，很多用户更倾向于同样适用Ceph的对象存储服务。

对于云计算客户生产环境的要求，纯社区版的Ceph还在性能上有一定的差距，所以国内外出现了很多基于Ceph

社区版的商业定制化产品，从性能优化、稳定性、用户界面等方面都有大幅度的提升。

Docker横空出世，云原生崛起之路

在开源基础设施发展的同时，我们再来看看另一条道路发展变化。2013年，Docker项目横空出世，并在此后的发展过程中对计算机业界产生了深远的影响。当然，在Docker诞生之前，云计算基础设施主要是围绕着虚拟机展开的，很少有人想着将容器这种技术应用在云计算场景。而且，不论在Linux还是Solaris抑或FreeBSD里，各种容器相关的基础技术已经成熟，但只有Docker真正抓住了痛点，进而设计出了直达用户期望的友好使用界面，对于软件开发者更是如此，所以Docker的流行首先是发生在DevOps领域，之后逐渐波及其他领域。

相比于虚拟化技术，以Docker为代表的容器技术在做到应用隔离的同时，也没有带来性能的损失，这是一个很明显的技术优势。所以在注重计算性能的云计算场景，部分用户更倾向于使用容器作为底层基础技术。当然，安全性是容器技术的短板，随后，很多安全隔离增进技术也层出不穷，从不同的角度来弥补可预期的安全隐患。

2014年，Google开源了容器编排项目Kubernetes。Kubernetes把自己定位为容器云环境的管理软件，从整体系统的设计上充分考虑了容器（主要指Docker）技术的特点，这也是它和其主要竞争对手Mesos的不同点之一。

Kubernetes在资源的定义上，以容器为基础元素，又引入了Pod的概念，把运行相同应用的多个容器实例看作一个管理和调度单元。而一个Pod需要运行在单个Minion之中，Minion可以理解成一个主机（Host）。在集群中有多个Minion，被中央控制节点Master统一管理。而在Pod的基础上，Kubernetes又抽象出Service的概念，是多个Pod一起工作提供服务的抽象。

总而言之，Kubernetes引入非常多的新抽象概念，而其集群管理中所要解决的调度、高可用、在线升级等问题，都是围绕此来进行设计的。

2015年，Google发布了Kubernetes 1.0，并透露它的应用厂商包括eBay、Samsung、Box等知名公司。人们意识到，容器正在改变企业部署和管理应用的方式，但是业界仍处于云原生和微服务应用的初级阶段。7月，Google与Linux基金会以及行业合作伙伴Docker、IBM、VMWare、Intel、Cisco、Joyent、CoreOS、Mesosphere、Univa、RedHat等一起成立了云原生计算基金会（CNCF），一起推动基于容器的云计算发展。

CNCF目的有两个，一是与开源社区和合作伙伴一起共同把控Kubernetes未来的发展，二是开发新的软件以让整个容器工具集更加健壮。Kubernetes作为CNCF成长的开始，其未来开源的发展由CNCF控制，以保证它在任何基础设施（公有云、私有云、裸机）上都能良好运行。CNCF的技术委员会将会推动开源以及合作伙伴社区共同开发容器工具集。他们还将评估列入基金会的其他项目，以保证整个工具集齐头并进。

云原生的概念，各大厂商理解有所不同，不同社区对它的定义也会有稍许差异。考虑到CNCF基金会在云原生领域的地位，我们援引它的定义和理解，即云原生用一个开源软件栈解决如下三个问题：怎么把应用程序和服务切分成多个微服务？么把上述每个部分打包成容器？最后，怎么动态地编排这些容器以优化整个系统资源？

CNCF基金会维护了一张云原生技术全景图，它囊括了大部分有影响力的云原生相关的开源项目。在全景图里，云原生以容器为核心技术，分为运行时和编排两层，运行时负责容器的计算、存储、网络；编排负责容器集群的调度、服务发现和资源管理。往下是基础设施和配置管理。容器可以运行在各种系统上，包括公有云、私有云、物理机等，同时还依赖于自动化部署工具、容器镜像工具、安全工具等运维系统才能工作。往上是容器平台上的应用层，类似于手机的应用商店，分为数据库和数据分析、流处理、SCM 工具、CI/CD 和应用定义几类，每个公司根据业务需求会有不同的应用体系。

全景图还包含这两块内容：平台和观察分析。平台是指

基于容器技术提供的平台级服务，如常见的PaaS服务和Serverless服务。观察分析是容器平台的运维，从日志和监控方面给出容器集群当前的运行情况，方便分析和调试。

简单概括，云原生包含容器和微服务两大内容，涵盖Kubernetes、containerd、CRI-O、Istio、Envoy、Helm、Prometheus和etcd等项目，各大厂都可以自由且开放地围绕云原生项目在社区讨论技术和提交代码。例如Intel基于它的硬件芯片，针对计算、存储和网络资源，在Kubernetes里不仅加入了CRI-RM、NFD和NPD、CSI和CNI这些资源管理和硬件能力发现的功能，而且还加入了如GPU、QAT和FPGA等加速器设备的支持。在服务网格里，Intel也围绕Istio/Envoy不断优化网格性能以及增强机密计算安全性。

作为一个开源社区，CNCF社区也建立了各种如邮件列表和Slack渠道，成立了若干不同技术方向的特别兴趣小组（SIG）以及技术指导小组（TAG），以及举办各种项目技术例会，鼓励社区会员公开地、透明地讨论技术问题和决定技术方案。而且，CNCF社区还在北美、欧洲和中国有定期的KubeCon和CloudNativeCon大会，提供面对面的机会给社区成员以宣传先进技术方案、收集反馈信息以及更深入地交流技术。

未来开源云计算软件趋势

随着云基础设施、网络和存储等技术转移到以容器和微服务为代表的云原生技术，云计算的发展将在如下技术上呈现出新的趋势，同时也带来了新的机遇与挑战。

边缘计算：某种意义上，边缘计算可以认为是云计算的扩展和延伸。时至今日，构建分布式边缘计算基础设施工具和架构仍处于初级阶段，在边缘计算技术发展里，仍有问题亟待解决。譬如，针对边缘计算场景中的复杂网络环境、自动化部署困难等问题，中国厂商在CNCF社区发起了KubeEdge、OpenYurt、SuperEdge等开源项目，通过边缘自治、云边流量治理、边缘设备管理等功能来实现云边协同。相信未来随着5G技术和移动互联技术的普及，各大运营商和云服务提供商将会迅速在社会面普及边缘计算平台。

新型虚拟化和容器融合：随着各种场景需求的出现，虚拟化与容器技术不断融合、不断推陈出新。譬如，现在微虚机（MicroVM）的应用比率在逐渐增加，微虚机在运行速度和安全隔离能力上做到鱼和熊掌兼得。虚拟化与容器技术的融合，已经成为未来云计算里重要趋势。OCI通过标准定义不同技术采用统一的方式管理容器生命周期，在此标准下，我们已经看到有Kata Containers、Firecracker、gVisor以及Inclavare Containers等各种容器的运行时形态。

另外，由于Rust的性能优点，很多项目都改用Rust来重写。在容器运行时里，RunK采用Rust语言实现了一个标准的OCI容器运行时，可以直接在宿主机上创建和运行容器。这样，RunK比普通RunC跑得更快，同时占用内存更少。

最后，WebAssembly作为新一代可移植、轻量化、应用虚拟机，在物联网、边缘计算和区块链等场景里会有广泛的应用前景。WASM/WASI将会成为一个跨平台容器实现技术，也必将成为不可忽视的一个发展趋势。

机密计算：众所周知，数据在存储态[1]和传输态[2]时都已经有相应的加密机制对其进行有效保护，保障了数据的机密性和完整性，而数据在使用态[3]时的保护正亟须新的技术填补空白。机密计算正是基于硬件的受信任执行环境中执行计算来保护正在使用的数据，它基于建立硬件的可信执行环境（TEE），如Intel的SGX和TDX、ARM TrustZone、AMD SEV/SEV-ES/SEV-SNP、RISC-V Keystone等技术，为数据在云原生环境中的安全使用提供保障。目前在CNCF社区中就有Inclavare Containers和Confidential Containers等开源机密计算项目，它们已成为云原生安全新趋势。

函数即服务（FaaS）：Serverless计算或简称Serverless允许用户在不需要考虑服务器的情况下运行应用和服务。

它是一种执行模型,其中云服务提供商负责通过动态分配资源来执行一段代码,并且只对用于运行代码的资源量收费。代码通常在无状态容器中运行,可以由各种事件触发,包括HTTP请求、数据库事件、队列服务、监控警报、文件上传、计划事件等。发送到云端被执行的代码通常是以函数的形式。因此,Serverless有时也被称为FaaS。未来我们认为FaaS会越来越流行,尤其在人工智能、自动驾驶等领域,FaaS无疑更适合这些场景使用。除了代码运行成本和可伸缩能力具备优越性外,FaaS可以让开发人员更关注业务逻辑,而无须关心底层资源,提高了编程效率。

数据处理器(DPU): 自2015年起,中央处理器(CPU)频率趋于稳定,数据中心提升算力的边际成本显著提高。然而,应用的激增使得当代数据中心中的网络流量急剧增长。为了适应这种巨大的流量增长,数据中心网络向高带宽和新型传输体系发展,数据中心算力提升遭遇瓶颈,难以匹配快速增长的网络传输速率,激发了DPU需求。另外,DPU的出现也可以降低CPU负荷,让CPU更有效地处理业务数据。DPU必将成为数据中心和云计算基础设施里的一支新生技术趋势。

结语

雄关漫道真如铁,而今迈步从头越。云计算经过了十多年的迅速发展,目前在各行各业都得到了广泛的普及,云计算成了支撑大数据、物联网、元宇宙和人工智能等各领域的基础平台,也是真正意义上全面落地的热点技术之一。未来,随着新技术、新场景和新需求的涌现,云计算市场上不会只有一种声音,也不会有放之四海而皆准的一种方案。云必定会以多种路线形态、多种解决方案、多种衍生技术等方式支撑这些新业务,充分体现"百花齐放,百家争鸣"的态势。

王庆
目前是Intel云基础设施软件研发总监,2015年至今连续8年兼任开源基础设施基金会个人独立董事,Linux基金会下SODA子基金会联盟委员会主席,另外还兼任木兰开源社区技术委员会成员和中国计算机学会开源发展委员会常务委员。

注:

[1] 存储态:数据静止地存在存储设备上的状态。

[2] 传输态:数据在网络中或者一台主机不同组件间传输的状态。

[3] 使用态:数据在被此时正在运行的应用调用的状态,例如此时数据被装载到内存里进行运算。

奋战开源操作系统二十年：为什么编程语言是突破口？

文 | 魏永明

编程语言之于操作系统，意味着什么？本文作者经过二十余年的操作系统开发探索，明确提出编程语言是自主基础软件，尤其是操作系统的重要抓手。如果说操作系统是基础软件生态里的皇冠，那编程语言就是皇冠上的明珠。如果没有自己的编程语言，那所谓的自主，就是海市蜃楼、空中楼阁。由此，作者走上了开源编程语言的探索与实践之路。

从低迷的Linux桌面系统说起

全世界范围内的开源运动浩浩荡荡，滚滚向前。Linux内核作为开源软件的杰出代表，在云计算、服务器端、智能手机端、嵌入式系统中的成功举世公认。截至2021年年底，Linux在服务器领域占据了96%的市场份额；在超级计算机领域几乎占领了全部市场；在云计算基础设施领域占据了90%的市场份额；在智能手机领域也占有85%的市场份额。现今，在人们日常的工作和生活中，Linux内核几乎无处不在。但与此相反的，则是Linux桌面系统地位不断下滑。据统计，长期以来，Linux桌面系统的市场份额徘徊在2%左右，而原来被微软Windows压得喘不过气来的macOS系统，却在近几年取得了不小的进步，获得了超过10%的市场份额。

自2000年以来，全球有众多公司如Red Hat、SUSE以及中国的若干企业一直在尝试打造基于Linux内核、GNU工具及X Window、GNOME或KDE的桌面系统。但二十年来，我们并没有得到一个可以媲美Windows或macOS的系统，这其中的教训值得深思。究其原因，大家都会指点一二。比如Linux桌面系统的模仿痕迹太重，技术上始终跟随Windows，没有自己的产品特色；缺乏Office这样的关键应用软件；各种发行版满天飞，造成严重的碎片化问题，还导致应用之间的兼容性问题等。

为什么二十年来，全世界有那么多企业和社区前赴后继、努力打造的Linux桌面系统，却始终无法走向大众市场，而仅仅局限于少数狂热的爱好者当中？

再以本人的亲身经历为例。笔者搞了二十多年嵌入式窗口和图形系统——MiniGUI，最初模仿Win32提供C语言的应用编程接口。在21世纪初的十多年间，MiniGUI在机顶盒、功能手机、数码相框等产品中得到了大量的应用。但自从Google开源发布了Android操作系统之后，包括MiniGUI在内的很多嵌入式基础软件，都遇到了前所未有的危机，这其中也包括针对嵌入式系统的输入法、字体、浏览器等多款软件产品。为了应对这一危机，我们也曾做出过一些尝试，比如提供类似Visual Studio一样的界面设计器、类iPhone的UI特效、对Java J2SE应用框架的支持等。然而，这些尝试和Android这种具有全新操作系统架构和应用框架的现代操作系统相比，实在不堪一击。

这引得我不得不思考：嵌入式领域是21世纪初兴起的产业，当时，我们在这个领域的基础软件水平和美国差不了多少，而且坐拥全球最大的消费类电子产品市场，但为什么在其后十多年的发展竞争中，我们仍然落败于美国？

编程语言是操作系统获得突破的重要抓手

尽管我们可以将自身发展不力的原因归咎于政府保护知识产权政策不完善等因素，但我们也不得不承认，在引领技术潮流方面，差的不是一星半点：我们的基础软件行业，和Linux桌面系统一样，一直将自己定位为追随者，始终没有走出模仿的怪圈。要走出这个怪圈，首先要想清楚操作系统这类基础软件的第一用户是谁，即我们首要服务于哪类用户。

我的观点是，类似操作系统这样的基础软件，其首要用户是开发者。一个基础软件，不论操作系统还是数据库，只有首先满足了开发者的需求，服务甚至取悦开发者，才能建立起获得进一步成功的基础。重视开发者，优先为开发者服务，是基础软件的生存之道。其道理不言而喻：一款基础软件要获得大规模的应用，就离不开开发者，而基础软件的作者本身，纵有七十二变，也不可能把全世界的应用需求都给满足了。

只有将开发者定义为基础软件，尤其是操作系统的第一用户，我们的思路才可能有一个重要转变。

如果我们简单回顾一下成功操作系统的发展，就会发现这些操作系统一开始就不遗余力地为服务开发者而努力。比如微软，从Windows 3.0开始，就为降低Windows上的应用开发门槛在努力，这其中就包括Visual C++、Visual Basic以及后来的Visual Studio、C#编程语言和.Net应用框架。苹果和Google围绕各自操作系统所走的道路也类似。发展到今天，我们可以看到几乎所有成功的操作系统都有自己专属的一种编程语言以及围绕其打造的独特的应用框架。

作为反面案例，Linux桌面系统上从未出现过任何专属的编程语言、应用框架以及开发工具。在当前市场趋势下，面对跨平台和融合终端应用的开发需求，Linux桌面系统更是乏善可陈。GNOME、KDE两大阵营，一个基于C语言，一个基于C++语言，围绕这两个编程语言的应用框架，沿用的仍然是二十年前UNIX工作站所使用的技术和框架。讽刺的是，Linux桌面系统上使用最广的开发工具，是微软开发的Visual Studio Code。

此前，我曾几度阐述编程语言对一个操作系统的重要性。简而言之，编程语言之所以重要，是因为编程语言是确定一个系统长相的重要基因。就比如C语言，它适合开发贴近硬件的程序，而C++，适合开发中间件。国外还有很多专注特定领域的编程语言，比如Go语言适合开发服务器软件，因为它天生为并发编程设计。编程语言可以确定一个系统的长相，也决定了这个系统的软件栈，及其配套的开发工具，还可以成为解决一些顽疾的灵丹妙药。因此，编程语言是自主基础软件，尤其是操作系统的重要抓手。如果没有我们自己的编程语言，那所谓的自主操作系统，就是海市蜃楼、空中楼阁。

如果我们要发展自主的操作系统，就必须走出模仿的怪圈，而若想成为技术上的引领者，就要尝试为自己的操作系统设计一款全新的编程语言。没有自主的编程语言以及围绕其上的自主应用框架，对操作系统而言，就如同缺失了灵魂一样，便无法胜任技术引领者的角色。

目前，在中国信创领域，政府正在推广基于Linux的桌面系统以及嵌入式系统。在政府意志的推动之下，相关的技术积累和市场推广正在稳步推进，曾经困扰业界多年的关键应用，如办公套件、输入法等，通过中国本土的商业软件产品得到了有效解决。根据统计，单单中国政府的桌面系统，存量市场就超过了亿套，每年的新增安装量足五百万套，如果再加上一些关键行业和要害部门（如能源、交通等），足以支撑全球10%的桌面系统市场份额。这将给基于Linux的桌面系统和嵌入式系统带来前所未有的巨大市场机遇。如果我们仅仅止步于跑马圈地，而无视发展自主编程语言的重要性，到头来也将竹篮打水一场空。

下一代操作系统需要什么样的编程语言？

随着云计算和物联网技术的普及，现在的应用跟二十年前大不一样了，最大的特点是需要联网、跨平台、而且可能要运行在不同类型的设备上，我们暂且称之为"融合终端"应用。在满足融合终端类应用需求这一方面，主流的操作系统厂商在做全新的尝试，比如苹果为macOS、iOS、padOS、watchOS开发Swift编程语言，Google的Flutter使用Dart编程语言，微软也正在为Universal App做技术上的准备等等。

显然，要在这场竞争中获胜，我们需要设计新的、云计算和物联网友好的编程语言和开发工具。一方面，可用来满足融合终端类应用的需求，另一方面还可用于提高应用的开发效率，同时，还可以成为操作系统生态的护城河。

那么什么样的编程语言是符合未来趋势的？目前很难准确描述。但我们可以尝试从宏观上描述适应上述全新需求的编程语言可能具有的主要技术特征：

- 描述式语言，易读且容易理解，甚至可支持开发者使用母语编程，从而让非职业程序员也能编写出满足需求的程序。
- 具有更高抽象层次的编程语言，开发者可以使用更少的代码实现更多的工作，且无须过多关心技术细节。
- 提供抽象的跨平台可移植接口。通过全新的接口设计来屏蔽底层操作系统或者平台的差异，这是跨平台的必然选择。
- 支持现代编程技术，如动态特性，对协程、并发、闭包等的支持。
- 良好的可扩展性和伸缩性，既可以用来开发脚本程序，也可以支持大型分布式应用的开发。
- 功能和性能的良好平衡，使之可用于嵌入式系统，甚至物联网设备端。

一旦我们为未来的融合终端应用设计了自己的编程语言，尤其是让编程模式都发生巨大变化的语言，那就可以自顶向下去设计一个新的操作系统。这个操作系统甚至可以涵盖云端、客户端、嵌入式系统和物联网。而内核、工具链、窗口系统、界面构件库、包管理系统，所有这些底层的技术将成为"汽车引擎盖"下面的东西，一般的应用开发者无须关心这些技术。如此，便有了服务开发者的基础。在此之上，我们利用或者围绕新的编程语言开发IDE（集成开发环境）、自动化测试和部署框架、关键应用软件、应用商店、特定应用领域内的第三方运行时函数库等等，而这一切，合起来便是操作系统的生态。

自主开源编程语言设计与开发之路

为了践行上述所讲的理论，我提出并开发了全新的编程语言HVML（Hybrid Virtual Markup Language，中文名为呼噜猫）。这是一款通用、易学的开源编程语言，从2020年7月提出并公开第一份规范草案，到2021年7月成立攻坚团队着手HVML解释器（PurC）的开发，2022年7月31日，在GitHub上开放了HVML相关的六大源代码仓库（或源代码包），标志着HVML 1.0正式发布，这其间已经走过了两年的时光。

而在过去整整一年的开发过程中，笔者带领团队实现了所有的设想以及绝大多数的功能。作为设计者，笔者将HVML定义为一种全新的编程语言：可编程标记语言（Programmable Markup Language）。并为HVML赋予了全新的设计理念，使之基本满足前文所说的全新编程语言的技术特征：

- 使用标记来定义程序的结构和控制流，大大提高了程序的可读性，同时大幅降低了学习难度。
- 使用具有动态功能的扩展JSON来定义数据，隐藏了底层系统，而且使其成为黏合不同系统组件的理想胶水。
- 引入了数据驱动的编程模型，这让开发人员更多地关注数据的生成和处理，而不是程序的控制流。
- HVML是动态的，开发人员不仅可以从远程数据源获取数据、模板和程序片段，还能删除已有的变量。
- 使用独有的方式来支持协程、线程、闭包等现代编程语言必备的特性。
- 具有极强的灵活性，开发人员可使用HVML编写简单的脚本工具，也可以用它来开发复杂的GUI应用程序，甚至是开发服务器软件。

- 运行飞快，HVML解释器使用简单高效的栈式虚拟机，不使用任何垃圾收集器。
- 通过预定义变量重新定义了系统底层的模块和接口，从而屏蔽了不同操作系统或软件平台之间的差异。
- 相比常见的脚本语言，HVML具有更高的抽象级别；使用HVML，开发者可以用更少的代码完成更多的工作。

初衷和设计思想

之所以决定设计和开发HVML，除了以上的思考之外，还跟我的经历有关。

在我所开发的MiniGUI（开源Linux图形用户界面支持系统）生意受到Android冲击之后，我带领团队转战移动互联网以及智能硬件，开发过很多网站和智能手机应用。几年前，随着美国打压中国高科技产业愈演愈烈，国家又开始重视基础软件的自主可控，MiniGUI的生意又回来了，我们也帮着一些客户开发了基于MiniGUI的解决方案。但由奢入俭难，习惯了网页前端开发技术的便利性，作为开发者，我们自己都难以接受使用C/C++这样的编程语言来编写带有图形用户界面的应用程序——我发现使用C/C++这类编程语言开发带GUI的应用，跟用牛刀杀鸡并无二致；就算有可视化的界面设计器帮助开发者，其开发效率也很难和Web前端技术相比。

有了这样的认知，我开始思考为正在开发中的HybridOS（合璧操作系统）设计一款专门的编程语言。最初，我们的目标是让熟悉C/C++或其他编程语言的开发人员可以通过HVML使用Web前端技术（如HTML/SVG/MathML和CSS）轻松开发GUI应用程序，而不是在Web浏览器或Node.js中使用JavaScript编程语言做绕转。最后，我们不光完成了这一目标，而且还将HVML实现为一种通用的编程语言。

为了将Web前端技术引入到通用的GUI应用的开发中，开源社区也做了大量的探索性工作，如Electron开源项目，就尝试用Chromium+Node.js来搞定一切。但这个项目存在一些问题，究其原因，跟Web前端技术本身的局限性有关：所有的一切都离不开浏览器，尤其是JavaScript编程语言。

后来，我们在开源的浏览器引擎WebKit中，尝试引入了一些具有动态能力的标签，可以用来实现循环迭代、分支控制等功能。有了这个基础，我提出了一个大胆设想：何不干脆设计一种全新的标记语言？于是，就有了HVML。

简单来讲，HVML尝试用一种新的思路来解决上述问题：

第一，将Web前端技术（主要是DOM、CSS等）引入到其他编程语言中，而不是用JavaScript替代其他编程语言。

第二，采用类似HTML的描述式语言来操控Web页面中的元素、属性和样式，而非JavaScript。

在设计HVML的过程中，我有意使用了数据驱动的概念，使得HVML可以非常方便地和其他编程语言以及各种网络连接协议，如数据总线、消息协议等结合在一起。这样，开发者熟悉哪种编程语言，就使用这种编程语言来开发应用的非GUI部分，而所有操控GUI的功能，交给HVML来完成，它们之间，通过模块间流转的数据来驱动，而HVML提供了数据流转过程的抽象处理能力。

这样，围绕HVML形成的应用框架，和传统的GUI应用框架以及Web前端技术都有显著的不同。传统的GUI应用，代码设计模式无外乎直接调用C/C++或其他编程语言提供的接口，在一个事件循环中完成创建界面元素、响应用户交互的工作。Web前端技术和传统GUI应用的最大区别在于描述式的HTML和CSS语言，但程序的框架在本质上是一样的——事件循环，而且必须使用JavaScript语言。

但HVML提供了一个完全不一样的应用框架。

在完整的基于HVML的应用框架中，包含一个独立运行的图形用户界面渲染引擎，开发者通过编写HVML程序来操控渲染引擎，而HVML程序在HVML解释器中运行，并可以和其他已有的编程语言的运行时环境结合在一起，接收由其他编程语言程序生成的数据，并按照HVML程序的指令，将其转换为图形用户界面的描述信息或变更信息。通过这样的设计，我们将所有涉及图形用户界面的应用程序分开成两个松散的模块：

第一，一个和GUI无关的数据处理模块，开发者可以使用任何熟悉的编程语言和开发工具开发这个模块。比如，涉及人工智能处理时，开发者选择C++；在C++代码中，除了装载HVML程序之外，开发者无须考虑任何和界面渲染及交互相关的东西，比如创建一个按钮或者点击一个菜单后完成某项操作等工作，开发者只需要在C++代码中准备好渲染界面所需要的数据即可。

第二，一个或多个使用HVML语言编写的程序（HVML程序），用来完成对用户界面的操控。HVML程序根据数据处理模块提供的数据生成用户界面的描述信息，并根据用户的交互或者从数据处理模块中获得的计算结果来更新用户界面，或者根据用户的交互驱动数据处理模块完成某些工作。

通过这样的设计，HVML应用框架将操控界面元素的代码从原先调用C、C++等接口的设计模式中解放了出来，转而使用HVML代码来处理。而HVML使用类似HTML的描述式语言来操控GUI元素，通过隐藏大量细节，降低了直接使用低级编程语言操控界面元素带来的程序复杂度。

在HVML应用框架中，有一个独立运行的图形用户界面渲染器。我们将这个渲染器设计为类似字符控制台的哑设备，这样，可以将HVML程序和应用的其他模块从控制界面元素展现行为的细节中解放出来。举个例子，我们在字符终端程序的开发中，可以使用一些转义控制指令来设置字符的颜色、是否闪烁等，而字符终端程序无须包含任何处理字符颜色以及闪烁的代码——因为这些细节字符控制台（可能是硬件，也可能是一个伪终端程序）帮我们默默处理了。HVML的界面渲染器也遵循

同样的设计思路，HVML程序创建好一个按钮，至于这个按钮显示出来是什么样子的，用户如何跟它交互，这些统统无须HVML程序来操心——一切由渲染器在给定的描述式语言（如HTML、CSS）的控制下运转。这带来另一个好处，由于在界面渲染器中不包含任何的应用运行逻辑代码和敏感的数据，从某种程度上讲，安全性提高了。

有了这样的应用框架设计，HVML让几乎所有的编程语言，不论C/C++这类传统编程语言，还是Python这类脚本语言，都可以使用统一的模式来开发GUI应用。而在此之前，不同的编程语言有不同的Toolkit库，这些库的能力不同，接口不同，渲染效果参差不齐。而HVML可以将这些交互类应用统一起来，甚至也包括那些传统的字符界面应用程序。我们还可以将HVML程序运行在另外一台远程设备上（或云端），而渲染器运行在和用户交互的设备上，从而形成一个新的远程应用（或云应用）解决方案。

尽管HVML最初是为了解决GUI应用的开发而设计，但随着开发的深入，我们引入了一个全新的栈式虚拟机作为HVML程序的假象运行机器。有了栈式虚拟机这一理论基础，我们为HVML赋予了通用计算的能力。也就是说，HVML不仅能作为交互式应用的胶水语言，还可以当作通用的脚本语言使用。同时，由于我们为HVML提供了协程、并发执行等的现代编程机制，因此，HVML还可以用于高并发的服务器软件的开发。

任重道远，开源协作是正道

完成了最初的设计与开发后，HVML已经进入开源协作的新阶段，开发团队和社区还有很多工作要做。首要目的，便是实现HVML规范1.0定义的所有特性和接口。另外，作为HVML技术栈的一部分，针对嵌入式系统的渲染器也已提上日程，会随合璧操作系统的新版本一并发布。

当然，一个编程语言走向成熟并获得广泛应用将是一个

漫长的过程。这需要构建一个强有力的开源协作社区，而成功的社区运营，又需要资金、人才等各方面的支持。这在国内尚无成功先例，更是一个需要长期实践的课题。

目前HVML社区非常活跃，很多小伙伴帮助我们开发了各个Linux发行版的打包脚本，还有小伙伴制作了教学视频。作为社区领导者，我目前最希望的便是能够获得足够数量的赞助资金，用这些资金来激励HVML社区的小伙伴们，使得社区可以尽快进入到良性循环当中。另外，也希望有更多的基础软件企业加入HVML的开发当中，助力HVML尽快走向成熟。

关于未来，如果HVML技术得到大量开发者的认同，我相信找到合适的商业模式，也只是时间问题。另外，围绕HVML创立一个适当规模的基础软件企业，也不一定非要由我去做。假如有更加擅长企业经营的人围绕HVML开发了新的产品，找到了一套行之有效的商业模式，成功融资甚至上市，我本人也会非常高兴。我想，这是成熟生态的一部分。

未来无须假设，投身其中，让自己的设想变成现实，才有可能书写历史。

魏永明

飞漫软件创始人，获清华大学工学学士、硕士学位，2013年度"开源软件杰出贡献人物"。1999年发布了知名开源软件MiniGUI并持续研发至今。二十多年来，该软件广泛应用于各类硬件产品。编著有《MiniGUI剖析》《Linux实用教程》《Linux设备驱动程序》（第二、三版）等技术著作。2022年7月，开源发布HVML 1.0。

从Linux操作系统的演进看开源生态的构建

文 | 张家驹

近年来,"开源"作为一个热词,被越来越多的人关注,它甚至走出了IT圈,被写进"十四五"规划里。与此同时,被誉为"软件灵魂"的操作系统,在开源浪潮下,迎来了突破性发展。但在另一方面,一直以来,我们经常听到一种说法:写一个操作系统并不难,难的是生态的构建。本文试图从开源的Linux操作系统的演进出发,讨论开源生态的构建。

开源的Linux操作系统

"开源"指的是开放源代码,即程序的源代码对所有人都是公开的,任何人都可以免费阅读,甚至可以按照一定的规则修改。另外,程序的源代码被视为软件最重要的资产,谁拿到了源代码,谁就可以掌握软件最重要的核心技术。因此,传统意义上,开源软件被认为对商业不够友好,即很难通过开源开发模式在软件中获利。那么,大家可能会有这样一个疑问或担忧:如果没有商业的支撑,开源软件模式如何得以维系?因此,"开源商业化",也是很多专家、学者、企业家、创业者共同关心的话题。

Linux操作系统,可以认为是迄今为止最成功的开源软件的典范,长盛不衰。它的发展路径给我们提供了一个参考实现,即以这种方式的开源软件是可以发展起来的,并在一定程度上实现商业化,但Linux的发展路径是不是开源软件发展的最好方式?这种方式在过去30年中运行良好,在今后是不是还能一如既往地蓬勃发展?我想这应留给时间去检验。

Linux,狭义上,是指由Linus Torvalds(以下简称Linus)发起并带领来自全球的Linux社区开发者共同开发的

Linux内核,它是Linux操作系统的核心。大家日常使用的Linux,往往是指广义的Linux,即Linux发行版。Linux发行版是包括Linux内核在内的大量开源软件的集合,内核实现的是操作系统最核心的功能,此外还有很多其他重要功能,如编译器、图形化、生产力套件、服务器端程序等。这些也都是开源软件,并且由不同开源社区开发。将这些来自不同社区的开源软件集合在一起,形成有机的整体,对外展现为一个统一的操作系统,这部分工作往往也是通过社区的力量来完成,长期以来被大家所熟知的Fedora、openSUSE、Debian等都属于这一类。

谈到这里,大家可能会发现,当我们谈起开源操作系统时,就自然而然地提到了开源社区、开源生态。因为开源软件最大的一个特点,就是它不是由某一家公司、某一个组织、某一个社区开发的,而是由众多的公司以及个人和来自不同社区的众多开发者共同开发的。不同开源软件之间,本身就形成了一个生态,我要调用你的API,同时我又要为其他软件提供服务。这些不同开源软件彼此之间的协调,不是由"超级管理者"事先规划的,而是在发展过程中自发形成的。

开源深度指南

为什么要开源？为什么要选择Linux？

既然开源软件的开发是一个"松散耦合"的关系，即每个项目有各自的发展目标，不同项目之间虽彼此协调，但自主性很强，也没有统一的管理者进行统筹规划。选择开源软件，是不是就意味着"不可控"，软件发展方向、周期、安全性都不可控？那么，我们为什么要选择开源软件？为什么要选择Linux？

先讲一个小故事。最近几年Rust语言比较火，大家知道，传统的C/C++语言在开发时，很容易造成内存泄漏，而Rust则被认为是更安全的语言，且适合底层开发，所以用Rust编写底层程序（如操作系统），也被学界和业界所追捧，Rust也开始进入Linux内核。作为程序员的我们，可能天然想到是Rust会取代C成为Linux内核的主要语言？在最近Linus接受的采访中，Linus也提到Rust进入Linux才刚刚开始，同时着重强调了C语言的种种优点。我在这里不想陷入任何孰优孰劣的"语言之争"，因为那将是一个"哲学问题"。但是，这似乎从侧面反映了开发者的喜好很重要，开发者的技能积累以及既有程序代码积累到一定程度，想要彻头彻尾改变或者从头再来其实很难，里面有太多前人智慧的结晶。操作系统内部极其复杂，你可能有很多好的想法，但是实现它们并不是一蹴而就的，而Linux已经在那里。

因此，选择开源，是因为开源是一个宝藏。选择Linux，是因为在三十多年的积累当中，Linux已经演变为稳定的操作系统和强大的生态，具备稳定的核心，拥有众多的硬件及应用支持、快速的迭代能力。

开源加速创新，通过开源的方式，全世界聪明的头脑都可以参与其中贡献自己的想法和代码，这种讨论和贡献是完全开放的。我们常常发现针对某一个具体的问题，开源的方式往往要经过多轮的讨论、测试、验证，代码才能最终进入到开源项目的主线，经常经历一年半载，甚至更长的时间，相比之下闭源软件可能只需要几周时间，一个想法就可以被合入主线。那为什么还说开源加速创新呢？当有更多双眼睛在看你的代码，那么它潜在的问题、架构合理性、安全性等问题，就可以更早地被暴露，问题也可以更快得到解决。虽然看似某一个特性，它的合入速度是慢的，但有更多双眼睛去看，就会发现更多的问题，迸发出更多新奇的想法、涌现出更多的代码实现，因此开源方式的创新速度要快于一个闭源开发的小团队的。所谓"独行快，众行远"，就是这个道理。

当然，开源只是一种开发模式，并不是唯一的。很多优秀的软件（包括操作系统软件）都是闭源的。闭源软件，更加受控于其开发商，有确定的产品规划路线图，有更多的"确定性"，对于商业更加"友好"。因此，如果你想开发一个操作系统，选择闭源或开源路线，都有各自的优势。当你有很多独特的见解和想法，在某个领域有重大的发明创造，并不想把里面的核心技术公开，因此选择闭源的方式，获取商业价值，这完全是被尊重和鼓励的，也是尊重知识产权的一个表现。反过来，如果你觉得开源世界里有更多的创新、更多好的技术、成熟的技术是你所需要的，可以避免你在很多地方重新造轮子，那么你选择开源的技术路线，也是不错的选择。特别是在操作系统领域，涉及的技术点很广泛，很多不经意的、习以为常的功能实现，实则凝结了前人很多心血，因此选择开源，更容易站在巨人的肩膀上进行创新。

Linux操作系统的演进

如前所述，广义的Linux操作系统，是指以Linux内核为核心的Linux发行版，发行版的存在是因为Linux操作系统的所有组件不是由一个社区开发，需要博采众家之长。因此，Linux发行版是一个"集成项目"，我们必须承认，创新的源头在上游社区，如Linux、GCC、GNOME这些上游。来自发行版的创新，也要尽可能地贡献到上游社区，这样不仅对开源项目的发展有利，对于发行版本身也有利——历史上曾经有几百个Linux发行版，但能够被大家所熟知并广泛使用的却屈指可数，往往做得比较成功的发行版都遵循着"上游优先"的原则。

所谓"上游优先"，就是当你打算在自己的发行版或产品中做代码更改时,先把优化后的代码提交到对应开源项目的上游,上游接受你的更改后,再把它加到自己的发行版或产品中。相信有些读者一定会有这样的疑惑:这种方式在实践中根本不可行!第一,如果我把开发的所有新特性都先提交到开源项目的上游,那自家的产品将如何构建差异化竞争力,进而在激烈的市场竞争中获利?第二,我向上游提交代码,上游不接受怎么办?那我是否就没办法规划我的产品都有哪些特性,也没办法控制产品什么时候上市。的确,正因为有这两方面的困难,很多Linux发行版或者面向企业级应用的发行版就无疾而终了。甚至有很多人研究后得出这样的结论:开源的终点是闭源,或者只有Open Core的模式才可以生存,即最终还是要靠不开源的部分在商业竞争中获利。

然而,Linux发行版的发展,并不是靠所谓的Open Core模式,而是100%开源的模式。下面以红帽系的Fedora、CentOS、RHEL为例,谈一下Linux发行版的演进。

整体上,红帽系Linux的发展,可分为三个阶段:

- Fedora Linux阶段。

Fedora Linux是前面提到的由众多上游社区项目构成的"集成项目",它最贴近上游,主要的工作是集成,确保由开源项目集成后的操作系统是可用的。当然,这个集成包含了集成前项目的筛选和集成后简单的测试。Fedora被认为是开源创新的大舞台,它上面的软件包多且全,这一定程度上也促进了开源生态的繁荣。因此,Fedora吸引越来越多的开源项目加入其中。同时,红帽也基于Fedora开发追求稳定以及具有商业支持的企业级Linux发行版RHEL。值得注意的是,具备商业支持并不意味着闭源,红帽在企业级操作系统中所有增强也都回馈到对应的上游社区,并且任何人都可以免费得到红帽企业级Linux的源代码。通过Fedora和RHEL两条线,红帽既满足了开源创新的需求,同时也满足了企业要求稳定可靠的需要。

- CentOS Linux阶段。

CentOS Linux被人们所熟知是因为它作为RHEL的复刻版被大量地使用,正如它的名字——Community Enterprise Operating System,完全来源于社区,完全免费,同时又具备企业级的稳定性,自然受到大家的青睐。但一个很多人没太关注的事实是,随着虚拟化、云计算的兴起,很多开发者、云厂商,基于Linux的生态做了大量的工作,如基于KVM虚拟化的优化、软件定义网络、软件定义存储,以及云计算OpenStack等。以这些云厂商为代表的新一代开发者,逐渐倾向于选择一个稳定的操作系统作为基础,在其上做各种创新。因此,CentOS Linux成为一个被开发者广泛使用的操作系统平台。红帽为迎合这部分需求,从2014年开始,将CentOS Linux演变为不仅仅是包含复刻RHEL的部分,也具备虚拟化、云计算等项目的上游社区的软件包,如红帽OpenStack的社区版RDO就被包含在CentOS Linux中。这一举动有助于更好地培育CentOS生态,使其进入如火如荼的云计算领域。

- CentOS Stream阶段。

随着企业业务云化及数字化转型的深入,云原生、DevOps、敏捷开发、敏捷集成等成为IT业务转型的重点。操作系统作为支撑IT业务的基石,也面临着同样的挑战,即操作系统需要快速地迭代开发,同时迭代的结果在满足稳定可靠的同时,要尽可能快地给到社区开发者、生态合作伙伴。这实际上对企业级操作系统的研发测试流程提出了更高的要求,CentOS Stream就是在这样的背景下应运而生的。那么,CentOS Stream可以给生态开发者带来哪些好处呢?一个重要的好处就是,以前你只能看到最终的结果,而现在,你可以看到整个开发过程。这个开发过程不是不稳定的中间过程,而是经过了所有企业级质量保证测试的成果物,确保你可以更快拿到RHEL中的补丁。

综上,Linux发行版的发展并不是越来越走向封闭,反而是越来越开放。

开源生态构建与商业变现的关系

前面以Linux发行版的演进为例,分享了开源生态的构建,更多的是从开发者生态的角度去讨论。然而,一个可持续发展的开源生态,必须能够让该生态里的不同玩家都从中获益。一个以开源为生的企业,必须能够通过开源实现商业变现。因此,对于想要投入开源的企业来说,首先要想清楚几件事情:我在这个生态里的角色,是使用者、开发者还是维护者?开源是我实现其他业务目标的一个途径、助力,还是我要以开源为生?作为一家制造业或零售业中的企业,为什么要投入开源,以及成立开源项目办公室?

我们发现,很多企业对于开源感兴趣,很大程度是源于他们使用了大量的开源软件,尽管开源软件是开放代码的,对于他们来讲却是一个黑盒子,使用开源软件的潜在风险完全难以评估,因此试图通过投入开源的方式实现开源治理,保障业务的安全平稳运行。还有一部分企业是通过开源的方式实现自己在其他方面的业务目标,比如开源作为一种营销方式,但自己的核心竞争力是闭源的,或是通过其他方式盈利的;或者自己是开源生态的合作伙伴,如众多的硬件厂商、闭源软件厂商等。

无论什么角色、出于什么目的,只要是在繁荣开源生态,社区都是欢迎的。只是对于不以开源为主业的企业来说,要考虑在开源方面的投入方式以及投入产出比,是阶段性投入还是长期投入,是完全自己做还是选择第三方的服务,想清楚这些问题很重要。行业中存在的一个常见的问题是前期没有想清楚投入开源可以为自己带来哪些业务价值,因而最终没能达到自己的预期效果。

还有一部分以开源为生的企业,在激烈的市场竞争和生存压力下,必须承认,这种模式不可能轻松盈利。靠政策性扶植、基金会捐赠等方式,短期内可能有一定效果,长期却很难形成真正的市场竞争力。我们不妨从另一个角度看待这个问题,海量的开源软件,海量的企业在使用,而绝大多数企业对于开源软件里的技术细节知之甚少,因此基于"不确定"的开源软件为企业提供有价值、"确定"的服务,赋能企业,帮助企业用好开源,一定存在很大的市场需求。所以这部分以开源为生的企业,也是可以实现商业变现的。那么,这部分企业为什么要投身于开源生态的构建呢?如果只做产品或服务而不去贡献,不可以吗?事实上,开源是一个大舞台,只有这个社区的生态繁荣了,这个社区的所有玩家,包括自己,才会从中受益。

结语

开源软件已成为企业IT的重要组成部分,本文从被业界广泛使用的开源Linux操作系统出发,阐述了开源生态构建的重要性,并且它与企业实现自身的业务价值或商业变现并不矛盾。最后,我想引用最近看到的一段哈佛大学校长对2022届毕业生的寄语来结束这篇文章:"在你们离开校园走上社会之后,学会为他人留一个'位置',确保你们受到的良好教育,不仅丰盈了自己的灵魂,更能惠及这世界上的大多数人。"

张家驹

红帽大中华区首席架构师(Chief Architect for Greater China)。热衷于开源软件及开源社区,对Linux操作系统、分布式、存储及高可用性、虚拟化、云计算等有近20年的产品研发、架构设计及团队管理经验,曾在知名外企及国内ICT领导企业担任首席架构师、技术总监、中国区技术负责人等职。

企业为什么要做开源？

文 | 黄峰达（Phodal）

不做开源，似乎就会与整个技术圈"脱节"。但企业做开源，是为了协作共赢，还是跟风、提升盈利，抑或是树立品牌？在做开源的同时，"做好"开源的背后又需要付出什么？本文作者Phodal，从开源的准则出发，尝试为正在进行开源的实践者答疑解惑。

与十年前相比，当今的软件行业发生了巨大的变化。过去，人们的热门议题是：软件吞噬世界；现在，人们的热议话题是：开源吞噬软件。以至于连写出《致爱好者的公开信》、视开源为"毒瘤"的微软公司，也拥抱了开源，并从中获益。开源在过去的几十年间，改变了一系列既有的游戏规则。到底是开源为企业带来了更多的收益？还是传统的软件开发模式不足以支撑现有的业务复杂度？在此，我先建议所有技术型企业和ToB（To Business，又称之为2B，面向企业用户）业务的企业应该把开源作为下一个技术战略，接下来我再来分享原因。

企业能从开源获得什么？

这是我们在聊开源时经常讨论的一个话题："我们能从开源一个软件的过程中得到些什么？"从结论上来说，对于大部分企业而言，他们并不能直接从开源中获益，而是间接。当然，前提是遵循开源世界的基本法则：开放、透明、协作。

直接盈利

直接从开源中获益是一件颇有难度的事情。当前，市面上主要的开源软件盈利模式有：

- 付费版本。在免费可用的基础上，提供付费的版本，如NGINX Plus是NGINX的商业化版本。
- 技术服务。提供咨询、培训、二次开发等技术服务，典型的有JBoss、Spring等软件。
- 双重许可。可以基于该软件开发开源应用，但是开发商业版要付费，典型的有Qt等。
- 托管模式。提供软件的托管服务，主要是各类数据库厂商，如MongoDB等。

除上述模式之外，还有其他的一些盈利模式，如过去流行的软件硬件一体化、众筹、捐赠、广告模式等。对于如今的企业来说，主要使用的还是前面的四种方式。就模式而言，和现今的互联网软件有着相似的思路，通过开源来获取市场，再通过服务来赚取费用。

间接获利

与直接盈利相比，间接获利则构建于一个更宏大的愿景之上，诸如：

- 建立内部协作。增强组织内技术氛围，共享团队间的技术资源。
- 打造雇主品牌。在技术社区建立品牌形象，和杰出贡献者保持良好的关系，有助于公司的技术招聘。
- 构建合作生态。与上下游供应链建立合作，建立在该领域的权威定位，如国内的OpenHarmony等。
- 参与标准制定。借助于社区力量，一起促进行业建立标准。
- 推广技术理念。将新的技术理念融入开源项目中，促进整个行业往前发展。

一旦我们构建了合适的商业模式，并以开源社区的方式运营之后，会发现还会带来更多的优点：

- 降低售前成本。不需要一一寻找客户，客户会自己来找你。并且客户会自己安装软件，尝试与自家系统进行整合，并告诉你：这里能不能做一些修改。
- 更好的品牌效应。客户在知道你竞争对手的产品前，就已经了解了你的软件，理解了软件模式。
- 更强的购买倾向。客户无须担心供应商锁定，代码本身是开源的。必要时，也可以和其他公司的人一起创建新的分支。
- 持续的售后支持。与传统的软件相比，客户可以持续从开源版本中获得软件更新，并通过参与到社区中，获得持续不断的支持。

那么，问题来了，它真的就只是好处吗？并不是，因为：

- 客户有了这个开源软件之后，就不会去购买我们的付费软件。
- 客户自身可以基于这个开源软件开发，进而不需要我们。
- 我们的竞争对手可以研究软件，定制出一个更好的。

在那之前，我们不妨看看，谁才是我们的真正客户？

我们的真正目标用户是谁？

对于上述的几个获益方式来说，直接盈利模式更多的是针对企业，为的是能提供丰富的技术服务；而间接获利，从市场来说，人们更偏向于面向的是开发者，去构建开发者生态。

面向企业：更丰富的技术服务

在面向企业提供服务时，我们可以通过一个简单的模型（研发实力-预算）将企业分为四类：

①研发实力强-预算多。多数情况下往往考虑的是自研。

②研发实力强-预算少。往往基于某个开发软件修改，由于预算的原因，也往往不会考虑购买。

③研发实力弱-预算少。小型的IT组织，往往是有什么用什么，不"挑食"。

④研发实力弱-预算多。这里往往才是2B软件最适合的客户群体。

理想情况下，我们都能向这些组织提供服务，那么这就形成了类似于如图1所示的模式。

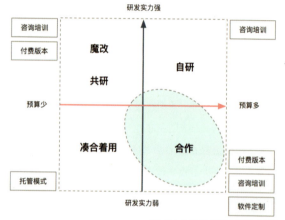

图1 面向企业的开源项目盈利分析示例

从过去的商业竞争来说，我们最大的竞争对手往往是自研型的组织。在开源模式之下，针对自研型的组织，我们只需要提供一些咨询服务，他们就能构建起自己的软件。而我们的软件本身就是开源的，保持着一定的市场领先的地位。当软件存在闭源的时候，我们会担心这类企业进入市场带来的影响。在开源的模式下，我们的担心少了很多，除非他们也按照开源的模式来竞争，否则我们依旧有足够的时间来调整策略。

与此同时，如果我们有能力邀请到自研型的组织参与到项目中，结合他们的实际业务对应用进行扩展——这样不仅能丰富开源项目的功能，在特定的情况下，还能构建出插件化的能力，将软件作为基础设施，提供给更大型的组织。

在开源的模式之下，我们还可以对上述的潜在客户做进一步的分层处理，分为三类用户：

- 目标用户。即最后的高价值用户,可以帮助我们完善商业服务。
- 尴尬用户。大概率不需要我们提供的服务,但是会提出各种需求。往往会通过预留接口,提供扩展能力,来满足这一类用户的需求。
- 社区用户。参与到了整个项目的开源流程里,与整个项目一起共创出了稳定的产品。

如图2所示。

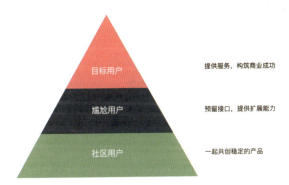

图2 用户分层

从开源的模式来说,每一类用户都非常重要。当然,这也对软件的架构模式提出了新的能力要求。

面向开发者:打造技术生态

对于间接获利来说,开源更多的是从技术生态的角度来考虑。

回到前面提到的打造雇主品牌,我们的目标是:塑造强的技术形象,同时吸纳优秀人才。这一点不仅适用于互联网公司,也适合于传统IT组织。在过往咨询经历里,我们发现大量传统IT组织的一大痛点是:招不到合适的人才。在金融公司、制造业等传统IT领域里,由于本身不开放等原因,使得大量的应聘者担心其技术栈落后(这个是由其在市场形象所造成的)。也因此,在最开始的时间点里,优秀的人才就不会考虑这些公司。开源正是显著改善这些企业的方式,它可以让潜在的候选人看到:这家公司还不错。

同样,对于组织来说,借助开源构建出生机勃勃的技术文化,也是颇有益处的一种方式。

在做开源时,我们做的是什么?

对于开源来说,每个人有自己的定义,对于笔者而言,它的定义是:

开源源于开源软件生产的运行和工作方式,它是一种基于去中心化、自组织式的软件开发模式运作的工作方式。它以社区作为根基,通过开放、透明、协作原则开展活动。

所以,当我们在做开源的时候,实际上我们是在构建一个特定主题的社区。在这个社区中,我们会逐渐围绕此特定的主题,构建出一个知识社群,软件本身只是社区的产物之一。

开源的核心:社区

代码、社群、影响力等都是社区在构建的过程中产生的,社区需要的是一个可实践、可落地的目标。诸如,我们在构建ArchGuard时,该社区的主题是架构治理。对于我们而言,ArchGuard只是一种架构治理的工具,而社区是围绕架构治理产生的。如此一来,我们才有一个共同的主题,它可以让我们不限于软件本身做讨论,在社区的协作之下,软件也可以由ArchGuard变成GalaxyGuard。

我们做的事情就是围绕这个社区创造价值,这些价值如Alex Klepel在*A Framework of Open Practices*所总结的那样:

- 馈赠。无附加条件的提供有价值的产品/服务。
- 共创。分享实现预定目标的任务和成本。
- 征求意见。收集和分析活动以改善产品和服务。
- 从用中学。利用社区产生想法和解决方案。
- 加强价值交换。通过技术或服务增加价值或简化交流。

- 网罗共同利益。协调以确保个人活动能够实现更多目标，以实现共同的使命。

当我们为这个社区创造价值时，那么这个社区的成员也会为软件创造更多的价值，这是一种双向的行为。我们为社区创造了一个有价值的软件，软件的用户反过来就会回馈社区，共创出一个更有价值的软件。

这里也需要回到经典的Apache way：Community Over Code。强大的社区总是可以纠正自己的代码问题，而不健康的社区可能会难以以可持续的方式维护代码库。

开源的模式：构筑技术的飞轮效应

如果我们把开源的项目社区-运营-开源-营利放到一起，分析它们之间的关系，就能得到我先前在《开发者体验：探索与重塑》一文中总结的技术产品化运营的元模型，如图3所示。

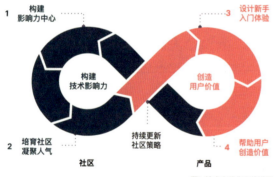

图3 技术产品化运营模型

在这个元模型里，主要步骤为四步：

①构建影响力中心。培养关键技术人员，让他们能持续在社区发声，诸如写博客、大会演讲、短视频等。

②培育社区凝聚人气。寻找有效的机制，让社区能活跃起来，诸如定期的会议、分享等。

③设计新手入门体验。从开发者体验入手，完善其在整个生命周期的体验，诸如软件的安装、反馈、回馈（Pull Request）等。

④帮助用户创造价值。帮助用户更快使用软件、解决Issue、部署等。

在整个过程中，我们需要不断地根据情况的变化，做一些社区策略的调整，譬如社区可能更喜欢微信等。

需要注意的是：最终我们是要优先帮用户创造价值，那么客户才会用我们的开源软件来创造价值。因此，在一些场景下，会基于这个模型有一定的扩展，诸如在拥有SIG模式（Special Interest Groups, 特别兴趣小组）的开源社区里，会以各个SIG独立运行来作为核心。在一些生态相关的开源项目里，SIG的核心成员，则可以邀请一些业内的专家来担任，进一步扩大项目的影响力。

企业如何拥抱开源？

企业应该根据自己所处的不同时期、不同的实际情况，来选择不同拥抱开源的方式。并根据自己的战略和业务需要，持续加强和建设开源能力。

拥抱开源的四个阶段

从模式上来说，主要可以分为四个阶段：

- 使用开源。企业的产品或者服务，基于开源软件构建。
- 参与开源。企业的产品或者服务，与开源软件紧密结合，如基于开源软件扩展。
- 走向开源。企业的部分或者服务，以开源的方式来构建。
- 构建生态。企业借助于自身的开源软件，构建起生态，进一步强化在行业的领先定位。

在不同的模式下，还需要考虑准入条件、收益、盈利方式，如表1所示。

随着我们对开源的深入，便需要进一步加强在这方面的能力。

如何加强开源能力？

同样，我们也将企业拥抱开源所需构建的能力，定义为五大能力支柱：

模式-要点	使用开源	参与开源	走向开源	构建生态
准入条件	合规治理	采用"上游优化"策略	开源办公室 开源指南与政策指导 良好的工程实践	社区的设计与运营 技术支持服务 可扩展能力
收益	提升开发效率 降低开源使用门槛	了解开源世界的游戏规则 熟悉开源社区文化 引入先进的技术实践	拥抱开放式创新 建立在开源社区的声誉 对人才更具吸引力 突显自身的影响力	建立行业标准 借助开源进行市场扩张
盈利模式	(N/A)	(N/A)	付费版本 托管模式 咨询/服务	技术支持服务 云服务

表1 拥抱开源的步骤

- 组织支持。开源是一种开放创新型的组织模式，需要自上而下的支持。
- 工程能力。开源项目的工程能力是对外展示工程能力的渠道。
- 开源文化。开源世界有独特的文化基因包含开放、协作、透明等。
- 产品思维。每个开源项目都是一个产品，都需要像产品一样对待。
- 社区与生态。活跃社区、构建生态，是一个开源项目强大的必由之路。

每一个能力支柱都是自身所需建设的子能力，如表2所示。

不同阶段，对于能力支柱的程度要求有所不同。

在强化自身开源能力的同时，指标也是作为系统中不可或缺的一部分。

如何合理地设计开源项目的指标？

合理的指标可以帮助项目更好地在内部生长，但是不合理的指标会将项目引导到一个错误的方向，诸如过于侧重传统的C端运营指标，而忽视了开源者的体验。

北极星指标：度量开发者体验

对于企业来说，如果想从开源软件获益，就需要制定一些关键性的指标。当北极星指标没有符合预期目标时，也需要参考其他群星指标。围绕于北极星指标进行拆解，最后我们会发现，指标往往会落到开发者体验上。

当我们想改进新手的入门速度，就需要让开发人员可以更快地看到效果，这个时候就可以采用：Time to wow（哇时间）来作为度量，相似的还有TTFHW（Time to First Hello World，首次运行Hello World的时间）等。围绕开发者上手的时间，就有了更好的优化指标。当我们开发的是一个API接口的时候，那么我们就可以采用更好的方式来构建，如编写特定使用场景的文档、沙盒环境等。

这时，围绕开发者体验的设计因子：文档体验设计、错误呈现、易用性设计、交互设计、触点与支持，也就可以支撑我们完善整体的流程。

受欢迎程度指标

从个人的角度来看，我会将Star数、Issue数等归结到项

组织支持	工程能力	开源文化	产品思维	社区与生态
发布开源指南	**充分测试**	建立内部开源文化	**和产品策略一致**	对生态进行战略投资
设立开源协议指南	整洁代码	寻找开源倡导者	设立项目里程碑	**培养关键意见领袖（KOL）**
制定开源投资战略	DevOps 流程一体化	开放式的管理	**制定营销策略**	招募技术布道者
建立开源项目部门	文档体验设计	鼓励参与、**协作**	项目管理	构建开发者生态
建设度量指标	采用社区标准的技术实践	公开**透明**开源软件流程	管理请求意见稿（RFC）	**反馈驱动开发**

表2 加强开源的方式（注意：上表中的加粗部分表示，在每个阶段应该重视的部分。）

目的受欢迎程度指标。影响一个项目的欢迎程度（Star数、Issue等）会受到多方面因素的影响：

- 项目难度。项目难度高，整体指标就不好看，因为限制了参与的人数。
- 竞品数量。项目的同类产品数量多，就不一定能在前期受关注。
- 产品受众。产品面向的用户群少，则相关的受欢迎指标低。
- 社区活动。前期大量的市场活动会带来大量的影响。

为了追求这个受欢迎指标，人们经常会采用一些错误的模式。如我们经常可以看到一些开源项目的"运营"是由"传统"的运营人员负责的。

在不懂社区的前提之下，可能会设计出一些错误的指标，即传统的C端指标，诸如于盲目性追求Star、Pull Request数，进而对公司的品牌形象造成影响。通常来说，技术运营需要由具备"运营"和"技术"两方面知识的人来进行，如果只具备一方面能力，那么就需要运营 + 技术双方配合来考虑，又或者是寻求一些开源KOL（关键意见领袖）的意见和建议。

其他

在项目达到一定的规模之后，还可以考虑采用Linux基金会的CHAOSS指标作为度量社区健康度的指标。它包含了通用指标、多样性包容性、演进指标、风险评估、经济价值，可以帮助一定规模的开源项目，更好地完善自身的管理。

现在，如何开始一个项目的开源？

在我们拥抱开源之前，需要挑选一些项目进行试点。这时，可以将开源一个项目视为一次小型创业，需要做一些竞品的分析、商业模式分析等。因此，在这种情况下，我们也应该按照MVP（最小化可实行产品）来进行规划。随后，才是进入代码的开源阶段。

如我们之前将ArchGuard从内部开源出来时的流程：

① 邮件申请项目的开源，在会议上通过申请。

② 团队内部进行代码安全、合规检查：
- 不应该包含组织内部的相关安全资料。
- 不应该包含私有的代码。

③ 引入开源的技术实践：
- 采用GitHub Action作为CI/CD（持续集成/持续部署）。
- 跟踪技术债务趋势。

④ 逐步开放的流程：
- 从看板到GitHub Issue。
- 开放的架构决策。
- 编写贡献指南。
- 构建新的Core Team。

⑤ 运营社区：
- 线上、线下活动。
- 定期的Meetup等。
- 不断邀请其他人参与。

开源社区有大量有相关社区经验的人才，当他们觉得我们的流程不合适，可以寻求他们的帮助。这也是我们在开源一个项目的初期会遇到的一些挑战。如何开源一个项目的流程已经有非常多的资料，这里就不赘述了。

先迈出第一步，在做的过程中学习，再持续迭代完善。

结语

与传统的软件开发模式相比，开源能带给企业不一样的实践。不仅仅是技术上的变化，还会在文化上带来一些非凡的体验。

黄峰达（Phodal）

Thoughtworks技术专家、CSDN博客专家，是一个极客和创作者。著有《前端架构：从入门到微前端》《自己动手设计物联网》《全栈应用开发：精益实践》等书。主要专注于架构设计及自动化，还有云研发、DevOps和编译器相关的领域。

详述内部开源的前世今生

文 | 谭中意

企业人员规模的增长,使得内部团队组织架构越来越复杂,随之而来的是内部重复造轮子的情况越来越多,企业内部工程师文化无法跟上企业的发展。最终导致研发文化薄弱、工程师代码质量低下、技术架构陈旧低效等技术债务越来越沉重,严重影响整个公司研发能力的提升,不能很好地匹配和支撑业务的快速增长及变化。然而,这些问题是可以通过内部开源(InnerSource)来进行彻底改善的。

随着开源软件越来越流行,尤其在基础底层技术领域中开源软件已占据了主导地位,Linux、KVM、Kubernetes、HDFS、Spark等开源软件项目也都成为操作系统、虚拟机、容器调度、大规模分布式存储、大规模分布式计算等细分领域内的事实标准。很多科技公司认为一定是因为开源做对了什么,因此他们也想把开源社区的研发模式引入到企业内部,希望以此促进企业内部研发的活力,开发出高质量的产品和项目。把开源社区和开源项目的优秀研发实践,引入到企业内部,就叫作InnerSource,即内部开源。

什么是内部开源

内部开源(InnerSource)是从开源社区的软件研发中吸取经验,并将其应用在公司内部的一种软件开发模式。简单说就是在企业内部开放源代码,并接受企业内部其他部门的贡献。用国际开源界著名活动家Danese Cooper女士的话来说,内部开源就是在公司内部采用The Apache Way,即把在开源社区中被广泛使用和验证过的、Apache开源软件基金会所推崇的研发方法和研发实践,应用在公司内部的软件研发团队中,用于开发各种软件和系统。

基于内部开源举个简单的例子,好让读者有更直观的理解。

企业内部有两个团队,分别为A和B。团队A使用团队B开发和维护的一个API服务,现在团队A对这个API有了新的需求,团队B给出了排期,但是不符合团队A的预期。此时团队A有如下几个选择:

①等待。

②自己做。

③找上级领导协调。

④内部开源。

我们分别看看这几个选项带来的优势和劣势。

选项①:等待。既然团队B已经给出了排期,那么团队A等待他们在排期内实现该功能就好了,可以什么工作都不用开展,"躺平"即可。好处是团队A不用投入额外的资源,坏处是结果完全不可控,团队B有可能会推迟研发的发布时间、有可能会对功能的实现打折扣,甚至有可能因为优先级变化而彻底取消这个特性的研发计划。这种结果的不可控对于很多团队来说,尤其对于强调控制、强调执行的团队管理者来说是不可接受的。

选项②:自己做。这种方式完全可控,团队A可以安排人力进行自主可控的研发,按照自己的进度和人力情况进行计划和安排,而且可以针对自己的特殊场景做特定优化,往往在局部上可以取得更好的效果,例如实现更好的性能或更低的成本。但是,往往这个团队的技术特长并不在这个项目,开发完成后还需要长期投入人力进行维护,对于团队来说是一个长期的成本。而最让整个公司或集团不能接受的是,这是一个重复的轮子。倘若在一个集团内有多个轮子做同样或类似的事情,是资源的巨大浪费,这也是传统烟囱式(Silo)开发带来的结果。

选项③:找上级领导协调。这个选择的好处是如果协调成功,能在预期的时间内获得想要的功能而且不用长期维护。不好的地方在于这种协调往往需要耗费双方上级领导很大的精力,导致这种方法完全不具备可扩展性,即上级领导不可能有那么多时间来进行这种需求排期的协调。此外,还存在协调失败的可能性。

选项④:内部开源。也就是团队A给团队B贡献一段代码来实现想要的功能,团队B经过代码审查之后合并到代码库中并随着最新的软件版本发布到线上服务。好处是对于团队A来说排期可控而且不用长期维护,对于团队B来说扩大了开发资源,对于公司或集团来说没有产生重复的轮子,而且这种方法是可以扩展的。好处很多,但是也存在很多挑战,最根本的是需要改变传统的研发文化。

通过这个例子,我们能看出内部开源相对于传统的研发模式有着很大的不同。

内部开源的起源和发展

内部开源(InnerSource)的历史和开源(OpenSource)的历史一样悠久,距今已超过20年。我简单把它的发展历史分为如下三个阶段。

2000年——内部开源的源起

Tim O'Reilly是国际开源活动的著名先锋人物(见图1)。他在2000年前后和Brian Behlendorf(Apache开源软件基金会联合创始人之一)一起创建CollabNet,给很多科技大公司如IBM、Philips、HP等提供开源咨询和工具等服务,其中也包括内部开源的方法咨询和工具支持。即教授这些传统IT公司如何一步步拥抱开源,可以从这些企业

图1 Tim O'Reilly(图片来自faces of Open Source https://www.facesofopensource.com/)

内部某些项目的内部开源协作开始做起,他把这种方法取名为Gated OpenSource,即在公司的围墙之内进行开源协作。后来,因为Open Source在行业内还没有成为主流,Tim O'Reilly先生也有大量其他的工作,CollabNet公司的运作慢慢式微,内部开源逐渐被淡化。

2015年——内部开源的复兴

2015年,另一位著名开源活动家Danese Cooper女士(见图2)成为PayPal的开源主管,她复兴了内部开源。

Danese Cooper女士在开源界有Open Source Diva之称,即开源女王。2000年,她在Sun Microsystems公司工作,创办了全球第一个开源项目管理办公室(Open Source Program Office),一手推动了Java的对外开源。2015年,她来

图2 Danese Cooper(图片来自faces of Open Source https://www.facesofopensource.com/)

到PayPal公司担任开源主管之后,除了领导PayPal公司进行对外开源之外,也在PayPal公司内部大力推行内部开源。同年,她参加Tim O'Reilly组织的OSCON(Open Source Conference,业内最著名的开源活动之一),做了《Getting Started with InnerSource》的主题演讲。当时为了传播和搜索方便,她把Inner和Source两个词拼在一起,并去掉中间的空格,从而制造出了InnerSource这个词。

也是在2015年,Danese Cooper女士牵头成立一个开源

社区，即InnerSource Commons社区，跟很多其他科技公司的内部开源相关人士一起讨论和协作内部开源的方法论与实践，采用开源协作的方式制作和出版了不少相关的视频、教程、书籍等。书籍包括*Getting Started with InnerSource*、*Adopting InnerSource*、*Understanding the InnerSource Checklist*等，教程被翻译成多国语言（包括中文简体，笔者也参与了部分工作）。

用开源的方式来推进开源，这正是开源人的习惯。Danese Cooper在OSCON 2015上的主题演讲和InnerSource Commons社区的成立，标志着InnerSource开始进入复兴，并持续发展的新阶段。

2020年——内部开源正当时

2020年4月19日，InnerSource Commons开源社区升级为国际内部开源基金会，成为一个遵守美国法律501(c)(3)条款的非营利性慈善组织，采用类似Apache开源软件基金会的方式进行运作，这距离2015年已经过去了5年。

基金会协作的内容包括不少内部开源相关的书，如*Managing InnerSource Projects*、*InnerSource Patterns*等，还包括一些培训视频和线上教材。该社区定期举办各种活动，包括每年的Summit，还有按月举行的Meetup等，其中每年都举行的Summit是该社区的重头戏。

据基金会统计，目前有500+企业进行内部开源并跟该组织有接触，其中国际大厂名单包括微软、谷歌、PayPal、Bosch、SAP、IBM、Morgan Stanley、NASA、Captical One、Nokia等，国内的大厂有华为、腾讯、百度、滴滴、蚂蚁集团、微众银行等。目前该基金会在全球有20余位正式成员，笔者因为在内部开源的实践和推广等贡献得到认可，也被邀请成为其成员之一。

内部开源的好处和难点

上文介绍了内部开源的历史和进展，下面将详细介绍内部开源的好处和难点。

内部开源的好处很多，它可以在如下方面对技术公司有较大的提升。

提升代码质量

先看看第一个好处：内部开源可以提升代码质量，这一点和开源社区的运作规律是一样的。

熟悉开源的工程师可能都听说过被誉为开源圣经的《大教堂和集市》中提到的Linus定律（Linus's Law），即"Given enough eyeballs, all bugs are shallow"，中文解释就是"足够多的眼睛，可以让所有的问题浮现"，更通俗的说法是："只要有足够的单元测试员及共同开发者，所有问题都会在很短时间内被发现，而且很容易被解决"。为什么Linux内核的质量好？原因很简单，越多人看到代码并对代码进行同行评议，Bug就会越少。一般来说，著名的开源项目（开源协同很好的项目），它的质量比在公司内部很多私有系统的软件要好很多，有问题后修复的速度也快得多，原因就在于更多人能看到源码并经过多人评议的研发流程进行了质量控制。

在企业内部研发过程中我们能看到一个现象，很多工程师为了快速修复线上问题，或者因为紧张的工期，都是先解决问题、开发功能、先上线、先搞完排期再说，往往会用一种很Hack的方式来进行快速开发。这没有问题，也是非常正常的做法。关键是之后并没有花时间对代码和Patch进行进一步的完善，如加强代码的可读性、可维护性等，原因有的是工程师没有工程意识或自我降低了工程要求，有的是被管理层和产品经理排期压迫所致。这样导致代码比较糙，可读性很差，可维护性也低，不仅小公司是这样，很多著名的大公司也是如此。但是如果把代码开源出去，工程师觉得自己写的代码将被全公司的工程师看到后，他对代码的可读性会注重得多，可读性很差的代码被别人看到之后会影响到他在企业内部工程师群体中的技术声誉。对外开源代码也是，笔者印象中有很多大公司的内部项目在对外开源的时候，会至少有两到三个月时间花在代码重构上，把代码写得可读性更强一些，更加规范一些，记得华为、

Facebook的很多著名开源项目,甚至在代码对外开放的前一夜,还在改代码注释,他们希望至少代码开放出去别丢人。这种思考和顾虑,对工程师内部研发群体做内部开源,都是一样的。

另外,在大企业做过工程效能或研发效率的工程师都知道,代码评审(即Code Review)是被证明过的一种非常好的提升代码质量并促进知识传承的手段。但在绝大多数的公司,即使研发流程中明确规定,强制要求所有的代码提交不经过代码评审就不允许提交,工程师自己不能评审自己的代码,工程师的代码评审得需要有意义的注释。实际上内部执行的情况往往是部分部门的部分代码做得还行,但是从整体上来看,代码评审往往流于形式,没有起到应有的质量把关和知识传承的作用。因为代码需要长期维护,所以很多人自己提交的Patch自己维护,往往图快而不管后期的维护;而只有采取内部开源并真正运行的项目,代码评审才能真正落到实处。因此可以想象到,一来贡献者写的代码能被更多工程师看到,写得太烂会损害贡献者的技术口碑;二来贡献者提交的代码需要维护者进行长期维护,所以维护者需要特别仔细地评审别人的代码。通过严格实行代码评审的项目,代码质量会比其他代码评审流于形式的项目高出一截。

很多推行内部开源实践的公司实际反馈,实施内部开源的项目,在软件的代码质量上有较大的提升。

促进代码复用

做工程师都知道,写代码的时候如果重头自己写,是远远赶不上复用别人已经写好的代码。因为别人可能更专业,可能经过更长时间的研发和测试,并已经在线上经过了大流量的验证,成熟且稳定。所以复用别人已经写好的代码,是资深程序员开发效率高的一个秘诀。

在企业内部,大量相似的场景下,很多需求其实已经被不止一次地实现过了。所以"Search before you code",如果在代码库中通过lib库调用的方式参考别人已经实现的代码,可以大大加速研发过程。当然这需要先把代码开放出来,而且能被索引到,方便更多工程师搜索和参考。

提高人员能力

一般工程师的能力提升是从工作中来,70%是日常工作,20%是业余学习,10%来自与其他人的交流学习。如果项目本身的团队氛围很差,或者能力不够,那么在这个团队里面工作,技术能力提升很慢,但如果当这个同学可以参与到更多内部开源项目中,他可以了解其他高手的代码、别人做的架构,进而得到更快的成长和提升。而且工程师可以很方便地跟心目中的高手进行直接代码级别的沟通和交流。

举个例子,像谷歌的内部工程师们最喜欢做的事情之一就是每隔一段时间去代码仓库上看看Jeff Dean写的代码。Jeff Dean是谷歌的一个杰出工程师,他最为人所知之处在于他是GFS/Map Reduce/BigTable的论文作者,同时也是TensorFlow的创始人之一。过去的两个新技术时代(大数据和人工智能时代),他都是领军人物和开创人物。他作为Google的杰出工程师,还在坚持写代码。所以谷歌内部工程师很喜欢每周去看看Jeff Dean又提交了什么代码,他写的代码怎么样。因为谷歌内部的源代码都是采用内部开源的方式在运作,绝大多数的代码都是全员可见。所以内部开源后,可以把"墙"打开,直接看到厂内其他人的工作,可以跟一些高手直接去沟通,比如可以给他所负责的项目提个Patch,然后这些资深工程师可能跟贡献者反馈说,"你这里写得不好,那里还可以修改",而经过这样的沟通和交流后,工程师能力的成长是非常快的。

有助于提升员工满意度

现在的工程师,尤其是毕业时间不长的工程师,都是开源软件的受益者,从大学开始到毕业都习惯使用开源软件,也对开源社区的协同工作方式有一定了解,我们称之为数字原生代的工程师群体。如果这些工程师进入企业工作后发现,所在团队用的还是陈旧的技术栈,需要他去维护一堆很烂的祖传代码，还是在一个特别封闭的环境里，技术上沟通交流比较少，自身成长速度也很慢。大家可以想象一下这个工程师的心情是什么样的？只要外界稍有诱惑，他就会跳槽。

所以，对于企业的员工来说，尤其是对自己有较高要求的工程师员工，他们更接受一种开源协同的开源社区的工作模式，而内源非常有助于让他们感受到这种工作模式。

另外，代码全员开放，员工能深深感到被信任。

打破部门"墙"

内部开源有助于打破部门间的壁垒，使得部门间的合作更加通畅，效率更高。

很多公司在规模变大之后，往往会发现出现了部门"墙"，而且规模越大的公司，部门"墙"越厚。因为部门或小组的负责人，往往认为他是这个部门或小组的owner，ownership的职责是控制一切他能控制的来降低风险，包括代码。

举一个非常简单的部门"墙"的例子。一个项目内的开发和测试，往往分为两个小组，有各自的代码仓库，而且互相不可见，中间的交互通过设计文档和接口文档来进行。开发只负责自己的代码研发，按照接口文档和设计文档完成开发任务之后，交给测试团队，测试团队再根据文档来进行测试。两边互相看不到代码，即测试看不到研发写的代码，研发也看不到测试写的代码。显然，这种开发和测试的连调是极为低效的。测试工程师写测试用例，发现根据接口文档写的无法运行，他要去定位原因，就得跟负责这个接口实现的研发工程师详细沟通，如果涉及其他模块，还需要引入更多工程师来进行沟通，以完成问题的定位，因为测试工程师看不到研发工程师的代码，同样，当研发工程师更新代码之后，发现原来能跑通的测试用例运行失败了，研发工程师得去跟测试工程师进行沟通，确认测试用例失败的原因，因为他也看不到测试工程师的测试用例代码。这种开发和测试之间的部门"墙"，导致开发和测试的效率比较低下，严重影响整个研发效率的提升，所以在研发效能领域，推行几个常见做法：开发和测试代码同源，即测试和开发的代码处于同一个代码仓库里，便于互相查看和参考；开发和测试共同对代码质量负责，共同维护测试用例的健康运行。

把这个小小的实践推广到开发和运维领域，即研发团队和运维团队，打破部门"墙"，共同对研发运维效率负责，共享该项目的研发代码和运维代码，这样能进一步加快研发迭代的速度，这就是最基础的DevOps实践。

显然，一个项目组内还有开发、测试、运维的部门"墙"，多个项目组外有更多的部门"墙"实际存在。他们大大降低了公司整体的研发和运维效率，减慢了产品迭代的速度。而内部开源，有助于打破部门"墙"。

减少重复造轮子

重复造轮子，是很多大的科技企业高层技术管理者心中的痛。

笔者在国内多个大厂工作过，目睹了大厂内部很多的重复轮子，比如某大厂B内部，基于Kubernetes上开发的容器管理部署平台，每个BG（Business Group）至少各有一套，个别BG内部甚至有四五套，整个集团有10多套基于不同Kubernetes版本开发和运维的平台，而负责每套平台研发和运维的工程师人数并不多，他们只负责支持各自的业务，技术能力和运维经验都比较欠缺。用该大厂技术资深副总裁的话来说，都是"低水平重复的轮子"。

原因之一是团队的中层管理者往往有很强的扩充团队的意愿。因为很多中层干部晋升的条件是看其管理多大规模的团队，所负责管理的团队人数上去了，也很容易获得晋升。所以他们有很强的驱动力来不断扩大自己所管理的团队，只要有人员预算，他们就倾向于多招聘人力。但是由于这些管理者自身的技术能力和技术眼界所限，往往看不到业务技术相关的成长点和突破口，更喜欢在依赖的底层基础平台上做一些定制的优化。例如在分布式存储上、分布式计算上投入人力进行研发，结果就会导致底层基础平台在集团层面有多个重复的轮子。

原因之二是底层基础平台的人力往往也不能满足各方需求，他们可能会按照支持业务的优先级来安排人力，比如优先主航道的业务，创新业务的支持就不太配合，所以给出的排期可能达不到业务线的要求。而且底层基础平台的代码对于下游团队完全不可见，即使下游团队有人力、专家，也很难投入进来帮助底层平台进行改善，更多只能靠上层领导的交涉来获得更多资源和更好的排期。

以上是导致技术公司内存在大量重复轮子的主要原因。当然还有业务研发部门的工程师希望能有自己学习和锻炼的机会，便于在技术职称晋级中获得较好的利益原因。

内部开源，可以减少重复造轮子的现象。首先，它在内部代码公开，只需要有很好的代码搜索工具，就能看到有多少重复的轮子。对于团队管理者来说，如果想扩充人力投入到底层技术设施上，从代码层级就很容易被发现；另外，代码内部开放之后，如果对底层平台有新增需求，业务团队可以投入人力去贡献代码。一来可以实现业务团队所需要的功能；二来可以帮助平台团队来完善平台功能；三来从公司整体层面来看，也没有重复的轮子，没有人力和资源的浪费。这是三赢的局面。另外业务团队的工程师，如果有意愿和能力，也可以通过内部开源对底层平台进行贡献，来提升自身技术实力和影响力。

激励创新

最后，内部开源有利于内部创新。

先说说比较大的产品创新。有些企业创建专门的创新业务部门，招聘一些工程师来完成创新业务的研发。因为创新失败率很高，失败之后往往会出现部门调整并导致裁员。所以该部门的研发往往非常短视，心气也极为急躁，很难静下心来进行细致和长期的投入。与之相反，

德国Bosch的创新则通过内部开源进行了非常好的尝试。他们每个创新项目只有一个全职工程师，其他的研发人员都是通过内部招聘，招聘有意愿、有能力的工程师投入他们10%、20%甚至50%的时间来参与。因为该项目的负责人和参与工程师，都是自愿，有很强的自我驱动力，所以创新的效果会比较好一些，而且动用的人力规模不大，人力管理也极为灵活，所以这种模式比较容易长期坚持。

另外内部的创新，还有大量来自各个部门细节调整和优化。如果开放了代码，降低了贡献门槛，很容易激发和吸纳各个相关团队工程师的创新，这里就不一一举例了。

为对外开源做准备

企业内部的研发模式和开源社区的研发模式有很大的不同。最基本的有如下三点。

- 影响力和地位不是通过头衔或职位来表达的——靠的是在项目中的贡献。
- 源代码和决策的透明度都是至关重要的——对话或决策的过程和结果尽量公开。
- 支持异步的协作是必须的——支持异步交流和多样性的文化。

当一个团队因为种种商业原因，需要把内部的项目对外开源出去，也需要采纳和习惯开源社区的工作方式。但是在把代码开出源去之前，先采用内部开源的方式运作，让团队的工程师了解和熟悉开源社区的运作模式，无疑对之后的对外开源研发和运营是非常有帮助的。

事实上，国内不少大厂（如腾讯、百度等），要求对外开源的项目必须先在内部开源，完善相关的文档和基础设施，磨炼团队熟悉开源社区的沟通和研发模式。用一位著名的开源办公室负责人的话来说："如果这个项目在公司内都找不到用户和贡献者，就不用对外开源了，即使对外开源出去也是没有前途的。"

当然，内部开源也有很多挑战。

因为需要改变传统的研发文化和研发习惯，而这种改变总是很难的。

笔者和国内多位同时参与企业内部开源推进和对外开源推进的朋友有过很多的沟通，深深感受到相对于对外开源，在企业推行内部开源，要相对困难一些。

我们讨论并总结如下三点主要原因。

- 中层管理的冲突，中层的经理往往有地盘意识，非常有意愿扩大自己的团队和地盘，往往只要有人员预算，总能找出一些进行局部优化并提升局部效果的地方，就会以此名义建立各种团队进行相关的研发，从而造成了重复的轮子。
- 平台的提供方往往缺乏跟贡献者的沟通能力和协作技巧，不信任外部团队，不太愿意做导师或者缺乏做导师的知识。
- 平台的消费方没有时间或者意愿对这些平台做贡献。

无独有偶，国际内源基金会InnerSource Commons发布的《2021年度内源现状》（参见https://innersourcecommons.org/documents/surveys/State.of.InnerSource.Report.2021.pdf），是国际内源基金会对国际上500+推行内部开源的知名企业的负责人或者参与人在线调研后进行数据分析和总结之后得出的报告。其中分析最影响内源成功的三个主要障碍如下。

- Lack of middle-management buy-in（中层管理人员不支持）。
- Not having enough time to contribute（没有时间来做贡献）。
- Lack of familiarity with InnerSource principles（对内源的原则不熟悉）。

针对这三个主要困难，解法如下：

- 中层管理人员不支持。这需要来自企业管理层的强力支持。没有来自C-level的技术管理层从上到下的推动，很难大范围地推动中层经理来支持内部开源。所以需要CTO/CIO或SVP之类的技术决策层，从上到下制定相关的内部开源战略，并设定相关的组织来落实。落实过程中，需要制定政策、流程，并完善相关的工具来方便工程师进行贡献。
- 没有时间来做贡献。根据在多个大厂的实践表明，我们鼓励两种场景下的内部贡献。一类是技术平台或者技术工具的用户，他们需要使用这个平台或工具来完成工作，但是有新的需求而维护团队没有人力来满足这些需求，他们"自挠其痒（Scratch Your Own Itch）"，就不愁没有时间来进行贡献了。因为这些贡献是跟自身工作相关，结果是实现自身业务的需求，这些贡献能充分体现工作的价值，所以完全可以在工作时间内完成。这类贡献是内部开源贡献的主流，所以不愁没有时间来贡献。另外一类，是基于工程师强烈的个人意愿和主动性，他们在想学习新技术，或是想体现更大的价值时，往往愿意在工作时间之外对他们感兴趣的项目来进行贡献。以上两种场景下，工程师都是有时间或者愿意挤出时间来进行贡献的。推行内部开源的同学注意，可以通过完善的流程和工具平台支持，降低他们的贡献所需要的成本，并放大他们贡献的价值（可以通过内部各种PR加强他们的个人口碑或技术影响力，或通过该工具的更广泛落地让更多人使用从而体现他们的价值）。
- 对内部开源的原则不熟悉。这需要内部开展大量的运营或PR工作。在公司内部，同样需要技术运营工作。可以通过各种运营活动，如面向新员工进行线上、线下培训，使其一入职就快速了解内部开源；或者组织内部开源比赛，如常见的黑客松大赛、黑客之夜等，针对某些比较流行的内部开源工具，组织贡献比赛，让贡献过程更轻松以及更有趣一些；也可以组织各种内部开源项目和贡献者的表彰大会，表扬在内部开源过程中表现出色的项目负责人和贡献者，树立公司内部的标杆，号召更多人向他们学习等等。

这些都是常见的内部技术运营手段，可以结合各自企业内部的传统和人力情况，进行综合的考虑和安排。

InnerSource和DevOps的关系

同时，InnerSource和最近10多年在科技企业中推行的DevOps关系十分密切。

他们是互相促进而且互相成就的关系，就像Soul Mate（灵魂伴侣）一样，非常地贴合。

DevOps是一组结合了软件开发（Dev）和IT操作（Ops）的实践。它的目标是缩短系统开发生命周期，提供高质量的持续交付。

DevOps在业内内部研发的实践推行，能带来如下的好处。

- 更短的交付周期。
- 更高的上线成功率。
- 更频繁的交付次数。
- 更快的错误恢复时间。

来自Dora的报告"State of DevOps 2019"，DevOps实行好的团队，即精英团队，非常认可内部开源的价值。因为DevOps和InnerSource的关系非常密切。

如图3所示，概括了两者之间的关系。

图3 InnerSource与DevOps的关系

- 首先两者的目标是相同的，都是为了提升效率。内部开源的出发点是复用（Reuse），DevOps的出发点是自动化（Automation），而复用和自动化正是提升效率最基本的两个方法。这个原因也是导致很多公司的内部开源推动者和DevOps的推动者都来自该公司的工程效能相关的部门。例如，百度、招商银行等都是通过研发效能部门来发起内部开源和DevOps实践的。

- 其次两者能够互相促进。例如DevOps相关的CI/CD工具，可采用InnerSource的方式共建；来自InnerSource社区的各种要求，可以帮助DevOps的工具更好地迭代。DevOps同样可以帮助InnerSource。有了代码Review等工具的支持，跨部门作贡献更容易；有测试用例和测试环境等的支持，跨部门贡献更有信心。

- 最后，他们又是基于相同的价值观。

DevOps和InnerSource都是基于"开放、透明、协作"同样的价值观。这个价值观就是开源社区运行良好的保证，也是被广泛推崇的Apache开源软件基金会的精神"The Apache Way"。InnerSource是在企业内部推行"The Apache Way"，同样遵守这个价值观。

DevOps要想在企业研发内部运作良好，同样需要研发团队在基于"开放、透明、协作"价值观上的紧密合作。因为DevOps的几个主要的工程实践，无疑都是基于这种价值观的。

- 持续集成：这需要研发团队中开发工程师和测试工程师紧密合作，互享代码和责任，才能支持代码提交之后编译、测试、打包等自动化完成。

- 持续部署：这需要研发测试团队和运维团队开放、透明协作，才能持续把代码完成、持续集成后，继续部署到线上真实环境，并持续进行监控。

- 质量内置（Build Quality In）：即在研发运维的每个环节都控制好质量，每个环节都跟质量工程师、运维工程师紧密合作。

- 不责备的事故复盘（Blameless Post-Mortems）：即事故复盘要做到有效果，也需要在开放、透明、协作的基础上进行。

其中对于事故复盘，我重点说下，因为在国内的科技企业内实行很差，甚至在某些上万工程师的知名大厂内推动DevOps很久了，但是在这一点上依然做得很不好。

现在的计算机系统非常复杂，很容易出现事故，出了事故一般需要进行事故复盘。但是传统的事故复盘，往往是这样进行的：把相关的人聚在一起之后，职位最高的Boss扔下一句："说吧，这事故是谁的责任？"。然后就能看到疯狂的甩锅现场表演。最后一个甩锅失败的人成为"背锅侠"，他来承担事故责任。他被放到一个"hot seat"（审批犯人所坐的椅子）上，然后其他人对他进行各种追问，来找出这个事故的根本原因（Root Cause），并讨论采取什么行动计划来确保这种事情不再发生。关键部分是对这个事故进行定级，视事故的级别对事故人进行一定的处罚。此外，还能看到一个长长的改进任务列表，列出各种长期和短期的任务，从流程上或者意识上避免再犯类似的操作。往往能看到一些诸如参加安全操作培训，加强安全运维意识，以后线上操作更小心之类的改进事项，看似正确却无法监督实施效果的措施。很遗憾，这种任务列表上的任务基本没有得到跟进。

这种复盘是一种Blame Game（甩锅游戏），并不适应现代快速发展的系统架构和云基础设施的要求。在这种Blame Game的环境下，承担责任的工程师会以一种沉重的心情来进行事故复盘，他最后会很不愉快地快速接受责任认定，那么事故过程中的各种场景不会得到很好的回放，也就不能充分说明当时的场景，同时因为快速得出结论，事故中涉及的各种架构和流程问题不能得到很好的澄清，也不能在团队里促成很好的知识传递。那么即使换了一个人，同样的事故也不能避免发生。

笔者非常不认同这种聚焦在责任事故和负责人认定的Blame Game，因为现在的分布式系统各种依赖，非常复杂，出现事故是在所难免的。首先，其中的网络故障是非常难以避免的，而且不可控；其次，硬件设备也非常容易出错，我们在IDC中购买和使用的硬件都是相对廉价的设备（相对于专有的可靠性非常高的硬件），出错率也是比较高的；最后，软件是人写的，也一定会出Bug，即使我们把各种操作都自动化，那些自动化的脚本也是人写的，也存在Bug。所以，在Google的SRE中写到，为什么100%的可用性是不实际的目标。

另外，回到人为错误上，犯错误本身就是做创新性工作的不可避免的副产品。现在的竞争环境下，要求我们以越来越快的速度进行迭代和试错。所以每天10+的部署也是很正常的一件事情。在这种情况下，如果害怕事故，害怕出错，是根本没法做到如此之快的开发部署上线的。因为在这种环境下，工程师会选择能尽量少做就尽量少做，能尽量不做就不做，不会采取一些创新甚至冒险的方式。

最后，DevOps的实施离不开一个信任和合作的文化，而这种文化的建立，是需要在开发团队（Dev）和运维（Ops）中建立起信任。很显然，甩锅游戏会极大地破坏这种氛围，导致无法真正建立起团队的信任，即使他们两个团队被强行捏到一起。

正确的做法是本着非常严肃认真的态度，召集所有相关的人员，进行事故现场的回顾；然后认真地分析，包括对这种事故，我们如何能更快发现？如何能更快地定位和止损？如何从架构上做出改进，来实现自动容错？要点在于把每一次事故当作学习的机会。复盘会上应该创建出一个安全的氛围，然后基于开放、透明、协作的精神，分析当时事故的各种现象，相关人员采取的行动和产生的后果，才能获得详细的一手信息进行事故现场的回放，才能正确定位到事故的原因。然后把时间花在重点分析如何能尽快发现、尽快止损、从架构上做到自动容错维度上。

其实就是需要在开放、透明、协作的价值观上，推行DevOps才能推行得好。

内部开源方法论和总结

如图4所示，是笔者总结出来的内部开源实施框架。

针对这个框架解读如下。

- 要把内部开源做好，首先需要公司领导层的支持，需要从上到下制定各种政策、规章制度、奖励制度来促进代码开放，促进部门间的协同，这是从上到下的含义。

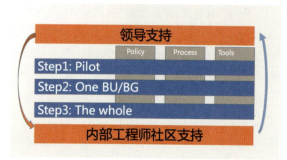

图4 InnerSource 框架

没有领导从上到下的支持,内部开源的项目做不大,因为无法长期投入很多的人力进去。

■ 其次是内部工程师的社区,这个社区必须要有活力和创造力,可以从下到上为整个内部开源做很好的支撑。否则,从上到下进行内部协同的命令很好下达,影响绩效评估的机制也好制定,但是一纸公文发下去,却应者寥寥。因为内部工程师需要感受到氛围,也需要被调动起来,他们需要看到榜样,只有通过很多的运营活动,才能把这些政策、流程、优秀人物传播到面前,才会有更多的人参与进来。另外,人和人的互动才能产生更多的创意和协作,因此,一个活跃的内部工程师社区能帮助建立起很多的连接、人和项目的连接、合作者之间的连接、项目技术开放方和项目技术使用方的连接。只有这种连接多了,才能产生奇妙的化学反应,激发出工程师更多的创新性和灵感。

■ 最后的实施步骤环节,第一步,可以先找一个项目来试点;第二步,再找一个部门来试点;第三步,推广到全公司。每一步都需要制定相应的政策和流程,还需要相应的工具来配合。大家千万不要小看这个工具,工具非常重要,包括代码协作平台、代码搜索和项目合作平台等。

总体而言,内部开源作为一种学习优秀开源社区运作经验的方法,应用在公司内部能发挥很好的作用,能够加强代码质量、加强工程师文化、减少重复造轮子、激励创新等。

谭中意

企业智能化转型开源社区——星策社区发起人,在Sun、百度、腾讯有超过20年开源开发、治理、运营经验,国际内部开源基金会InnerSource Commons Foundation正式成员。

大厂做开源的五大痛点

文 | 开源圆桌派

根据Gartner及Linux基金会的调查报告，企业平均有29%的软件代码来自开源，在"开源吞噬世界"的背景下，国内大厂先后将关注点聚焦在开源之上。其中，不少互联网企业更是为开源成立专门的组织机构，如早在2015年，阿里巴巴便成立了开源委员会；腾讯在2019年也正式成立开源管理办公室；2022年5月，字节跳动在内部邮件中正式官宣成立"开源委员会"；其他如华为、百度同样也在内部成立了类似部门。大厂为何纷纷成立专门的开源团队来拥抱开源？《开源圆桌派》特别邀请到三位极具代表性的开源大咖，与大家分享大厂开源秘籍，共同推动开源成为企业发展的强劲动力。

任旭东
华为首席开源联络官
开源与开发者产业发展副总裁

陈泽辉（Keith Chan）
CNCF中国区总监
Linux基金会亚太区战略总监

单致豪
腾讯开源联盟主席
腾源会导师

唐小引
CSDN《新程序员》
执行总编

大厂开源的现状

唐小引： 从企业角度来看，华为在Linux Kernel贡献上一直处于领跑地位，腾讯也是GitHub全球贡献前十的公司，可否分享一下华为、腾讯两家公司在开源方面的最新进展？

任旭东： 华为在国内算是接触国际化软件社区比较早的企业。最早于2000年，华为开始了解开源。在2008年，作为最早一批Linux基金会成员，随着Linux基金会一起正式把开源引入到了国内。2010年前后，华为也开始加入各个国际开源基金会。多年来，华为随着业务的拓展，"硬件开放、软件开源"已经成了华为的战略发展方向。我们越来越拥抱开源，越来越积极地参与到开源组织中去，并在各个开源社区的关键席位积极地贡献代码、参与社区活动和讨论。我们希望未来能立足中国，立足亚太，发起更多中国自主原创的开源社区来活跃开源生态。

单致豪： 腾讯开源始于2010年，那时腾讯将战略方向调整为"拥抱开放"，这也是腾讯文化的基因底座。我们开始倡导代码的共享复用，结合内外部开源相结合的方式来制定腾讯的代码文化。我们有很多优秀的微创新和自研的技术，会通过腾讯整体开源的策略来对外开源。

2015年，我们不同专业线的专家聚集在一起成立腾讯开源联盟，指导腾讯对外开源项目。

仅在2016-2017年的一年间，腾讯爆发式对外开源20多个项目。2019年，腾讯成立了开源管理办公室（OSPO）的虚拟组织，横向拉通法务、合规、知识产权、商标版权、公关、市场运营等不同部门的人来更好地服务腾讯对外开源项目。近两年，我们的开源项目逐渐增多，也参与了很多国内外的开源基金会。整体而言，腾讯开源产业还在不断向前探索，也希望更多人加入开源的浪潮中来。

大厂做开源痛点之一：企业内部成立开源组织带来的误解

唐小引： 国内外的大厂都会以成立开源办公室或者开源委员会的方式做开源，对于这种新成立的部门，公司领导和其他部门会有什么样的误解？正确的做法又是什么？

陈泽辉： 目前，国内的开源办公室的发展越来越好，有很多公司领导开始关注和推动开源，但也有些领导不太了解公司的开源战略。什么是开源战略？这取决于公司希望用开源来做什么。比如有的公司是打算用开源招募人才，还是打算把开源作为降低成本的工具，或是利用开源做品牌效应，还是用来打造开源商业模式等，公司往往会面临这些问题的考量。或许有很多开发者非常愿意去作开源贡献，但是领导不知道员工这些努力对公司有何作用，所以可能没有及时给到支持。国内外都有这类事情的发生。我们需要让领导了解开源战略的价值，这样才能够形成支持力量，让公司里更多的开发者参与到开源，吸引更多的开源人才。同时，公司对于领导层的培训也是有必要的。

任旭东： 向上沟通是很有必要的。首先在企业做开源，不是个人能完成的，结合企业的商业战略来落地是产业发展的有效手段。支撑战略的开源决策必须慎重，在企业内部要慢慢构建一种"优生优育"的过程，让开源从一开始就谋划清楚。这是慎重的决策，不是轻率的行为，需要由商业领袖来发起，才可能更好地落地。企业做开源绝对不能为了开源而开源。要从了解不同信息开始，最终回归到企业的正常运转。既要商业的成功，还要战略的执行，让公司业务跟开源相结合，并互相促进，这才是真正做开源的关键。

单致豪： 2019年，腾讯发布了两大技术战略，即"开源协同"和"资源上云"，它是整个集团对开发者的要求，要求所有开发者参与到开源协同上来，把开源应用好的对外去开源，它是一个集团战略的组织。

以前腾讯的代码在不同小团队间是看不见的，现在腾讯内部的开源率达到80%以上，任何一个毕业生或是新人进来腾讯，可以看到其他团队在研发的项目，他可以从这里获得自己成长，所以代码贡献率整体增长很多。2021年通过开源协同，腾讯成立了十大领域的技术委员会，来辅导不同领域里的OT协作。对外开源方面我认为需要更多商业领袖去支撑，把开源项目健康地运作起来。

大厂做开源痛点之二：开源项目如何衡量好与坏

唐小引： 如何评估开源项目做得好不好？开源有哪些坑？

任旭东： 开源很容易被简单地指标化。但开源的好处不是短期内能轻易看到的，开源项目也很难直接从开源软件本身获取收入。同时，开源人才非常难得，也希望有越来越多有志于做这件事的人才加入这个群体中。

我们认为将软件拿出来开源并和业界伙伴共创，是真正对产业生态发展有利的。做开源的过程中，我们看重的是它带来生态的繁荣。在生态的繁荣之后，再让我们回归华为擅长的硬件的服务器、芯片以及手机的终端产品等中来，让用户能在更广泛的场景下体验最好。对于华为，核心是在主业务上形成商业闭环，并不直接依托开源软件本身来获得收入。

单致豪： 现在做开源，为爱发电不一定能成功，得跟商业结合起来，需要有商业的闭环。目前很多人在参与开源的时候也会有一些误区，比如有些人会为完成KPI去社区里提交无效的Commit，或者是为开源项目去增加Fork数。一个项目的成功十分困难，项目的生命周期与企业跟个人在不同时期的目标需要形成一个平衡的关系。如果我们经常只拿Star与Fork数作为增长的指标，实则会形成误区。

看一个项目的成功，其实还是要让开发者获得成功，把贡献者的满意度或开发者的贡献体系考虑到位。对于不同类型、不同阶段的开源项目要有不一样的关键指标，不断调整才能让开源项目往前推进，不同阶段我们要做的事情是不一样的。2017年，我们开源了一个微服务开源框架SIA-TASK，开源之后制定了三年计划，其实整体是按计划去推进的，但是很多时候看项目是不能预测未来很长时间的，三年计划已经很长了，因此需要根据实际情况及时调整。

大厂做开源痛点之三：开源是否要设定OKR?

唐小引：到底要不要制定OKR?

陈泽辉： OSPO（Open Source Program Offices，开源项目办公室）的指南很明确地告诉大家怎么去设定OKR，但目前对于是否要制定OKR也有争论。有些人觉得根本不能设定OKR，因为他们认为开源战略没有定下来。如果要用开源来招募人才，但只是设定招多少人才肯定是不行。因为它需要有一个过程，开源需要有文化、名声才可以吸引到更多人，如果要吸引人才，首先要建立自己的名声。一开始设定很大的OKR是不行的，但可以从过程中寻找小OKR，这是可行且有必要的。如果没有OKR，往往会有很大的问题，就是你的领导不知道你在干啥。

任旭东： 我认为用KPI、OKR来考核从事开源的人绝对是不够的。但是在公司的团队，如果没有指标去度量，很难去自我观察，因此该手段要有，但是怎么应用，以及应用的目标需要清晰。如何应用KPI、OKR，是对主管上级更大的挑战。如果仅仅是为了简化上级的管理，那就违背了KPI和OKR的初衷了。KPI和OKR本质上没有大区别，只是一种载体和形式。怎么共同协作完成，核心还是要跟主管沟通，针对目标的达成以及过程上怎么应用KPI或OKR。

当要在不确定性较大的业务做开创性的事情，这时需要建立实施标准，它是一个领导的工作，也是一个创新性的工作，是非常难的挑战。所以我认为要有OKR，我的OKR也是希望中国的开源环境更加浓厚、开源土壤肥力进一步提升、开源要素更加齐备，无论从基金会还是代码托管平台，或是高校开源人才在开源社区的活跃度都更高，能力提升得更快。这样对于企业来说，无论是招聘人才还是在人才进来后去做开源工作都会更得心应手。

所以设定具体的KPI，我们在过程中也会用来监督执行，但不是以完成度来简单评价，因为对于挑战性岗位的人才，通常会去设置更挑战的目标，最终的KPI只是用来度量，因此在考核上对这个群体甚至有更大的灵活度。核心还是对岗位的识别、对人才的识别和对考核指标的应用，这些都是要不断去突破和创新的。

单致豪： 腾讯的技术战略中，开源协同是我们要落地的一个大目标。开源协同首先是内部开源。内部开源有三个价值：

- 减少重复投入，同样的技术不反复投入；
- 提高研发效率，通过运营提升研发的效率；
- 降低整体的运营成本。

其次是外部开源，把优秀开源项目对外开源，新的前沿项目对外孵化，通过开源项目吸引更多开发者参与进来形成技术产品，能在云上去论。同时技术产品能给腾讯带来技术上的回报，即整体闭环的原则，也引入外部开源项目，引入之后会有相应同学参与到开源项目的PCM里去做重要的协作。

还有就是OpenJDK，腾讯的叫Kona，这个项目不但在外部开源，内部也有大规模应用，这是比较综合的方式。总体来说大目标还是开源协同，通过开源技术，商业化的运作带来商业回报。

大厂做开源痛点之四：开源岗位的晋升规则

唐小引： 做开源工作在华为和腾讯是什么样的晋升机制？

任旭东： 以前说开源好像在大公司属于少数派、小兵种，很难得到主流评价的认可。但经过几年摸索，让开源回归到商业和战略，它就不是个人行为，是一个团队和战略的行为，团队和战略需要这样的专家队伍来成长，所以这几年通过先从战略和产业的流程上把业务梳理清楚，如果需要开源就开源，不需要开源的绝不能盲目开源。这一步做到后，发现在这些人才长期的选用、预留的过程中，他们的激励是一个问题。我们在相应匹配的评价体系和专家委员会的共同成长的圈子、体系的建设上一步步完善，包括现在HR领域体系的跟进。在任职资格通道上，开源都是留有发展通道的。所以这部分在华为是逐步解决了，同时甚至打通了破格提拔的流程。

如果说你在外部关键社区通过个人真正的影响力和努力获得必要的席位，在内部可以匹配到相应的技术等级。这个技术等级对再去任职相应岗位是非常关键的。当然每个人有不同的发展和追求，有人喜欢在研发上钻得很深，有人喜欢在商业销售上发展，都是可以的。所以现在合理地建立了一条让开源专家愿意来从事以及可以在公司晋升的通道。

单致豪： 每个公司都有自己的文化跟考核的标准，有些公司考核开源会考核Commit数量，有些会考核项目能不能成，有些会考核项目能不能获得商业回报，每个公司考核的情况不一样。

腾讯对开源贡献多的人有很多激励晋升的政策，逐渐形成开源文化，让每个人都能参与进来。在开源协同，腾讯的开发者已经有很深的认知，也不需要更多的宣导，主要还是给予激励措施。我们有双月的激励，包括优秀个人的激励，根据贡献者的贡献文档、PR的质量等综合去评分，来激励踊跃参与到开源社区的人。这在晋升时有很大优势，因为作为腾讯的T12专家，要有很好的个人影响力。通过开源贡献塑造个人的名片，会给他在晋升上带来很大优势。

大厂做开源痛点之五：集中力量vs各自美丽

唐小引： 大厂开源是集中力量办大事，还是各自美丽？

单致豪： 集中力量办大事更好，但很多时候是从各自美丽开始。

很多企业都是先参与开源，了解开源，再加大投入，最后才会参与到更大的开源生态中。其实开源就是集市，大家从大教堂里走出来，一起参与社会的开源运动。开源不是零和博弈，是共赢游戏，需要更多人参与到中立组织里，通过把项目做得更多样化，让项目更健康地往前滚动，为整个开源生态注入更多活力。其实每个项目之间有不同的担保托管平台，平台有不同的优势和差异化的点，所以是集中在某一个社区，还是分享在不同的社区，都是不同时间、因素形成的最终结果。

另外，我想举个例子，谷歌以前开源的一个项目叫Istio (https://istio.io/)，2022年，谷歌将其捐赠到CNCF。在此之前，谷歌的Istio委员认为这是谷歌重要的开源资产，不应该捐到外部开源组织，它应该和谷歌自身的商业形成很强的闭环，但最终谷歌还是决定捐到CNCF，这也彰显了整个开源的浪潮还是从更开放、集中一起来办大事的理念来决定未来开源的发展。

任旭东： 我觉得开源是丰富、多元的，特别是数字化后，意味着各行各业有更多程序员出现，这是数字化和智能化社会的必然，也是我们公司的愿景。所以在这个过程中，大企业要有自身的担当和责任，集中力量做框架性的、操作系统级的核心基础软件，或更偏向基础研究和社区的东西，因此更好的协同是有必要的。

各自美丽，给程序员更多选择也是好的，说到底是集中力量还是各自美丽，要按企业的战略以及在产业中的自我担当和定位。但我更加呼吁，敢于打破脑子里的禁锢，除了遵守开源界"不重复造轮子"的文化外，更多要学习，敢于找更有价值的、解决问题的轮子。敢于创新和突破，程序员需要更活跃更创新，企业里的工程师和做商业的人也要敢于去创新和突破，这是我想要强调的，集中力量办大事肯定是希望大企业能担当起来。

陈泽辉： 现在有很多单打独斗的开源项目，它想要建立生态是挺难的。但用开源共建共创的成功例子就非常多。因为一家公司的力量可能吸引不到更多开发者来一起共建，有可能这个单打独斗的项目就被大家共建的项目取代了。所以，我觉得实施要看到底是基础建设的项目，还是单独项目或者是其他，但一般来说，我们在Linux基金会的宗旨肯定是希望能够建大的生态，不要重复造轮子，而往往不共建的话，根本没有办法把产业生态做出来。

以上就是三位大厂开源代表在《开源圆桌派》的内容分享，让我们对大厂开源的现状已经有了一定的认识，也欢迎大家将大厂开源中一些好的经验借鉴到自己的开源工作中。相信在大厂和其他领跑开源组织的共同影响下，越来越多的人能够加入开源大潮中来，在这项人类共同锻造的伟大工程中贡献自己的一份力量。

◎ 开源深度指南 ◎

开源创业之路的探索与思考

文 | 李扬

近些年开源大热,开源创业之风随之四起。作为近两年特别火的商业方向,开源创业者如何才能在一片红海中乘风破浪,在行业中占据一席之地?第一个由中国人主导贡献到ASF的顶级开源项目Apache Kylin做出了有效探索,本文作者Apache Kylin联合创建者及PMC李扬,深入地分享了他在开源创业"非功能性价值"探索之路上的思考与实践。

如果用一个词形容目前的开源市场,想必就是"热潮"了。作为行业中的一员,我很欣喜能见证开源被热烈关注。互联网、云计算、大数据、物联网、人工智能等新技术不断发展,并与开源逐渐结合,为丰富的应用场景提供了支持。开源,作为软件行业创新引擎的地位不断增强,逐渐发展成强大的技术创新模式。如今,金融、零售、制造、电信等行业纷纷拥抱开源,开源已成为一种重要的科技创新渠道。本文将从开源项目Apache Kylin及其开源商业版Kyligence的创业和实践出发,分享经验,希望有所裨益。

开源发展,已经从蓝海变为红海

Apache Kylin起步较早,自2015年毕业于Apache软件基金会(ASF),成为第一个由中国人主导贡献到ASF的顶级开源项目,到目前全球有超过1500家公司正在使用Kylin。本质上说,它的核心是多维数据库,是一种特殊的OLAP引擎。我们期望通过智能化的技术与产品,让企业利用价值数据实现数字化转型,从而达成改变人类数据使用习惯的愿景。

正因身在开源以及开源商业化一线,我们能更直观地感受到开源市场的变化。随着开源项目爆发式增长,开源贡献者规模快速崛起,开源商业化公司市场也空前活跃。以纽约最大的风投公司FirstMark合伙人Matt Turck统计的AI & DATA Landscape为依据,如图1所示,可以看到很多垂直赛道中的开源项目已经暴增,从蓝海变成红海。

图1 AI&DATA全景图局部

在Apache Kylin专注的开源OLAP领域，从2019-2021近三年看，该领域出现的新项目已经呈指数级放量增长。我时常开玩笑，记得2015年Kylin从Apache软件基金会毕业后，行业里好像没有竞争对手，只有我们一家在解决这个问题。到最近不过短短几年间，美国和国内新涌现了很多不错的初创公司。

另外，从中国大环境来看，利好消息是：政策正在从战略上积极鼓励企业开源。《中华人民共和国国民经济和社会发展第十四个五年规划和2035年远景目标纲要》首次把开源纳入顶层设计，支持数字化底层技术建设，不断培育数字化发展新动能。

从《2021中国开源发展蓝皮书》调研情况来看，来自中国开发者、企业和科研机构的开源贡献在全球持续增加，获得越来越多的尊重和认同，中国开源的美誉度逐年提升。中国在全球开源生态中的整体地位也将同步提高，在一些优势领域将逐步占据领导地位。更重要的是，开源项目及基于开源的商业化产品逐渐在重要行业落地和使用，这不仅意味着开源已经从技术开放到产业开放，也代表着市场对开源的接受度大大提升，意义深远。我也不得不感叹，技术的精进、变革终究还是要到应用场景中去，这才是技术发展的"宿命"。

"数据是未来的石油"这句话大家肯定不陌生，用数据来驱动业务增长将是未来企业精细化运作的主要动力。但是因为数据源繁杂、技术间整合和平台间集成带来的难度，使得企业数据管理和分析的道路非常曲折。目前，开源项目Apache Kylin的用户主要来自海内外金融、零售、互联网、制造、通信等企业，而金融或是互联网企业一年在数据基础设施上的投入至少是千万到亿元级别。

基于数据驱动业务增长的行业需求与痛点，数据将被进一步地放量使用。当数据量暴增，企业该如何利用技术处理海量数据？IT成本该怎么优化？IT组织架构该如何调整以便于公司职员访问与使用？这些问题背后仍然有很多技术难题需要克服。

开源创业的"非功能性价值"探索

而今开源在技术创新、效率提升、成本降低等方面的优势进一步凸显，并成为各领域的技术底座。与此同时，我国数字化场景大爆发带来的信息技术栈需求缺口也在进一步扩大。开源作为技术创新引擎，将不断推动各领域技术发展，满足各类用户对"创新技术+敏态迭代"的需求。虽然开源讨论如火如荼，但新兴技术或者新兴领域的发展，无论技术层、市场层还是产品层，往往面临着人才短缺的问题。

对于开源发展的阻力，大家可以换个角度看。首先，人才问题也许不是人本身的问题，而是成本问题。有需求的企业需要用自己的技术人员来覆盖使用开源软件的成本，还是应该通过采购企业级开源商业软件来获得稳定可靠的服务？这是一大选择；其次，开源渗透进企业的另一大阻力是技术选择。前面我们也提到，目前的市场情况是开源项目种类繁多，且竞争激烈。毫不夸张地说，单就数据分析领域就有近二十个开源技术备选项。每个技术可能有开源版和企业版，这样一来企业进行技术选型以及结果评估往往需要花费不小的力气。以上两大选择都是我们实际接触到的"企业的纠结"。

开源以及开源商业化是市场环境中的常规路径，从创业者角度来看，我们并不焦虑，只需要将两个项目确定好边界，就能找到自己的立命之本。

以开源为基础，其技术发展的立命之本是什么？安全、可靠、稳定。

大家能够想象硬件也开源吗？其实硬件也有自己的开源市场。有没有这样一种可能：一台整车从硬件的设计到下面软件的架构，全是开源的？如果存在这种车，假如可以实现3D打印，你会打印出这样一台车供自己使用吗？我估计一般是不会有人这么做的。为什么？因为它不满足安全、可靠、稳定的刚需条件。回到开源的供应链条上，终端消费者会为什么付费？个人观点，他们不是为了一个功能付费。在数据分析领域，可替代功能性方案已经存在，企业用户最后都是在为系统的安全、稳定、可靠而付费，也就是为了非功能的部分而付费。

企业级的采购同样需要考虑"非功能性价值"，除了技术选型、人才支持、功能以外的"安全、稳定、可靠"价值也被看重。复杂度本身就是"安全、稳定、可靠"的敌人，在这个新高度上，能够解决非功能性问题的厂商会有更大的获利空间。

在云原生时代，数据使用与管理需求正在发生巨大的改变。对企业而言，如果平台不能"上云"，会越来越难以适应外界环境随时可能产生的剧烈变化。如何满足企业数据资产管理、固定/自助式分析、数据服务等需求就变得更加紧迫，因此让数据的使用门槛一降再降，且弹性灵活的云原生架构变得炙手可热。那么，开源创业企业如何满足这一类价值需求？我们将以一家云上企业的服务经验为例，分析其场景和痛点问题，希望能给部分SaaS企业以参考价值。

该企业是一家建站SaaS服务大型供应商，用户数超百万。这是一个典型的网站流量分析场景，场景业务模型相对稳定，但是它的技术挑战比较大。如图2所示，该企业早在2017年开始用Apache Kylin建设名为Analytics Platform的工具，其中的能力包括点击流分析、网页的PV、UV、访问设备、来源等这些经典的客户流量、网站行为包括留存的分析场景和模型。由于全球客户数量众多，而C端用户对于查询响应速度的容忍度极低，绝大多数查询需要在一两秒内返回，这也是To-C SaaS供应商在提供数据服务时面临的共性挑战。

此外，在用户完成建站后，后台的数据查询报表服务Analytics Platform会成为一个提升用户留存的重要触点。由于用户以非技术人群为主，需要的是简单易用、跟产品结合度高的分析工具，而第三方分析工具往往较为复杂、学习成本高，因此用户对平台自带的Analytics Platform依赖度较高。提供这样的分析服务的运维难度也很大，为了服务不中断，需要持续7×24小时维护。为保证用户的满意度和留存率，平台必须确保数据服务的高稳定性。开源Kylin的工具和服务在可靠性方面相对而言会更依赖企业本身的技术能力，需要企业不断优化总体成本（TCO）。这就要求企业既要考虑云上的资源成本，又要投入大数据技术人员的成本，也就是在传统的烟囱式建设下需要很多的数据工程师。

经Kyligence服务团队评估与测试，企业决定迁移到Kyligence Cloud平台。其非功能性价值优势如图3所示。

■ 释放IT生产力。可通过SQL的查询来自动优化业务模型。在模型使用过程的任意时间段，均可以人工灵活调整模型的设计，如增减关系表或分析维度、指标等。

■ 成本优化。传统的部署方式即云上的Hadoop+Kylin，部署后总体运营成本缩减主要来源是Hadoop集群优化，以云原生架构替代Hadoop的传统大数据层，减少了很多

图2 SaaS企业痛点和诉求分析图

硬件成本和大量的运维成本。

■ 有效支撑高并发。Kyligence Cloud背后的多维模型下的预计算能力可提供稳定支撑。当查询计算都预先完成，在线服务时的计算量就能够保持稳定，并且与原始的数据量几乎无关。

综上来看，赋予企业业务数字模型的能力，为企业实现自动化的数据服务和管理，是满足其功能性价值需求以外，开源创业企业需要格外关注的非功能性价值点。

找准定位是关键

开源技术发展要突破重重技术阻力，而开源创业则需要树立能力边界，找准定位。

找准定位分为两种情况，一是找准自身的优势，二是找准服务目标/市场。前面我们曾谈到人才问题，其实潜在客户分成两大类，一种是科技型行业，像互联网、汽车等。这类行业有自己的技术主心骨，不太会向外部采购技术。其企业形象就是技术型的公司，除非十分必要，否则会尽量避免技术采购。另外一种是传统行业，其定位是解决行业问题，如金融、能源、零售等。它的

价值是业务价值，所以技术对它来说是一种支撑，是一种基础设施，只要技术能够真正解决安全、稳定、可靠的问题，它愿意为此付费。因此创业需要树立最有价值的非功能性的部分，也就是企业需要找准定位，找到这部分增值优势。

从诞生以来，Kylin一直都有关系型数据库的能力，也常常与其他关系型OLAP引擎对比，但它真正与众不同的是多维模型和多维数据库能力。在2022年，我们从Kylin能力与优势、开源与开源商业版定位与目标、行业趋势与需求的角度进行了一次深刻的梳理。如图4所示，考虑到Kylin的本质和未来广泛的业务用途(不仅是技术用途)，团队明确定位Kylin 5是一个集统一、灵活、高性能、可扩展、云原生等特点于一身的大数据分析平台，用户可以在此完成众多数据分析，对接、支持、替换多种数据源，查询接口与计算引擎等工作。Kylin也将成为企业海量数据分析和指标管理的坚实可靠底座，让普通人看得懂和用得起大数据，最终实现数据民主化。

除了产品和技术定位之外，创业过程中客户服务也非常重要。开源商业版Kyligence要求"稳定第一、安全第零"。每当一个新安全漏洞出现，公司都会响起一级的

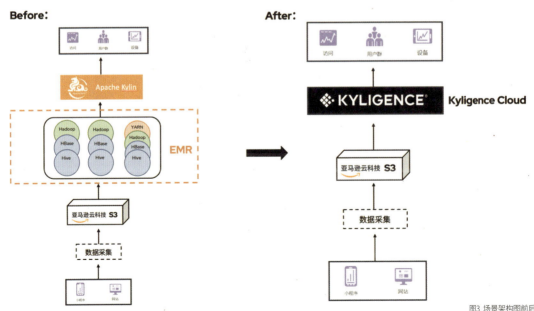

图3 场景架构图前后对比

开源深度指南

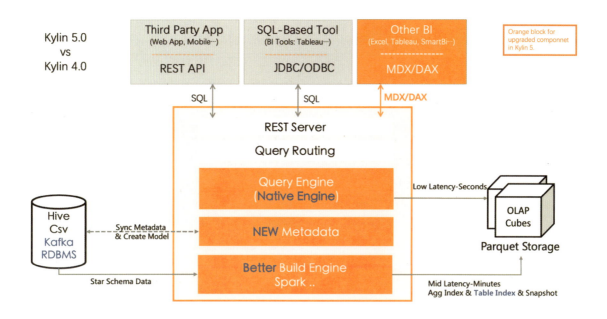

图4 蓝色和橙色区域为Apache Kylin关注重点（图片来源：Apache Kylin）

红色警报，整个产研侧第一时间调动所有的力量解决问题，并告知客户此安全漏洞是否与客户现在的生产环境存在关系。若没直接影响，我们仍会进行多方面的复查和方案准备，防患于未然。如有影响，我们会即时响应并解决。

总结来看，开源创业需要多思考"企业的核心价值是什么？帮客户解决的是什么问题？"最常见的误区是认为自己的核心价值是能为客户提供一个现在没有的技术。这个认知可能是对的，但它一定很短暂，在开源充分的协作和信息互通之下，技术会飞快进步，任何一项新技术都可能快速被赶上。或许大家可以深度思考一下自己

在整个开源软件生态里的价值，能够吸引用户付费的价值通常不是一个功能点，而常常是一个非功能性的部分，找到这个非功能性价值，你的开源创业或许会变得轻松一点。

李扬

Kyligence联合创始人兼CTO，Apache Kylin联合创建者及PMC。专注研究大数据分析、并行计算、数据索引、关系数学、近似算法和压缩算法等前沿技术。

被欧美公司垄断近20年，中国工业软件的机会在哪里？

文 | 陶建辉

工业软件，又被称之为现代工业体系的"大脑"。近年来，在政府、企业、从业者等各方的齐心协力之下，中国工业软件市场规模不断壮大，逐渐成为"制造大国"。然而，站在全球的角度来看，相较一些高端核心技术，国内起步较晚的工业软件在设计型软件、工业互联网平台、大数据处理的开源软件等维度与国外仍有一定差距。本文作者、涛思数据创始人陶建辉将带来他关于缩小差距与创新突破的独特见解。

根据智研咨询数据，2020年全球工业软件市场规模是4358亿美元，这一年中国工业软件市场规模是286亿美元，仅占全球规模的6%。近十年间，中国连续保持世界第一制造大国地位，制造业的快速发展也极大带动了国内工业软件市场。一些数据显示，在2012—2020年间国内工业软件市场规模复合增速达到了12%，超过世界增速7个点。虽然发展速度在加快，但不可否认的是，从世界角度来看，中国的工业软件不论从规模还是技术来看，都还差了一大截。

到底是什么限制了中国工业软件的发展？为什么说工业软件必须要发展起来？未来它的机会在哪里？想要加速冲刺，还有哪些捷径可走？在打造和优化时序数据库TDengine的这些年里，我对工业软件做了一些思考，现将一些想法与大家分享。

中国工业软件：难、难、难

普遍意义上，工业软件指的是专用于或主要用于工业领域，以提高工业企业研发、制造、生产管理水平和工业装备性能为目的的软件。其门类复杂，包含ERP、CRM一类的企业管理软件，CAD、CAE、EDA一类的工业设计软件，生产调度和过程控制软件（即对自动化设备进行监控、数据采集并保证其安全运行的工控软件），以及运用了工业云、大数据、AI等技术的部分IT基础软件。

与应用软件的全球风靡相反，中国工业软件每一步都走得非常艰难，甚至成为在改革开放后唯一一个与国外同行不断拉大差距的技术领域。受到国际竞争环境的影响，一提到需要突破的重点技术，国内大部分人想到的就是芯片、光刻机、操作系统等，普通大众对工业软件的接触并不广泛，也导致大家对其发展了解有限。

众所周知，中国基础软件无论操作系统，还是数据库领域，虽然已经有数百家国产替代品，但市场仍然是被Windows、Linux、MySQL、Oracle等产品垄断。那么在工业领域呢？应该更为惨烈，PTC、Autodesk、达索、西门子等国外CAD研发设计类软件垄断了国内90%的市场，DCS、PLC、SCADA等工控软件垄断了国内70%的市场，高端占95%以上。

在整个软件行业中，工业软件虽然占比不高，但却是工业与制造业发展的核心基础，工业软件的安全性好坏决定着工业项目能否正常运行。随着数字化进程的加快，现代工业已经离不开信息化，几乎所有的设备、系统都是基于工业软件，工业软件的广泛应用让生产效率和质量都得到了极大提升。以大家熟悉的鸟巢建造为例，想要让钢材在保持稳定的同时排列美观,没有工业软件的支撑这项工作将很难完成。如果工业软件出现问题,工业项目可能会面临瘫痪的局面,后果不堪设想。

中国软件发展整体起步较晚,尤其工业软件。以CAD、EDA一类的设计软件为例,虽然在整个工业生产中扮演着至关重要的角色,但由于技术实现难度较大、投入成本较高、开发周期较长,自身的总产值却并不高。这种行业特点不仅让创业者望而却步,连投资人都难以招架,在一定程度上也限制了其发展。

在中国加入WTO之后,国外的先进技术和产品开始迅速涌入国内,技术的差距是真实存在的。中国工业软件的发展需要时间,但机遇不等人,这时工业、制造业要发展就只能先借助国外工业软件的力量,这也变相促成了当下国外工业软件垄断国内市场的格局。

我们再看一下国内风头正劲的一些较为基础的工业软件。随着物联网技术的成熟和发展,中国的各个巨头也推出了工业互联网平台,包括海尔、三一、用友、华为等,值得骄傲。但基于这些平台我们开发的只是应用部分。就拿个人熟悉的工业大数据处理而言,几乎无一例外,用的都是Hadoop生态的软件拼凑而成,无论消息队列、缓存还是持久化存储、流式计算等,采用的都是Kafka、Redis、HBase、MongoDB、Cassandra、Spark、Storm等欧美开源软件。

这些工业软件的核心模块并不难,原理算法都很清楚,但由于欧美厂商已经持续研发了十年甚至更长时间,各种接口、各种场景都能处理,积累了很高的生态门槛,一个新的软件很难马上将其替代。比如实时监控领域OSISoft的PI,架构相当陈旧,而且其水平扩展能力、分析能力都相当有限,涛思数据研发的TDengine在时序数据的处理上已远超越了它,但还是无法一下将其替代。因为PI的生态已经很好,能处理数百种工业协议,其与很多工业应用软件已经集成。

中国是制造大国,打造工业软件是制造行业向智能制造转型的关键一步。如果这些软件在未来不可用,可以预见,中国的这些工业互联网平台可能面临非常严峻的风险,这对中国经济的打击将是毁灭性的。如果不想未来仍然被时时掣肘,中国软件就应该全力以赴打造自身的技术。从借鉴历史经验和把握未来发展趋势两方面出发,我认为开源、集成化和云化或将是中国工业软件突围的三大方向。

商业模式的创新:开源

要颠覆现有的技术,有两种方式,一是依靠颠覆式的技术,二是依靠创新的商业模式。从历史角度来看,商业模式的创新成就了大家都熟悉的Linux、Android、MySQL等软件,而这几个软件的模式创新就在于采取了开源的策略。

以Linux为例,Linus Torvards还是一名在校大学生时,在Intel 386上跑起了Linux这个类UNIX的系统,当时的Sun Solaris、IBM AIX、HP-UX都没有把它当作竞争对手,认为只是玩具而已。但由于开源免费,Linux吸引了很多开发者的喜爱和关注,很多开发者自动加入进来,开发各种模块和驱动。在大家的努力下,Linux开始慢慢流行起来,逐渐进入主流市场。到现在,Linux在公有云服务器领域已经占据90%以上的市场份额。

回看工业软件,目前还没有一款具有市场垄断地位的开源软件。在我所熟悉的实时数据库领域,排名第一的OSISoft PI没有开源,GE的iHistorian、Honeywell的PHD(The Process History Database)也没有开源。国产的庚顿、麦杰、朗坤等都没有开源。那么,开源这种新的商业模式引入工业领域,一定会有颠覆式的效果。

这也是TDengine选择开源的原因,从2019年7月TDengine宣布核心代码开源,2020年8月又宣布集群开源。如图1所示,目前GitHub上Star数量已经超过18.7K,全球每天新上线的实例数超过200,这是传统的实时数据库软件远远无法匹敌的。尽管TDengine目前还无法对PI、iHistorian、PHD这类软件构成威胁,但按照现在的发展趋势来看,TDengine取代它们是5年内会发生的大概率事件。

中国在工业软件上是较为落后的，开源可以成为颠覆传统工业软件的重要武器。虽然产品推出时，会有各种不足，还无法完全代替它们。但因为开源免费，一定能吸引很多用户来尝试它，而且也能吸引贡献者参与进来。以TDengine为例，在开源之初，就吸引到了40多位贡献者，贡献了国产操作系统中标麒麟、银河麒麟、凝思、统信UOS等的适配；验证了国产CPU龙芯、鲲鹏、申威、飞腾、海光等的适配；还贡献了C#连接器，这些在闭源软件上是不可能发生的。

此外，开源还能让市场规模和用户需求相辅相成，开源能进一步满足用户多样化、个性化的需求，在吸引用户广泛使用的同时，无形中帮助软件扩大了市场规模。开源开放一定是生态建设的重要法门，只有系统的开放性问题得到解决，才能吸引到更多的第三方开发人员，在这之上提供良好的二次开发工具，以二次开发满足用户的个性化需求，从而获得更多用户的关注，而且这也能在一定程度上帮助软件公司避免了大量开发资源的消耗。

在开源力量的影响下，发展5年，TDengine的用户实例已经近14万了，同时也吸引了很多工业企业客户。以西门子与和利时为例，西门子将TDengine应用于SIMICAS® OEM设备远程运维套件中，他们所使用的Flink+Kafka+PostgreSQL+Redis的架构存在部署烦琐、应用复杂的挑战，在接入TDengine后，直接移除了Flink、Kafka和Redis，系统架构大大简化。和利时则是在InfluxDB、OpenTSDB、HolliTSDB和TDengine四款数据库中选择了TDengine，用于工控领域边缘侧的数据处理。

开源更重要的一点是，它建立起了开发者社区，让更多开发者具有参与感、成就感和信任感，给产品做出更好的传播。由于开源免费，用户对产品的瑕疵也是能容忍的，而且会通过社区积极的反馈，加速产品的迭代，帮助产品团队更好地打磨产品。以TDengine为例，开源的三年时间里，反馈的问题已经超过9000个，这是任何一家闭源软件公司都难以做到的。反馈的问题数目越多，用户社区就越活跃，产品质量也更可靠。要知道，几大流行的开源软件的问题数都已超过一万。

在中国，我认为做开源软件的条件已经成熟，这主要有两大原因：

①由于高等教育的飞速发展，特别是移动互联网的发展，中国已经有近2000万开发者，中国的人口红利也已经由农民工红利演变为工程师红利。这支庞大的开发者队伍呼唤新的开发工具、新的技术，可以说，基础软件和工业软件有了用户基础。

②中国是制造大国，有各种工业应用场景，而且数据量惊人，是各种新技术、新产品最好的试验场。而由于全球科技竞争的原因，越来越多的中国企业更倾向于选择

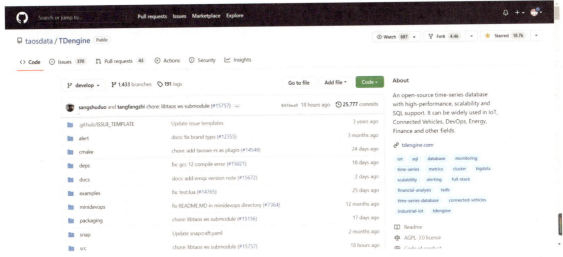

图1 TDengine在GitHub的页面

国产软件。

20年前，这两个条件是不存在的，但现在条件已经很成熟，可以说当下就是中国开源工业软件的春天。

开源成功的关键：全球化

成功的开源软件一般都是用户量巨大的基础软件，如数据库、操作系统等。因为软件开源，绝大部分用户都不会付费，付费的比例只有5%不到，因此想要获得发展，用户基数需要大。从这个角度看，开源的基础软件有点类似于互联网ToC的服务，中国软件市场确实不小，但仍然只占全球市场的10%不到。

因此即使国内有充分竞争的市场，如果只针对国内市场做开源软件，由于规模不够，仍然难以做出一家真正的独角兽企业，永远只会是小小的软件开发作坊。从这一点来说，中国开源的工业软件如果要成功，产品团队需要有国际视野。从产品设计的那一天起，就需要考虑并拥抱全球市场，特别是欧美发达国家市场，要有敢于与世界一流的工业软件公司在产品上一较高下的决心，而不是仅仅去占领具备自主可控、国产化优势的国内市场。

工业开源软件不仅要在产品的设计、开发上考虑国际化，而且在全球开发者社区的推广上，也需要拥抱全球流行的方式，而不是构建"中国特色"的方式。也就是说，做开源软件的团队本身，思路和胸怀就必须是开源且全球化的。

只有真正拥抱开源、相信全球协同的力量，才能吸引来自世界各地的开发者加入进来，中国才可能诞生伟大的工业软件公司。

开源不仅能解决中国工业软件的"卡脖子"问题，更是中国软件走向全球的捷径。同时，开源也是打破不被信任的最好方式。

举个例子，ClickHouse是俄罗斯团队开发的一款数据产品，分析能力超强，在中国、美国以及世界各地都有很多忠实用户，大家不会由于它是来自俄罗斯的开源产品

就不用它。TDengine在最初开源时，没有在任何英文媒体或自媒体做过推广和宣传，但来自美国的用户数就已经接近1000，数量仅次于当时在中国北京的用户数，这就是最好的证明。

软件开源之后，你不用担心地域的限制、意识形态、文化的差异，你唯一要担心的就是你的产品不足够好，技不如人，没有持续长久的投入。拥抱开源，相信协同的力量，相信开发者社区的力量，有所为，有所不为，在工业软件领域，一定能诞生出源自中国而又行销全球的产品。

技术创新：无缝集成和云原生

顾名思义，无缝集成（Seamless Integration）就是指实现各类软件的互联互通，其实就是围绕产品打造活跃、庞大的生态。有了生态，才能有"百花齐放"的应用，进而形成良性循环发展。我在上文中就有提到，对于架构陈旧、能力有限的PI，在性能上远超它的TDengine依然无法立刻把它取代，原因就是它的生态做的已经比较完善，集成了非常多的工业应用软件。

近年来，TDengine在发展自身技术的同时，也在紧抓生态建设，与第三方工具的连接能极大提升用户的使用体验。目前无须一行代码，TDengine就可以与Kafka、Telegraf、Grafana、Google Data Studio、EMQ X、Prometheus、StatsD和collectd等众多第三方工具集成。

但如PI一般的数据监控软件，有着时间沉淀的先行优势，在短时间内，TDengine无论如何努力，在生态上仍然是差对方一截。本着打铁还需自身硬的道理，从帮助用户降低运维成本的角度出发，TDengine开始打造缓存、流计算和数据订阅功能一体化的创新技术，在最近刚刚推出的TDengine 3.0版本中，这些功能又有了进一步的提升。

以个人的观点来看，无缝集成和极简本就是一体的，这两个产品创新点都是为了让用户在使用上更加便捷，以此提升用户的使用体验。这放在其他工业软件的发展上同样适用。

此外，随着云技术的不断发展，云原生也成为市场竞争力的一个衡量标准。云原生服务的核心就是要充分利用云平台的计算、存储和网络资源可以弹性伸缩的优势，按用户实际用量付费，大幅降低运营维护成本。而且它还提供了快速开发原型、研发、测试以及部署新的应用的能力，可以大大缩短新的应用从设计开发到进入市场的时间。

以时序数据库领域为例，大多数数据库只是"云就绪"（Cloud-Ready），而非云原生（Cloud-Native）。当你要购买某些数据库供应商提供的云服务时，如TimescaleDB，即使没有运行任何查询，你仍然不得不为计算资源付费，如果你的数据规模增长了，你还需要决定是否购买更多资源。这种云解决方案，其实只是数据库服务提供商在转售云平台，并不能成为自身的核心竞争力。

只有成为真正云原生的软件，才能充分利用云平台提供的优势。从这一点出发，我在TDengine 3.0版本中重点推动了云原生，现在的TDengine已经成为一款真正的云原生时序数据库，它具备云原生数据库的几大特点：水平扩展性（Scalability）、弹性（Elasticity）、韧性（Resiliency）、可观测性（Observability）和运维自动化（Automation）。它能支持10亿个时间线、100个以上节点，整个集群的启动速度可以控制在一分钟以内，完全解决时序数据库内的High Cardinality问题。

同样，对于国内的工业软件来说，想要快速从国外流行产品的攻势中突围出来，云原生必定是一个非常正确的技术发展方向。

工业软件发展的助推剂：政策

中国有个优势是，工业市场和需求非常庞大，这是一片孕育工业软件的沃土。但想要让"种子"发芽，还需要政策的东风。

过去一些年里，重硬轻软的思维严重影响着工业软件的发展，软件作为资产很难评估，因此软件往往是依附在硬件上一起卖的。相当大比例的项目，软件都不单独招标，就更不用提底层的工业软件了。应用软件大家还能感受、看到，但底层的工业软件就毫无感知了，因此很难有好的市场价格。工业软件具有单独招标的需求。

此外，中国国内市场看起来足够大，光内循环都是足以支撑一些基础软件公司。但仔细分析会发现，国内工业软件的采购方主要是大型国企、政府、军工等单位，但它们项目招标的条件严格，对中小企业要求较高，因此他们很难满足各种资质的要求。

想要让新创的基础性软件公司生存下来并做强做大，就需要政府从政策、法规等方面，给予新创的非体制内企业大力支持。

另一方面，全球软件的付费模式也在发生改变，大家已经越来越习惯按服务付费，而不是购买永久性的License。在中国，很多单位都还是采用完全购买永久License的方式，不采用服务按年付费方式，更不采用购买云服务的方式。这也会极大阻碍中国软件行业的发展。

好在，从2020年以来，底层软件的研发屡次被政策提及。随着顶层政策层面持续加强规划和扶持，中国工业软件的发展正在起步。我相信，如果从开源、云原生、无缝集成等方面发力，中国工业软件的发展一定大有希望。

陶建辉 涛思数据创始人。1986年考入中国科大，1994年到美国印第安纳大学攻读天体物理博士，曾在美国芝加哥Motorola、3Com等公司从事2.5G、3G、Wi-Fi等无线互联网研发工作，在高可靠分布式系统、即时通信、消息队列等方面，是顶尖的技术专家。

金融行业开源生态发展现状与趋势

文 | 钟燕清

随着数字化时代的到来，开源已经成为全球软件技术和产业创新的主导模式和核心引擎。在社会经济中具有举足轻重地位的金融行业，自然也面临如何充分利用开源，发挥行业优势实现业务创新的各种挑战。本文将从一个金融行业科技从业者以及企业内部开源战略推动者的角度谈谈自身对行业发展的看法。

为什么金融行业也要积极拥抱开源技术

开源为技术创新提供了强大动力。近几十年信息科技的快速发展，离不开开源技术在不同领域的广泛推广，开源技术在大数据、云计算、AI、区块链等重要领域已经成为技术主流。相比闭源的传统软件产品，应用开源技术具有以下优势，有助于推动金融行业科技创新的快速发展：

■ 创新成本低。开源技术普遍免费使用，且已经有较为成熟的平台、框架、产品等，银行、保险、证券等各类金融机构可以基于这些免费的开源技术，用较低成本进行产品研发和创新，试错成本低，有利于对创新的持续投入并提升创新效率。

■ 可定制化程度高。开源软件代码透明，金融机构可根据实际场景需要自主进行定制化开发，能够快速满足业务需求，有利于业务推广，提高金融创新的成功率。

■ 提升金融机构科技能力。使用开源技术，有助于推动银行业金融机构对自主研发能力的重视，通过不断提升技术团队的自主研发能力，实现真正的科技驱动金融。

■ 提升金融科技的创新透明度。通过对金融科技的开源，可增强金融科技创新的透明度，提升金融机构与客户或合作伙伴之间的信任，建立良好的金融科技生态。

■ 有助于金融科技的国际化。开源技术已经是全球技术的主流，利用开源技术，能够更好地与不同行业、不同地域的企业建立连接，有利于我国的金融科技创新产品在国际市场上的推广。

金融行业拥抱开源整体处于初级阶段

根据金融行业开源技术应用社区调研结果，我国金融机构中超过90%的企业引入了开源软件，在中间件、数据库、大数据、操作系统等各个领域都有广泛使用。可以说，开源软件已经成为金融科技的重要组成部分。

按照Linux基金会对于企业参与开源的发展模型，将企业与开源的关系按照不同发展阶段定义为四种角色：消费者、参与者、贡献者、领导者。目前，从整体金融行业的开源技术应用现状来看，绝大部分金融机构长期以来还是以消费者的身份为主。同时，金融机构面临严格的监管以及信息安全要求，贡献开源还没有成为金融行业的核心商业模式和技术战略，对外开源的探索仍然处于初级阶段。当然，现在也能看到有一部分先行者会更积极拥抱开源，向贡献者甚至领导者的阶段前进。

行业规范出台，推动开源生态建设加速发展

2021年10月，人民银行办公厅等五部委联合发布《关于规范金融业开源技术应用与发展的意见》（以下简称

《意见》），鼓励金融机构将开源技术应用纳入自身信息化发展规划。暨2021年3月开源首次被列入"十四五"规划以来，此《意见》的出台，进一步明确了金融行业对待开源的重点工作与指导方向，势必加速金融行业开源生态建设的进程。

在《意见》中，中国人民银行等管理机构提出了使用开源技术时应遵循"安全可控、合规使用、问题导向、开放创新"四个原则。

在坚持安全可控方面，金融机构应当把保障信息系统安全作为使用开源技术的底线，认真开展事前技术评估和安全评估，堵塞安全漏洞，切实保证技术可持续和供应链安全，提升信息系统业务连续性水平。

在坚持合规使用方面，金融机构应当遵循开源技术相关法律和许可要求，合规使用开源技术，明确开源技术的使用范围和使用的权利与义务，保障开源技术作者或权利人的合法权益。

在坚持问题导向方面，《意见》鼓励金融机构有针对性地选择和使用开源技术，建立开源技术使用问题发现、反馈、解决等闭环机制，推动开源技术不断迭代升级。

在坚持开放创新方面，《意见》鼓励金融机构重视开源技术应用与发展，积极参与国际国内开源技术社区建设，汲取先进技术，贡献中国智慧，培育适合金融场景的开源产业链，提升开源技术话语权。

以上四个原则简单归纳就是两个方面：一是不断提升行业应用开源的治理能力；二是通过积极拥抱开源社区促进行业技术创新。

金融行业应用开源挑战巨大，必须做好风险管理

众所周知，金融行业是对稳定性、安全、合规等要求最高的行业之一，任何技术上的问题或风险都可能带来不可估量的损失，在技术选择上相对更倾向于成熟、稳定以及有强大的应急保障的技术方案，所以金融行业一直都是传统闭源商业软件的重要市场。开源技术虽然可以带来诸多好处，但金融机构在使用开源的过程中，也可能面临以下三大类风险：

- 安全风险。由于开源软件具有代码开放透明、多人协作完成、开源许可证免责条款等特性，也会存在不法分子不断扫描漏洞并伺机攻击系统的可能性。企业在使用开源软件时必须注意安全风险，若开源软件存有恶意代码、病毒或造成信息安全问题，将对金融机构带来较为严重的危害。

- 合规及知识产权风险。开源软件的作者或权利人主要是通过开源许可证对其知识产权进行许可与约束，而目前开源许可证众多，不同许可证对使用者的要求也不尽相同。在使用开源软件过程中，若未依照相应的开源许可证来使用开源软件，将产生侵犯开源软件作者或权利人的知识产权等合规风险。

- 技术人才风险。对于金融机构而言，开源软件与以往的闭源软件相比，最大的问题在于其需要本机构的开发运维人员自己负责管理和运维。在开发阶段，开源技术的开发难度要远大于直接购买配备厂商服务的闭源软件，因此往往要求企业配备更多相关人才，而人才的培养往往需要相对长的时间，需要企业投入大量的资源。在运维阶段，相对于闭源软件拥有完善的厂商服务，开源技术在很多情况下并没有相应的付费服务和运维支持，而金融机构本身的运维人员数量及能力都有一定限制，导致运维工作量大幅增加，开源技术相关运维问题解决困难。当然，随着开源软件应用的生态进一步繁荣，相应的商业化支持公司也会不断壮大，企业可以根据自身技术战略灵活选择。

综上，金融行业需要不断加强和提升企业内部的开源治理水平，才能在充分享受开源技术带来各种好处的同时有效规避各种风险。

金融行业重视开源治理,逐步形成开源有关的行业联盟或社区

金融行业很早就非常重视有关开源治理的相关工作,并且通过各种行业协会、社区组织等方式不断加强行业内的交流互动、互相学习与进步等。

2018年10月,中国信通院联合多家金融机构、头部科技公司成立国内首个金融行业开源技术应用社区(FINOC)。社区日常围绕开源治理和开源技术应用进行行业研究和标准化梳理,还联合云计算开源产业联盟发布了《金融行业开源治理白皮书》等行业调查与分析报告。

2020年8月,北京金融科技产业联盟经第二届理事会第二次会议审议决定,成立"开源专业委员会",首批会员单位超过50家。此组织的成立,代表金融行业逐步形成了自上而下的行业开源生态联盟,加速行业整体开源治理的成熟度提升。2021年初,联盟发布了《金融机构开源软件应用情况调研报告(2020年)》,分析了金融行业企业了解、掌握同业机构应用开源软件的现状和共性问题。

以上社区或联盟组织的成立,极大程度推动了金融行业机构内部开源应用能力。但由于行业目前绝大部分机构都是以使用开源为主,所以社区或联盟也主要是进行推动应用开源的治理体系建设以及某些开源技术的应用经验分享等方面工作,较少涉及开源项目的社区生态建设等方面。

拥抱开源上游社区是长远趋势,部分先行者成果初现

如前所述,基于金融行业对于安全、合规等方面高度重视的行业特性,开源治理意识和能力较其他行业明显提高。但是,如果想要更为充分地掌握和利用好开源技术,甚至是更进一步利用开源生态的优势,影响或引领行业技术的发展方向,那么仅仅作为开源世界的消费者,着力于在企业内部建立使用开源治理的体系是远远不够的。在开源浪潮势不可挡、技术创新层出不穷的当下,所有金融机构都应该重新审视自身技术战略路线,重新思考开源在技术战略中的定位,从而更好地利用开源推动科技创新与业务创新。

近年来,随着国内开源生态建设不断加速与完善,部分金融机构也积极参与到开源社区生态建设中来。例如,浦发银行于2019年成为中国首家加入CNCF(云原生基金会)的股份制银行,探索将云原生技术打造成银行核心系统架构的基石技术;2020年,招商银行作为国内首家开源基金会——开放原子开源基金会的发起单位之一,探索国内开源基金会的发展之路。

微众银行也是国内较早将开源作为核心技术战略并且积极参与开源社区建设的金融机构之一。2019年5月,微众银行通过成立开源管理办公室(OSPO),有体系、规模化地推广开源战略;同年6月,微众银行成为Linux基金会的黄金会员,也是目前唯一一家成为黄金会员的金融机构。

在应用开源方面,微众银行自成立起就坚定了拥抱开源的技术路线,利用全栈的开源技术建设了基于分布式架构、可支撑亿量级客户和高并发交易的银行核心系统。同时,也建立了组织架构、流程制度、工具平台等三位一体的开源治理体系,包括应用开源的全生命周期管理,从引入、使用到退出,都能进行系统化的管理和控制,有效降低了应用开源技术可能存在的各类安全、合规等风险或问题。

在开源贡献方面,微众银行除积极参与上游社区建设外,也孵化输出了大量开源项目,并且将部分重要项目捐献给开源基金会,通过开放治理的开源社区建设积极推动金融行业的技术创新以及跨机构的技术合作。截至2022年6月底,微众银行主导的开源项目达到33个,涵盖了ABCD(人工智能、区块链、云计算、大数据)等多个技术领域,通过开源社区建设积极推动金融行

业的技术创新以及跨机构的技术合作。典型的开源项目社区包括：人工智能领域的全球首个工业级的联邦学习开发框架FATE；区块链领域的国内联盟链底层平台代表FISCO BCOS；国内金融行业首个进入Apache软件基金会孵化器的开源项目Apache EventMesh；一站式、金融级的开源大数据平台套件WeDataSphere（包含进入Apache软件基金会孵化器的大数据计算中间件Apache Linkis）等。

独木难成林，金融行业开源生态建设任重道远

回顾我国现代金融行业四十多年的发展，计算机技术的应用一直占据重要地位，也是行业机构的核心竞争力之一。无论主机时代、x86时代、虚拟化时代还是当前的云原生时代，整个金融行业对新技术的应用都紧跟时代潮流的发展。但是行业本身对于业务连续性、安全性、稳定性以及合规性等方面的超高要求，也注定了金融行业在技术方向上的选择、新旧技术的更新迭代等方面会更加审慎，金融对于开源技术的应用和发展也有别于其他行业，带有鲜明的行业特征和发展路径。

总体而言，我国金融行业已经成为开源技术应用的重要领域，并且在应用开源软件的过程中积累了大量的治理经验和能力，但目前仍主要以开源软件消费者的身份参与社区，在整个开源产业链条中处于下游角色。当前开源技术的提供者及社区的主导者还是以各类科技公司为主，构建一个符合金融行业技术要求、业务特色的开源生态，让行业间机构能够更充分地吸收彼此优势，取长补短，并且通过开源技术的协作创新，来提高业务的创新能力，需要整个行业的参与者能够秉承开源精神，保持更开放的心态，加强合作，只有这样才能真正实现共赢。

钟燕清

微众银行开源管理办公室负责人。主要负责微众银行开源治理体系建设，开源项目社区运营，同时负责微众银行科技项目管理、研发流程体系建设等工作。曾任职平安科技、腾讯科技、顺丰科技等企业，长期从事项目管理、软件研发管理等工作。

开源深度指南

从开源科技的数字化洞察看开源教育的未来

文 | 王伟　赵生宇

开源以开放、分享、平等、协作以及全球化运作的方式，正深刻影响企业的商业行为与治理模式，开源科技的飞速发展也给开源教育带来了巨大的机遇与挑战。本文通过介绍X-lab开放实验室在开源全域数据分析与洞察的研究经历，并结合作者实际开设的开源课程，给出若干开源教育发展的具体建议，希望为国内开源生态的持续健康发展提供启发。

开源协作的趋势与整体现状

开源软件已成为人类数字社会的基石，是全人类共同努力的结晶，开源协作对人类数字文明的发展起到了巨大的推动作用。基于Git的分布式协作成为全球范围内最主要的开源创新模式，无数个开源社区在其之上孕育而生，其背后海量的开发者行为数据蕴含了大量的个体贡献规律、群体协作模式、社区健康状况、生态发展趋势以及商业战略价值。

2020年突如其来的新冠肺炎疫情，加速了开源协作的全数字化进程，以GitHub平台为例：

- GitHub的日志数在2020年达到了8.6亿条，相较2019年增长了42.6%，2021年更是突破10亿条，凸显疫情期间爆发的巨大生产力；
- 2020年活跃代码仓库达到了5421万个，相较2019年增长了36.4%，2021年达到了6700万个（增长率为23.6%）；
- 2020年活跃开发者数达到了1454万人，相较2019年增长了21.8%，2021年达到了1748万人，继续保持20%以上的增长速度。

全球开源协作的活跃，带动了整个开源科技产业的发展[1-5]，部分研究要点摘录如下：

- 全球开源事业大发展，社区活跃行为、开发者数量、开源仓库数量均大幅提升；
- 开源软件生产流水线自动化程度大幅提升，多样化的数字协作机器人成为主流；
- 美洲开发者分布最多，欧洲拥有最高的单时区开发者比例，亚洲开发者数量依然较少，中国相较其他亚洲国家具有较高的开源活跃度；
- 谷歌、微软等老牌企业依旧为活跃的开源贡献大户，国内企业中，阿里巴巴活跃度排名第一，PingCAP表现亮眼；
- 主流技术领域的开源生态已经形成，新的开源社群也不断涌现，然而，极少量项目还处在协作孤岛；
- CNCF、LF、Apache等基金会在技术领域各有侧重，通过开源象限等分析工具，能够进一步区分同类项目的发展阶段与成熟水平；
- 开发者时区分布图和协作网络成为开源社区多样性与健壮性的有效分析手段，能够更好地指引社区经理的开源治理与运营工作。

得益于这些研究工作，使得我们成长为一个极具特色的开源共同体。

我们所在的X-lab开放实验室作为一个开源研究与开放

创新的群体，长期思考并实践企业OSPO战略、开源测量学、开源发展生态学等主题，并在每年联合多家科研机构与开源社区共同发起、制订反映全球开源现状与趋势的各类指标与洞察报告[1-7]。如图1、图2所示，这些报告涵盖了当今全球开源的宏观、中观、微观等不同层面的分析。

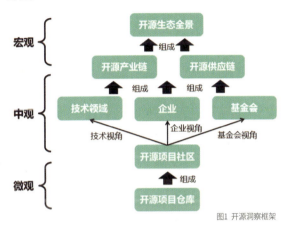

图1 开源洞察框架

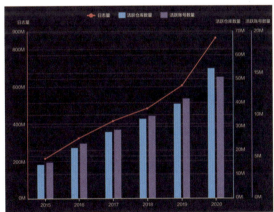

图2 2020年度全球开源数据总体分析

我们将正在实践的这套方法称之为"数据驱动的开源发展生态学"，本质上是用数据的方式来研究并促进开源生态的发展，通过采集能够反映全球开源协作的各类行为数据，结合开源生产、开源治理、社群运营等关键活动中的专业知识，利用数据科学的手段方法，对开源数字生态进行深入分析与洞察，最后开发各种数据与信息工具，为政策制定者、企业决策者、社区管理者、开源贡献者等不同角色提供知识服务。

目前已经在开源治理与社区运营的标准、国内部分企业与社区的开源项目健康评估、国际开源度量指标体系的建设等方面做出了一定的成果与影响力。这些研究经历与成果又可以很好地转化到开源教育的课程当中，结合课程内容与教学工具的开源方法，形成了一个"产-教-学-研"的深度融合。接下来，我们将分别从开源研究与教学两个方面介绍。

数据驱动的开源测量学研究

管理学大师彼得·德鲁克曾经说过："你如果无法度量它，就无法管理它"（If you can not measure it, you can not manage it），进而也无法提高它，而软件行业至今也还没有找到一个可以有效度量软件开发生产效率的方法。

度量是一把双刃剑，具有极强的引导性，它会激励你重视并改善能够度量的元素，但也可能使你忽视无法度量的元素并使之恶化。如何找到合理的度量，并合理地利用这些度量？都是非常值得探讨的问题。

基于长期在开源生态数据测量与分析方面的积累，我们对开源生态进行了系统性的洞察与分析，并系统性地提出了几个关键指标（指数），来帮助大家理解开源社区的情况，整个过程实际上也是我们实验室的一次开源教育之路。

活跃度

活跃度指标是大家达成的共识性指标之一：

■ 站在开源办公室的角度，必须有一个"北极星"指标。一些开源创业公司或具体的开源项目团队，可以通过监控或观察多个指标来判断项目健康与否。对于有上千个开源项目的企业而言，要同时监控项目的健康度，就需要一个聚合的指标，否则人力成本过高。

■ 由于Star、Fork等行为属于开发者的单向行为，虽然表示了对项目的一种关注，但并不对项目产生具体贡献,所以没有纳入活跃度的计算之中,即刷Star数量等行为在活跃度算法下无效。

- 即便当时默认地将贡献者(Contributor)定义为代码贡献者,但从实际角度出发,参与到社区中的所有开发者,包括提交Bug、参与讨论、参与代码Review的开发者事实上都对项目是有贡献的,所以在计算中并不是仅计入代码贡献,而是将讨论等也纳入。

- 这些事件对应的权重应该是多少,也需要在一个组织中战略级开源项目的负责人共识下产生。例如,阿里就对PR的Review给出了非常高的4分,也是鼓励大家多进行基于GitHub的异步Review。

从开发者活跃度到项目活跃度的计算都具有较好的价值导向,即间接地将贡献者数量作为一个重要因素引入到项目活跃度中,其最直接的应用就是构建活跃度指数排行榜,帮助大家直观了解国内外项目、企业、开发者的整体现状。如图3、图4所示,即为我们在《中国开源年度报告》[4]以及《中国开发者十年》[3]中提供的分析结果。

不过,活跃度的计算也存在一些问题。例如,不同行为的权重是人为指定的,虽然包含了一定的专家经验,但这些数值的大小其实还是具有相当的主观性,尤其是在项目之间比较时,权重的微小差别就会带来一些总体活跃度的波动;再如,只要是简单的统计指标来进行计算,就一定无法避免刷指标的行为。

虽然活跃度依然存在许多问题,尤其是在持续的大规模运算和可扩展性上,但由于其直观、易理解、可解释性强的特性,事实上依然是我们实验室目前广泛使用的一种计算方式,并且也已经在很多项目中有落地。我们还是希望可以有更好的指标体系和算法框架,来利用开源生态和网络对项目做出更加有效的衡量,这就是协作影响力指标。

影响力

开源协作网络的构建思想非常朴素,基本逻辑是:如果

排名	项目名	活跃度	参与开发者数量	issue comment	open issue	open pull	pull review comment	merge pull	star	fork
1	pingcap/tidb	210.1	5,831	53,022	2,801	4,969	10,928	3,459.2	4,862	1,052
2	ant-design/ant-design	193.3	23,620	32,026	4,836	3,131	3,320	2,130.7	12,709	8,052
3	PaddlePaddle/Paddle	127.4	4,842	15,329	2,256	5,656	9,625	3,478.2	3,574	786
4	tikv/tikv	81.7	2,593	17,817	997	2,019	5,547	1,279.9	2,129	434
5	apache/shardingsphere	75.3	5,267	9,055	1,713	3,235	1,858	2,539.5	3,834	1,443
6	apache/incubator-tvm	70.4	2,148	7,961	437	2,112	8,506	1,540.1	1,454	662
7	pingcap/docs-cn	65.1	532	8,202	96	2,965	6,959	2,315.9	140	320
8	apache/incubator-echarts	64.2	11,638	7,650	1,620	324	346	194.5	6,664	4,463
9	pingcap/pd	60.9	437	13,325	667	1,667	4,972	1,297.7	214	224
10	alibaba/nacos	59.9	9,956	7,042	1,640	706	827	410.0	6,347	3,450
11	NervJS/taro	54.7	7,469	9,339	2,231	917	135	551.5	5,250	1,012
12	youzan/vant	54.2	9,806	4,897	1,661	715	201	554.4	4,672	4,502
13	pingcap/docs	53.9	314	7,014	64	2,736	5,226	2,257.8	90	164
14	ElemeFE/element	52.7	11,749	4,993	1,762	297	10	33.3	6,853	3,411
15	apache/skywalking	51.9	5,556	6,783	1,084	860	3,455	583.4	4,201	1,471
16	PaddlePaddle/PaddleOCR	47.9	9,394	4,039	1,033	573	622	420.0	8,430	1,664
17	apache/incubator-dolphinscheduler	47.1	2,588	9,364	1,269	1,407	730	902.7	1,835	909
18	apache/apisix	45.4	2,923	5,855	1,109	1,029	3,383	715.0	2,496	579
19	seata/seata	45.1	7,339	3,754	785	517	1,805	313.5	5,261	2,296
20	pingcap/tidb-operator	45.1	425	8,627	703	1,498	3,683	1,172.1	240	140

图3 基于活跃度的项目排行榜

2012	2013	2014	2015	2016	2017	2018	2019	2020	2021
Alibaba	Alibaba	Alibaba	Alibaba	Alibaba	Alibaba	Alibaba	Alibaba	Alibaba	Alibaba
Netease	Baidu	Baidu	Baidu	Baidu	Baidu	Baidu	Baidu	PingCAP	PingCAP
Xiaomi	Netease	Linux China	PingCAP	PingCAP	Tencent	Tencent	PingCAP	Baidu	Baidu
Douban	Tencent	Netease	360	Tencent	PingCAP	PingCAP	Tencent	Tencent	Tencent
Tencent	Xiaomi	Xiaomi	Bilibili	Juejin	Juejin	Juejin	JD	JD	Huawei
Meituan	Linux China	Tencent	Xiaomi	Bilibili	Bilibili	Meituan	Huawei	Huawei	QingCloud
Deepin	Douban	Douban	Tencent	360	360	JD	DiDi	QingCloud	JD
Baidu	Meituan	Meituan	Linux China	DCloud	Meituan	Youzan	Juejin	Youzan	Vesoft
	360	360	Douban	Xiaomi	Huawei	360	Youzan	Vesoft	Bytedance
	Deepin	Deepin	Netease	Netease	Youzan	Huawei	Meituan	DiDi	Juejin

图4 国内企业排行榜

有开发者同时在两个项目上都非常活跃,那么这两个项目就存在着较高的协作关联度。在这里我们暂不考虑这种关联产生的动机,只是对开发者行为进行观察。事实上,分析表明大部分情况下,由于项目存在着上下游的关系,或存在某种使用上的依赖或合作关系,才会有开发者同时在两个项目上高度活跃。

因此,我们构建了开源全域生态中所有项目的协作网络,并利用一些图分析的算法(如PageRank)来计算每个项目的协作影响力,其背后的思想非常类似:一个影响力较大的项目,会和更多的项目有协作关系;对于影响力较大的项目,与其协作关联度较高的项目影响力也会较大。

我们基于该方法实现了两个分析工具来分析不同技术领域的发展趋势。

开源星系(OpenGalaxy)作为一个开源生态的宏观分析工具。如图5所示是GitHub 2020最活跃的22.1万个开源项目组成的协作网络图,该图中节点的大小表示项目的影响力大小,节点的着色表示节点所属的协作聚类结果。如图6所示,可以得到GitHub 2020全域影响力最高的项目TOP 20。

可以看到,VS Code的影响力第1(活跃度排名中则为第

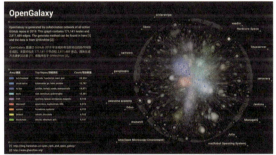

图5 GitHub 2020 开源星系

图6 全域影响力排名项目 TOP 20

5），且高于排名第2的Flutter约64.7%，以巨大的优势成为全球最具影响力的项目。事实上，这是由于VS Code在成为全球最流行的IDE的同时，也与其他各领域的顶级项目产生了大量的协作关联。

相对于活跃度，影响力是一个图数据指标，更能客观全面地体现一个项目在整个开源生态下的重要性。以国内比较热门的开源数据库TiDB项目为例（见图7），我们分别绘制出相应的活跃度与影响力曲线。从中可以看出，活跃度的波动性较大，特别是最后在横坐标70附近的地方，由于部分数据的缺失，出现了断崖的情况，但在影响力曲线中则不存在，也显示了影响力指标的健壮性与稳定性。

开源象限（OpenQuadrant）是我们提出的第二个分析工具，可以将我们提出的活跃度、影响力指标进行象限组合，也通过其他指标进行组合，如关注度、流行度等。

该工具可以详细分析某一技术领域的开源发展状况，例如我们将影响力指标和国际上知名的流行度指标进行组合（来自著名的DB-Engines网站），进而可以得出数据库行业细分领域的直观可视化信息。如图8所示，横坐标的影响力代表了生产端，纵坐标的流行度则代表了消费端，能够更加全面地刻画一个开源项目的发展趋势。

同样的方法还可以套用到其他领域，例如图9所示的大数据与云原生领域。

协作影响力基于活跃度构建，但同时又规避了很多活跃度会带来的问题，并且利用了开源生态的全域数据所蕴含的一些重要的关联信息。其中带来的一个巨大的好处就是对于刷分行为，在这种模型下几乎无法生效。即对自己项目的高活跃的刷分无法带动自己项目的影响力，除非有更多的其他生态项目的开发者在你的项目中活跃。基于开源协作网络的项目协作影响力解决了基于统

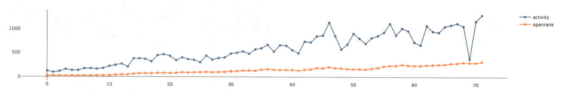

图7 TiDB项目在活跃度与影响力下的表现比较

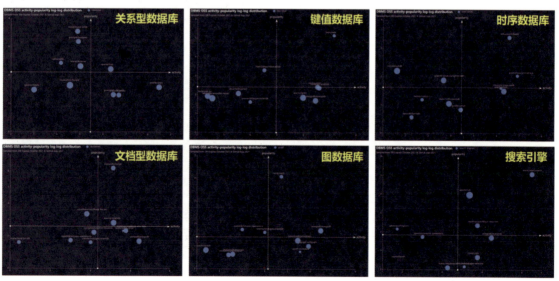

图8 数据库细分领域的开源象限分析

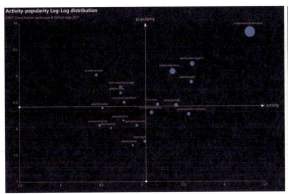 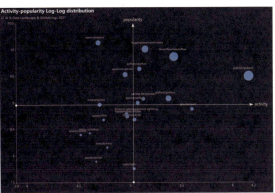

图9 大数据（左）与云原生（右）领域的开源象限分析

计的活跃度指标中存在的诸多问题，对整个开源生态中项目影响力的评估和洞察提供了一种非常有效的手段。

我们现在正在做的一个最新的指标是价值流网络指标，希望可以在解决协作影响力无法容纳更多数据，从而可以更全面衡量开源生态的同时，也引入一种高可扩展的数学模型，可以在任意时间快速容纳更多元的数据，而不会导致模型的大幅改动。这里就不列出，读者可以参考[8]，等有了实际的落地案例，我们再来详细介绍。

从开源研究到开源教育的实践

长期高校的科研经历告诉我们，好的教育一定要将前沿课题研究与产业发展动态进行有机结合。开源教育是关于开源人才培养的，需要什么样的人才由需求端决定，即参与开源生态建设的相关企业、基金会、国际组织等。开源不止于技术，还有战略、治理、运营等重要话题，国际化视野与全局意识对于高校在开源人才上的培养是一个巨大挑战，也是目前高校开源教育主要侧重开发技术端的原因，即便是开发技术端，也只有为数不多的几所学校在开设相关课程。

有了目标，就可以来思考教学中究竟应该教授什么？实践什么？我们在华东师范大学开设的开源课程叫作《开源软件开发与社区治理》。我们觉得开源的跨学科属性是一个非常重要的特点，也直接影响着我们对课程的建设。如图10所示，目前的几个跨学科结合点包括开源软件、数据科学以及工商管理。

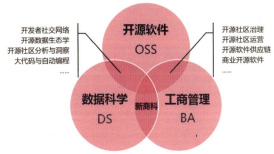

图10 开源的跨学科研究视角

纵观人类的协作历程，人类的发展实际上是一个逐渐走向全球化协作的过程，而开源就是在这个趋势下形成的一种专业而先进的协同生产方式。我们认为这是目前全球开源进程大发展背后最大的驱动力，因为任何一个组织都需要追求社会价值与组织效率，其背后有着非常深厚的经济学、管理学和社会学原理。

从开源产业发展的角度来看，开源战略、开源治理与开源运营是三个关键步骤。一个组织的开源战略，从更普世的意义上来说，就是要提升这个组织或社区的生产力、创新力、竞争力、影响力。因此，从企业的视角来看，我们提出了开源参与度模型，包括开源技术使用、开源项目贡献、开源社区运营这三件事，这也是目前比较流行的一个OSPO所需要面对的事情，既包括对内也包括对外。参照国际上TODO、欧洲OSPO等联盟组织的相关工作，我们在标准院牵头了《开源社区治理与运营》的标准制定工作，并试图提出一些框架来落地为国内的企业与组织服务，如图11所示。

《开源软件开发与社区治理》这门课借鉴了上述所有

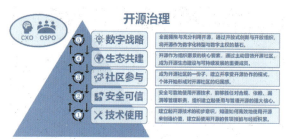 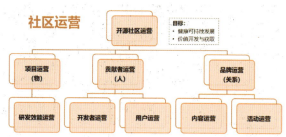

图11 开源治理与社区运营框架

的经验，同时没有对特定开源软件或技术进行介绍，而是将课程目标定位为从多学科视角全面认识开源并掌握开源工作流程和一定的开源社区治理分析能力，课程整体内容如图12所示。

课次	单元	具体内容
01	开源简史与概览	开源启示录、开源的缘起与革命、开源的成熟与机遇、开源究竟是什么？
02	多学科视角	历史视角、新制度经济学视角、管理学视角、其他跨学科视角
03	软件与开源商业化视角	软件商业简史、Linux 与商业化、开源软件商业化模式、未来开源产业链展望
04	软件工程视角看开源	软件工程 1.0、软件工程 2.0、软件工程 3.0、开源软件开发过程
05	开源协作与工程全流程	开源协作理解、Git 原理、GitHub Issue 与 PR、深入理解协作流程
06	DevOps 流程与CI/CD构建	DevOps简介、DevOps流程实例、CI/CD构建、CI/CD实例
※	开源协作大作业	Git 协同翻译

课次	单元	具体内容
07	开源治理与社区运营概览	开源战略分析、治理开源项目、运营开源社区
08	安全可信的开源体系	开源许可证、安全合规与可信的重要性、安全可信合规治理实践
09	开源社区数据分析	为什么要做数据分析、数据与可视化、开源社区数据分析中的问题以 VSCode 为例
10	开源社区数字化分析洞察	观测-理解-改进、组织与组织管理、开源社区数字化运营开放式组织的未来
11	GitHub开发者行为数据	GitHub概览、GitHub数据结构、GitHub行为数据分析、异质信息网络
12	开源社区度量指标与分析	指标度量、CHAOSS介绍、度量模型、社区分析实例
※	社区分析大项目	开源社区综合分析项目

图12《开源软件开发与社区治理》课程内容结构

课程本身也采用了开源托管的方式，课程的大纲、课件、考核作业等均托管于GitHub[9]，最终所有选课的6名研究生同学，我们组织了6名助教和2名老师全部成为该仓库的贡献者，成功迈出了走向开源世界的第一步。

在作业协作方面，我们有一个精心的设计，即让同学们直接Fork原始课程仓库，但只能由组长从组长的仓库提交PR到课程仓库，且仅可提交一次PR，该PR中必须包含全组所有同学提交的Commit记录。在这个设计下，同学们的仓库在GitHub上是对等且没有上下游关系的，迫使同学们必须在Git层面进行协作，从而可以更好地理解Git和GitHub的不同，并且可以深入地理解和实践Git诞生之初的去中心化设计哲学。

期末考核方面，配合课程第二部分的授课内容，选择让同学们对自己感兴趣的开源社区或项目进行深入的调研分析。分析工作将包含两部分的内容，即定性分析和定量分析。定性分析是对调研的社区或项目的治理规则、社区流程、CI/CD等流程进行深入的调研和整理，而定量分析则是对开源社区或项目的协作行为数据进行统计分析和可视化，通过这样的方式让同学们对于自己感兴趣的社区有一个全面的认识和了解。

开源教育的未来发展

虽然我们在开源课程的建设方面迈出了第一步，但离整个行业的需求差距还比较大，特别是在开源作为上至国家下至企业的战略方向、组织的重要创新手段、个体的有效职业发展路线等方面越来越成为共识的情况下，针对不同需求层面的开源教育成为迫切的需要。

目前，国内的开源教育主要面临着三个方面的挑战：

■ 首先，开源人才培养是一种综合性培养模式，单靠传统的教材、课程难以实现，需要结合开源社区的具体实践，代码的贡献、动手实践的课程非常重要。并且，开源教育涉及的范围非常广泛，如今的软件工程也正在向开源的软件设计、开发演变。

- 第二个比较大的挑战是师资，教育最重要的就是师资资源，老师首要懂如何参与开源项目、如何运营开源社区，这样才能更好地为学生服务。目前一方面缺乏有开源经验的老师，另一方面开源本身也需要来自教育模式方面的创新。

- 第三个挑战来自学生，学校需要告诉学生学习开源的目的、价值，并吸引学生学习开源。新的技术从市场需求传递到校园，再到落地成一门课程，这个过程存在滞后，形成一门系统性课程也需要时间周期。

我们认为开源不应只成为专业教育，只放在计算机、信息类的学科下面，因为开源背后还有开源协作、开源精神及很多思想方面的内容。我希望未来开源教育可以发展成为全民教育，每一个数字时代的公民都应具备开源方面的知识和能力。特别是数字化协作，相信这是和每个人息息相关的，不管你是否从事开发相关的工作，未来都需要用到开源相关的技能，例如我们现在会做一些内容翻译工作，可以基于开源协作来完成，开源教育包含了许多内容，对于每个数字公民来说都是非常重要的。所谓，教人"用"开源，以及用开源"教"人，如图13所示。

总而言之，我们倡议开源教育从以下六个方面展开：

- 学技术：只开源，不商业，支持国创；
- 做贡献：守规则，重流程，开放协作；
- 搞运营：搭社区，建生态，共识治理；
- 教学资源：课程开源，工具开源，平台开源；
- 学习方法：项目制学习，协作式学习，社会化学习；
- 办学模式：开放办学，开放思维，开放未来。

最后，结合目前国家在国际开源生态建设方面的诉求，以及在教育改革方面的各项措施，总结一下开源教育的几个重点发展方向：

- 将我国主要参与或主导的开源技术与项目，充分融合到已有的计算机类课程教学内容中，吸引广大师生了解、使用、反馈、贡献技术与项目；

- 结合国家特色化示范性软件学院、现代产业学院等计划，大力发展新一代软件产业的专业化人才，培养具备开源素养与技能的各类工程师人才；

图13 开源教育全景图

- 高校设置跨学科、多学科人才培养项目,特别是积极将管理学、经济学、法学、社会学等学科与软件人才培养相结合,重点培养开源战略、开源治理、开源运营等方面的高端急需人才;

- 将开源教育与全民数字素养与技能提升等计划进行结合,将开源与通识教育进行结合,培养具备数字化协作交流、开放创新、国际化视野的新一代数字人才。

[8]价值流网络:http://blog.frankzhao.cn/how_to_measure_open_source_3/

[9]开源软件开发与社区治理:https://github.com/X-lab2017/OSSDevGov2021

[10]OpenInsight-index:http://open-insight-index.x-lab.info/

[11]OpenDigger:https://github.com/X-lab2017/open-digger

[12]OpenGalaxy:https://github.com/X-lab2017/open-galaxy

[13]Hypercrx:https://github.com/hypertrons/hypertrons-crx

王伟

华东师范大学数据科学与工程学院教授,博士生导师,X-lab开放实验室创始人,开源社副理事长,CCF开源发展委员会委员,木兰开源社区技术委员会委员。研究方向为开源发展生态学、计算教育学。

赵生宇

X-lab开放实验室在读博士,开源社理事。Wuhan2020/OpenDigger/OpenGalaxy开源项目发起人,研究方向为开源数字生态系统。开源社2020开源之星,2020中国开源先锋33人,2020中国十大开源杰出贡献人物。

参考资料

[1]《GitHub 2020数字洞察报告》,http://oss.x-lab.info/github-insight-report-2020.pdf

[2]《2021中国开源发展蓝皮书》,https://gitcode.net/2021blue-book/china-open-source-blue-book

[3]《中国十年开源洞察报告》,https://developer.aliyun.com/article/795363

[4]《2021中国开源年度报告》:https://kaiyuanshe.cn/document/china-os-report-2021/

[5]中国开源码力榜:https://opensource.win/

[6]活跃度指标:http://blog.frankzhao.cn/how_to_measure_open_source_1/

[7]影响力指标:http://blog.frankzhao.cn/how_to_measure_open_source_2/

开源代码的法律保护

文 | 邓超

虽然开源代码一般都是免费的，但开源代码并不可以不受任何限制地随意使用。使用开源代码，需要遵守开源代码随附的许可证（License），否则可能构成版权侵权，从而承担赔偿损失、赔礼道歉等侵权责任。

软件版权发展情况

版权（也称著作权），英文Copyright，从其英文词源可以看出，版权这一概念起源于与Copy（复制）相关的权利。在印刷、摄影、留声等技术出现之前，复制他人的文章、绘画、音乐等这些受版权法保护的对象被称为作品几乎是不可能的，因此，彼时并没有对复制行为进行规制的太大需求。

随着科学技术的发展，出现了越来越多可以对作品进行复制并固定的方案。为了保护作品权利人（当时主要是图书出版商）的利益，现代意义上的版权法——《安娜法令》——首先诞生于1709年的英国，安娜法给予图书出版商21年的独占期间，在此期间，禁止他人复制相关图书。在安娜法令诞生300多年后的今天，复制权仍然是版权权利人最重要的权利之一。因此，复制他人的作品会侵害作品权利人的版权，是一种违反版权法的违法行为。

时间来到1940年年底，现代意义上的计算机和代码被发明出来，但计算机代码在诞生后相当长的一段时间内并不受版权法以及后来的专利法保护。最初，计算机代码并无独立存在的意义，它们总是与大型机等一并捆绑提供给教授、科研人员等专业人士使用。彼时对计算机代码进行法律保护的需求并不大，因为代码并不单独销售。随着电子产业的发展，微处理器诞生后促进了个人电脑的普及，计算机行业无论硬件软件，形态都发生了巨大的变化。微型计算机的出现使得计算机的受众从专业人士拓展到普通人，用户数量爆发式增长，并由此催生了一个新的产业——软件产业。社会上出现了专门为微型计算机开发通用软件的软件公司，这些公司不生产硬件，只是编写供计算机运行的通用软件并销售。为了回应这些新兴的软件公司对代码进行保护的需求，美国于1974年立法决定将计算机代码纳入版权法的保护框架下，类似于小说的文字那样对软件的代码提供版权保护。到了1981年，美国最高法院通过判例的形式决定将软件纳入专利法的保护框架下。

版权与专利的不同之处在于，专利法可以保护软件的功能，而版权法仅仅保护软件的代码本身。我国也同样借鉴了美国的立法模式，将软件代码纳入现有的版权法和专利法的保护框架下，而非专门针对软件进行特别立法。

综上，复制他人的软件——无论是可执行的软件，还是不可执行的代码片段——均构成版权侵权，是一种违法行为。同时，版权是一种私权，这意味着除非权利人自己或者授权他人去行使权利，别人或者政府执法机关等不能代替权利人主张版权侵权。也就是说，对于一些司空见惯的诸如版权侵权的违法行为，即使没有被人追究，也并不代表这类违法行为是得到许可的。只不过权利人现在不想，或者没有精力，或者还没有来得及去处理此类违法行为。

另一方面，当在手机上安装很多App时，以微信为例，下载微信时，不可避免地要将微信的代码复制到手机上，但这个过程中用户却并未侵犯腾讯公司的版权。原因在于，在下载App之前，用户往往需要勾选"我同意"按钮，而"我同意"的内容一般是该App的权利人提供给用户的免费版权许可。在8.0.26版微信的《软件许可及服务协议》的2.3.1项就记载了"腾讯给予你一项个人的、不可转让及非排他性的许可，以使用本软件。你可以为非商业目的在单一台终端设备上安装、使用、显示、运行本软件。"协议的该条款意味着腾讯公司作为微信的权利人，通过上述软件许可协议给予了用户复制其软件的豁免。

对于收费软件而言，用户为了获得软件的版权许可（如复制软件并得到副本），往往需要向权利人支付一定的费用，生产力软件、操作系统软件等就是如此。此类软件的商业模式就是软件行业传统的销售软件副本，用户付费才能够获得软件的副本。收费软件的许可协议多被称为"最终用户许可协议EULA"，用以区别软件权利人与其经销商之间订立的协议。之后，随着软件行业商业模式的进化，出现了免费增值的商业模式，即软件的基础功能免费，但用户可以通过付费来解锁软件更高级的功能或者去除免费版本的广告等。

此外，还有越来越多的公司通过软件和网络来提供各种服务，如撮合商品买卖（淘宝）、打车叫车（滴滴）、团购服务（美团）等，而其商业模式是通过服务来赚钱。因此，对于这类公司而言，软件本身并非交易的对象，而是向用户提供服务的载体。在免费增值或通过软件提供服务的商业模式下，软件都需要免费提供。此时，用户可以基于许可协议免费获得软件的副本，但前提是用户必须遵守许可协议中的诸多限制。这是因为从法律上讲，用户并未获得软件副本的所有权，而仅仅是软件副本的使用权。换言之，用户下载并获得软件副本的过程更类似于从租车行租赁了一台车，而非从4S店购买了一辆车。正是因为用户并不拥有软件副本的所有权，因此，软件权利人可以对许可给用户的权利施加诸多限制。如上述微信许可协议条款中的规定那样，用户仅可以非商业目的使用微信App。

综上，我们了解了，复制他人的代码——无论是可编译为可执行程序的整体或部分源代码、可直接执行的目标代码——都构成版权侵权，因此是违法的。没有权利人追究此类违法行为不代表这种行为被默许，也不代表其具有合法性。如果获得了权利人的许可，复制代码的行为就是合法的，前提是用户遵守了权利人在许可协议中设定的各种约束条件。在免费软件中，这种约束条件往往是十分宽松的，用户无须施加太多的注意。但如果用户违反了此类约束条件，那么复制代码的行为就丧失了合法性基础，仍然是违法的。

开源代码使用规则

开源代码的使用规则与此并无二致。开源的历史可以追溯到软件产业诞生的早期，如上所述，除了寻求对软件代码的版权和专利保护外，软件公司防止非法拷贝的另一个策略是仅仅提供可供机器运行的二进制代码（目标代码），而不再提供人类可读的自然语言代码（源代码）。这样，软件公司就可以在软件中加入防止非法拷贝或者验证序列号的代码，而不必担心被轻易破解。但有一些人对于软件公司不再提供源代码的趋势感到不满，并做出了回应，其中最有影响的便是Richard Stallman于1983年开创的自由软件运动（Free Software Movement）。Richard希望通过自由软件运动使软件的源代码尽可能开放给公众，就像收费软件出现之前那样。为此，他于1985年创立了自由软件基金会（Free Software Foundation, FSF），并于1989年编写了GPL许可证。GPL许可证在法律框架下进行了精巧的设计，最终使得该许可证具有了所谓的"传染性"。这种传染性可以确保任何使用了GPL许可证的代码都符合GPL的规定，即公开全部的源代码。GPL许可证从某种程度上催生了Linux内核的诞生。

1991年，年轻的芬兰人Linus Torvalds编写了0.01版的Linux内核，不到3年，1.0版的Linux内核便发布了。之所以能够在这么短的时间内完成一个成熟的操作系统内核，主要原因在于Linux的内核编写采取了一种众包的方式——世界各地的程序员均可自由地参与到内核的贡献中，而其背后的GPL许可证能够确保所有人的贡献都会公开给所有人，而不会被任何人封闭起来。在Linux获得成功后，一些人关注到了这一现象并试图将这种工作方式引入到商业软件的世界。自由软件的自由（free）与免费（free）在英文中是同一个单词，自由软件这一称呼听起来是完全反商业的，尤其是考虑到当时的软件产业收费是绝对的主流，并没有免费增值或通过软件提供服务等商业模式。为此，Eric Raymond等人设立了开源促进会（Open Source Initiative, OSI）并提出了"开源软件"（Open-Source Software, OSS）这一用语，随后被广泛接纳。

开源软件许可证

自由软件和开源软件虽然存在略微的差异，但二者都指代一个大致相同的软件类别，因而有时被合称为"自由开源软件"（Free and Open-Source Software, FOSS），以下在本文中简称为开源代码。

开源代码的版权并未过期，也未被权利人放弃，因此是受到版权法保护的作品。这意味着任何人擅自复制开源代码都会构成版权侵权。与免费软件类似，开源代码本身并不是需要付费才能够提供的，从某种程度上来说，开源本身并不能直接带来经济收益，开源代码欢迎被自由复制。如上所述，自由复制开源代码的前提是用户遵守权利人的许可条件，类似于收费软件的最终用户许可协议（EULA），在开源代码的语境下，类似的许可条件被称为许可证（License）。

许可证作为一种权利人与用户之间关于如何使用开源代码的许可协议（许可证的法律性质在美国仍有争议，但在中国法律下毫无疑义是一种合同），其内容在理论上是有无限可能的。事实上也是如此，仅是通过了开源促进会OSI认证的许可证就超过了100种。幸运的是，有一些许可证非常常见，最受欢迎的10个许可证就可以覆盖绝大部分的开源代码。因此，如果想要了解开源许可证的具体要求，对于程序员而言，掌握一些常见的许可

证内容就足够了。如果有进一步的疑问，可以咨询公司内部的法务或者外部的律师。

开源软件的许可证大致可以分为两个类别，一类许可证的要求比较宽松，用户使用该代码几乎没什么注意义务，这一类的许可证被称作宽松型许可证。还有一类许可证的要求比较多，用户使用代码需要履行一些注意义务，这一类的许可证一般被称为Copyleft型许可证。

常见的宽松型许可证包括MIT、BSD系列、Apache等许可证，这些宽松型许可证最主要义务就是保留署名。因为程序员或者公司编写代码供所有人免费使用而不图任何回报的情形极少，如果无法图利那么至少要图个名气，因此，保留作者的署名是非常重要的。在我国曾经发生的某建站软件系列案中，长沙某公司开发了某建站软件，并且提供了两种许可方式。一种许可方式是收费许可，用户需要付费来购买建站软件；还有一种许可方式是免费许可，用户可以免费使用建站软件，但需要在自己建好的网站留下长沙某公司的版权标识和网站链接。不过，有很多用户从电商平台购买了盗版的该建站软件，或者删除了长沙某公司的版权标识和网站链接，因而被长沙某公司诉至法院。最终，法院认为用户使用免费版的建站软件建设网站但删除长沙某公司的版权标识和网站链接的行为构成侵权，根据具体情节判决了2000~30000元不等的赔偿。

常见的Copyleft型许可证包括GPL、LGPL、AGPL等。其中，以GPL许可证为分界，还可以进一步区分为强Copyleft型许可证、中Copyleft型许可证和弱Copyleft型许可证。GPL是中Copyleft型许可证，也是LGPL、AGPL等许可证的基础，LGPL、AGPL等许可证都是基于GPL许可证的文本撰写的。GPL许可证是自由软件运动的基础性许可证，目的是防止软件的源代码被任何人独占，其主要内容是任何GPL代码及其衍生代码必须提供源代码，允许他人进行自由修改。在GPL许可证下，使用了GPL就构成衍生代码，需要适用GPL并公开源代码，这也就是GPL所谓的传染性。

GPL的传染性给软件使用的库带来了问题。例如，如果

一段代码链接到GPL下的库,自由软件基金会认为这属于使用GPL,因此根据GPL的规定,代码加该库的整体仍然需要适用GPL并公开源代码。这对于商业并不是很友好。为弥补GPL的这一缺陷,LGPL许可证出现了。LGPL是Lesser GPL的简称,意思就是限制更少的GPL。在LGPL下发布一个库时,链接到该库的代码可以不公开源代码。需要注意的是,链接到该库的代码不需要开源,但基于该库进行修改而得到的代码仍然需要开源,这是LGPL作为弱Copyleft型许可证的一个体现。

此外,软件产业的另一个新发展,即云服务,给传统的开源许可证带来了挑战。在SaaS的云服务下,用户在本地并不存储软件代码的任何片段,而是通过浏览器等瘦客户端远程访问服务器来获得服务。用户使用SaaS而支付的款项,其对价也并非是获得软件的副本,而是获得对远程服务器的访问权或者接入权。在这个过程中,没有了复制(Copy)行为,也就不会被版权法约束。基于版权法撰写的GPL许可证在云服务下会变得失灵。为此,一些公司撰写了传染性更强的强Copyleft许可证,如AGPL。在AGPL下,远程访问也与传统的代码分发被同样处理,代码会被传染而需要开源。

违反Copyleft型许可证会带来较大的法律风险。在2021年的罗盒案中,罗盒公司以GPL许可证发布了VirtualApp的代码,若干公司使用了VirtualApp的代码开发软件但是没有将软件开源。为此,罗盒公司将这些公司诉至法院。不同的受理法院均首先肯定了GPL作为合同的效力,然后认为被告使用GPL代码开发软件但并未将软件源代码公开的行为违反了GPL的规定,应当承担相应的侵权责任,判赔了几十万元的赔偿款。

结语

综上,开源代码虽然从其性质上是免费的,但是使用时也需要注意权利人开出的许可条件。一般来讲,使用开源代码的法律风险是比较低的,但如果违反了许可条件,也可能带来比较严重的法律后果,诸如赔偿损失、赔礼道歉等。此外,违反开源许可证还可能带来降低声誉等负面影响。

邓超
律师,具有理学学士和法学博士学位,有着深厚的法学理论基础;在知识产权行业从业十余年,有着丰富的实践经验。长期专注于知识产权前沿问题的研究和实践,代表客户处理相关的诉讼和非诉法律事务,运营公号:IP法。

开源合规实践避坑指南

文 | 刘伟

当前开源软件的应用范围不断扩大,企业和开发者对其合规使用问题的关注度也在逐渐上升。企业和开发者在使用、参与或主导开源项目的过程中,通常会涉及诸多开源合规相关问题。如何确定软件的权属选用恰当的开源许可证,从而避免触犯法律禁区?开放原子开源基金会高级法律顾问刘伟,以其多年参与各类知识产权诉讼案件的经验,为大家总结了开源合规实践避坑指南。

开源合规一直以来都是开源实践中的重要话题。我国"十四五"规划中也提到,要"完善开源知识产权和法律体系,鼓励企业开放软件源代码、硬件设计和应用服务"。但"开源协议"或"开源许可证"大多为舶来品,国内的司法案例较少,企业对使用开源软件的实际法律风险和后果往往存在不同的认识。在我2015年首次了解开源软件、参与开源案件之时,国内的开源案件还非常少,几无先例可循。进入开放原子开源基金会,正式踏上开源合规之路后,我发现开源合规的法律保护基本仍在现有的知识产权法律体系框架之内,涉及最多的知识产权类型也还是软件著作权。本次受CSDN《新程序员》邀请,我希望借助自己在知识产权领域的从业经验,从一些常见的开源合规痛点问题入手,帮助正在从事开源工作的企业和开发者们避开开源合规中常见的"坑",更合规地参与开源软件开发、对开源项目进行贡献。

我写的代码一定就是我的吗?

关于程序员职务作品的权属问题,是我们在开源合规中遇到的最常见问题之一。

程序员在入职时签署的劳动合同(有可能是劳动合同的某个条款,也可能是跟劳动合同同时签署的单独协议)中通常会对职务作品归属进行明确约定。各公司关于该职务作品约定可能不尽相同,但通常会根据《著作权法》第十八条进行约定。《著作权法》第十八条具体规定如下:"自然人为完成法人或者非法人组织工作任务所创作的作品是职务作品。有下列情形之一的职务作品,作者享有署名权,著作权的其他权利由法人或者非法人组织享有,法人或者非法人组织可以给予作者奖励:(一)主要是利用法人或者非法人组织的物质技术条件创作,并由法人或者非法人组织承担责任的……计算机软件等职务作品。"

根据该法律条款规定,劳动合同中的职务作品条款通常会约定,对程序员主要利用雇主公司的物质技术条件创作,并由雇主公司承担责任的计算机软件,是程序员的职务作品,程序员作为代码作者仅享有署名权,著作权的其他权利均由其雇主公司享有。

但实践中,经常会有程序员不太理解职务作品的含义,并认为自己对工作期间开发的软件拥有著作权,也有程序员并未关注自己是否签署了该类职务作品条款。程序员可能因为对代码所有权的误解,做出未经雇主公司授权便将这部分代码进行发布或开源等侵犯雇主公司权利的行为,如早期的Drew Technologies Inc. v. Society of Auto Engineers案。在这类程序员未经授权发布代码的案件中,通常会通过删除代码来解决问题,但也不排除雇主公司对该程序员提起著作权侵权诉讼的可能。所以程序员一定要有基本的权利边界意识，明白在工作期间写的代码未必就属于自己。如果程序员对自己写的代码的归属存有疑问，应及时咨询法律专业人士的意见。从而避免因误解代码权属而侵犯雇主公司的合法权益引发纠纷，给自己的职业生涯带来不利影响。

开放出来的代码真的可以随便用吗？

这一问题涉及开源许可证的条件变更所带来的影响和纠纷。

实践中，程序员对开源软件还普遍存在这样的误解：既然软件权人把代码开放出来了大家就可以随便用。的确，在上游软件权人附开源许可证发布代码、开源代码的那一刻，其著作权就被单方授予了所有人，但对下游开发者而言，获得该许可并不意味着永久拥有该许可。通常开源许可证（无论为著佐权型许可证还是宽松型许可证）都是附许可条件的，一旦下游开发者违反了开源软件所适用的许可证的许可条件，其使用许可便从"有"变"无"了。丧失了开源软件的使用许可后，下游开发者继续使用该开源软件的行为同样会构成著作侵权。此时，上游软件权人可以对其提起著作权侵权诉讼（与违约之诉竞合，但因为罚则不同，通常权利人会选择著作权侵权之诉），下游开发者便会面临侵权损害赔偿等法律后果。

希瑟·米克（Heather Meeker）律师在其 *Open Source for Business* 一书中提到，"Enjoy this boon until you misbehave（享有该恩惠，直至你行为不端）"，说的也是此类问题。此处的"misbehave"指的是下游开发者因违反该开源软件适用的许可证的许可条件，而丧失其原本已获得的开源软件使用许可的情况。

因此，上游软件权人将代码开放出来并不意味着下游开发者可以随便用。开源许可证常见的许可条件有版权及许可声明、修改说明、开放源代码、相同开源许可证许可、网络使用视同传播等。总体而言，无论宽松型许可证还是著佐权许可证，通常均有版权及许可声明的条件，著佐权许可证还会包括开放源代码、相同开源许可证许可等许可条件，而像AGPL这样的强著佐权许可证还包括网络使用视同传播的许可条件。下游开发者在使用开源软件时，请务必留意该软件所适用的开源许可证，并满足其对应的许可条件，防止因违反许可证的许可条件而丧失该开源软件的使用许可，从而致使自己（或雇主公司）陷入著作权侵权的风险之中。

软件权人可以随意为开源项目选择许可证吗？

许可证的合理选择对开源项目发展至关重要，如许可证选择不当或不遵守所依赖的第三方组件许可证的要求，会引发一系列的商业风险及开源合规风险，如何正确选用开源许可证要考虑的因素非常多。

开源许可证种类繁多，目前仅通过OSI认证的开源许可证已有一百多个，软件权人（可能是企业或开发者）面对纷繁复杂的开源许可证往往难以选择。这时，有的企业/开发者可能会参考其竞品开源软件采用的开源许可证，或是随意选一个较为常见的开源许可证。

因竞品软件与自身软件所属领域及特点均有相似之处，该做法或有可取之处，但也会存在二者因开源时机不同、开源目的不同、所依赖的第三方组件不同等原因而不应适用同一开源许可证的情况。随意选用开源许可证则更加不可取。但在实践中，此类情况屡见不鲜。

在2021年最高人民法院十大知识产权典型案件之罗盒公司诉玩友公司案中，软件权人最初于2016年7月8日为其VirtualApp项目引入LGPL v3.0开源许可证，将该项目开源。两个月后（2016年9月10日），软件权人便将该项目的开源许可证从LGPL v3.0更改为GPL v3.0。一年后（2017年10月29日），软件权人又删除了该项目的开源许可证（GPL v3.0）。两个月后（2017年12月31日），软件权人停止了更新该项目的开源版本，并转为开发不开源的商业版本,并申明任何人如需将其用于商业用途,需向软件权人购买商业授权。

本案中,被告玩友公司"微信美颜版"App（V1.8.2）使用了原告于2017年12月30日在GitHub网站上发布的Virtual App开源版本,此时原告已经删除了该项目的GPL v3.0开源许可证,并申明任何人如需将涉案软件用于商业用途,需向其购买商业授权。因GPL v3.0开源许可证的著佐权范围本就延及至其衍生作品,因此,软件权人虽已删除了该项目的开源许可证,下游开发者仍可基于涉案软件先前的开源许可使用该项目。因此,如果被告玩友公司遵守了VirtualApp项目选用的GPL v3.0开源许可证的许可条件,并且将其基于VirtualApp项目开发的"微信美颜版"App的源代码也采用GPL v3.0开放出来,并同时满足GPL v3.0的版权及许可声明等其他许可条件,则可以认为,以上为玩友公司基于开源许可使用VirtualApp开源项目的行为合法。但本案中,玩友公司并没有遵守GPL v3.0开源许可证的开放源代码的许可条件,而是将基于VirtualApp项目开发的"微信美颜版"App进行了闭源分发,因此,玩友公司对VirtualApp开源项目的后续使用,均系未经授权使用,构成著作权侵权。

从罗盒公司在短时间内（约一年半）先后多次变更许可证、删除许可证、进行闭源商业许可等行为,可见其软件权人在最初选用开源许可证时可能并未充分考虑各开源许可证及软件自身的特点,选取合适的开源许可证。

软件权人选择开源许可证至少应从发布源代码的目的、软件的专利状态、软件是否与Linux进行交互、软件是否分发（还是仅为网络使用）等多个维度进行考虑,并在常见的开源许可证,如GPL v2.0/3.0、LPL v2.0/3.0、AGPL v3.0、MPL v2.0、Apache v2.0、MIT、BSD中进行选择。

从软件权人发布开源代码的维度分析。如果软件权人希望促进软件的采用最大化,且允许下游开发者（包括竞争对手）将其软件用于专有产品,则可从Apache v2.0、MIT、BSD等宽松开源许可证中进行选择。如果软件权人希望促进其软件的采用最大化,但下游开发者必须也将其源代码开放出来,且不希望其代码被私有化,则可从GPL v2.0/3.0、LPL v2.0/3.0、AGPL v3.0、MPL v2.0等著佐权许可证中进行选择。如果软件权人希望下游开发者要么开放其源代码,要么通过商业许可获得授权,则可以考虑选用著佐权许可证与商业许可结合的双许可模式。但是,如果软件权人希望下游开发者仅将其软件用于非商业目的（或增加与开源软件定义相矛盾的其他限制）,则从严格意义上而言,并没有这样的开源许可证可供选择,此时软件权人或许可以考虑选择商业许可或CC-NC协议。另外一种极端情况是,软件权人仅希望发布开源软件供下游开发者使用,但不想进行任何限制也不要求任何回报,这时可以考虑选用CC协议,但CC协议并非严格意义上的开源许可证。

从软件专利状态的维度考虑,如果软件存在相关专利/专利申请,则可考虑附带专利许可条款的开源许可证,如GPL v3.0、LGPL v3.0、AGPL v3.0或MPL v2.0、Apache v2.0等开源许可证。

从软件是否与Linux进行交互的维度考虑,如果软件与Linux进行交互,因Linux Kernel采用的开源许可证为GPL v2.0开源许可证,还需要考虑软件选用的许可证与GPL v2.0开源许可证的兼容性问题,可选择与GPL v2.0兼容的开源许可证,如GPL v2.0、LGPL v2.0、MPL v2.0、MIT、BSD等开源许可证。

从软件是否分发还是仅为网络使用的维度考虑,如果软件不进行分发而仅通过网络使用（主要用于SaaS场景）,此种情况下,若软件权人希望下游开发者后续仍基于同样的开源许可证开放其源代码,则建议选用AGPL v3.0开源许可证。

另外,软件权人在选择开源许可证时还要考虑,代码是完整程序还是仅为一个库、代码是否用于物联网设备等相关因素,进行综合考量。当软件权人实在无法确定选择哪个开源许可证时,同样建议咨询开源许可专业人士的意见。

结语

除了开源代码的归属权、开源许可证的条件变更、开源许可证的选择等常见问题,开源合规中还有许多问题,在此不再一一赘述。建议开发者与企业在参与开源项目时,重点关注知识产权相关法律与开源许可证相关知识,遵循开源软件相关许可要求,合规使用开源软件,明确开源软件的使用范围和使用的权利与义务,保障开源软件作者或权利人的合法权益,同时保护自身与第三方供应商免受侵权风险。如若遇到难以判断的问题,请优先咨询开源许可专业人士的意见。

此外,对开源合规问题特别感兴趣的读者,非常推荐读一下希瑟·米克(Heather Meeker)律师所著的 *Open Source for Business-A Practical Guide to Open Source Software Licensing*。该书凝聚了作者从程序员到全球顶级开源许可律师传奇职业经历中的心得体会,及其对开源许可问题深入浅出的分析,在开源圈小有名气。另外,本书中译本《商业开源:开源软件许可实用指南》也经笔者翻译预计在2022年年底出版,届时基金会也会通过CC协议面向公众共享该中译本电子版,欢迎大家阅览与学习。

刘伟

开放原子开源基金会高级法律顾问。北京理工大学测控技术与仪器工学学士、北京大学中国法法律硕士及美国法法学博士。具律师执业证及专利代理师执业证,并先后在律所、互联网头部企业及开放原子开源基金会从事知识产权相关工作。现专注于开源合规领域的法律工作,《商业开源:开源软件许可实用指南》译者。

将开源的发展镶嵌在更大的文化背景之中

文 | 适兕

开源文化作为开源生态不可或缺的一部分,润物细无声。当我们思索开源文化的源头与内涵,常常难以理清头绪。它到底是什么?从社会角度来看,哪些文化对开源项目可持续发展更有益?致力于开源相关思想、知识和价值探究的适兕将从开源的常见现象、制度法规、观念演变、资金来源等方面为你解答。

文化总是作为开源活动的一个环节或者一个环境反复被提及,但在开源的研究中,文化的研究相对较少。开源本身的文化固然可贵,但这毕竟是现代社会中极少数群体采用的一种看似可以的方法,从人数的占比,以及它在现代社会中所起到的作用来看,显得微不足道。当我们面对探索太空、破解基因、利用RNA、气候变化等更大难题的时候才会发现,开源是镶嵌于其中的,而开源文化不过是众多文化中的一种罢了,若非计算机革命,实是不显山不露水。

作为国内早期的开源布道者,笔者常年活跃于开源文化实践与传播领域,本文是笔者正在创作的"发现开源三部曲"的一部分,也是查证开源文化来龙去脉过程中的思考与感悟。

为推动开源项目可持续发展而生

综合开源文化的相关文献,一般认为开源文化的源头与黑客文化、科学精神以及礼物文化相关。开源文化受开源参与者及使用者的行动与实践的影响颇多,但早期更多是为了解决开源项目可持续发展问题而被需要。

在开源的世界里,有个词汇大家非常熟悉——burnout[1](工作倦怠),每当它出现,总会带给人们更多焦虑。尤其面对不时出现的"删库跑路"现象,以及唱衰开源的论调之时,难免令人感慨世风日下。这两类现象是商业和社会中最忌讳的事情,只因其充满了不确定性。开源项目的可持续性发展一直都是一个令人头疼的问题。

绝大多数人都不会质疑开源的开发方法,连闭源起家的微软早在1998年就高度评价开源方式的先进[2]。但若是谈及如何让项目可持续发展,无论通过商业手段,还是接受赞助或其他,尽管目前已有不错的案例,但心存疑虑者、犹豫不决者居多。毕竟看似不设壁垒,又想从人们爱占便宜的天性中获得回报,确实是不太聪明的做法。

能够让开发者在解决生活必需之余进行创造性活动是一件非常重要的事情,有了人,才能开发项目,才能让项目持续推进。毫无疑问,以售卖用户许可授权的方式,闭源软件赢得了商业上的成功,但是,开源软件项目的可持续性不断被提及,而大多数时候,项目的维护者都需要一定的心理建设,他们可能投入了大量的精力和时间,不仅无法获得回报,还会被互联网用户无底线地索取。

投入开源项目的开发者如何赚钱永远是一个引人注目的话题,但是话说回来,做开源的开发者最开始只是想以开源的方式去做事。这不是个体的事情,而是整个文化和氛围的事情。从社会分工论[3]的角度来看,不能将所有的重担落在开发者/工程师身上,还需要其他领域的人才一起将项目持续做下去,一如Linux基金会雇用了Linux创始人和安全专家一样。

有时候,我们也会遇到"何不食肉糜"式的说教:开发者为何不去做其他能够养家糊口的事,而偏偏去做没有被主流社会所接受的事,这是一个需要深思的话题。我们可能会去评估某个人要写的程序,但鉴于并非作者本人,理解起来还是颇为困难的,如果按照现有的衡量和考核去做,势必会扼杀了创新。那么,社会是否需要开一个口子,让那些愿意为事业献身的人能够衣食无忧地安心做好他们认为有意义的事情?尤其是当所有人都受益于他们的项目。

如此一来我们就可以跳出开发者的视角,从更为广阔的社会来看看哪些文化对于开源项目的可持续性发展有积极的推动意义。

建立法律秩序保驾护航

软件是一种知识的产物,且极具独特性,将知识作为财产售卖或交易,需要制度的约束,以及价格的制定等。软件从计算机硬件独立出来之后,经历了十多年的摸索,终于发展出用户许可授权这样的模式,无论开源项目还是闭源项目,前提都是要承认和执行这样的授权合理性[4]。经历了非常多的法律之战,软件终于在商品化市场赢得了一席之地[5]。

但是,如果一种文化对于知识财产不够尊重,导致侵权或非法使用现象频出,就无法建立相应的法律经济秩序。在盗版横行的世界,也是无法产生任何的商业交易的。对软件来说,源代码是否开放,并不是软件定价的关键本质。计算机的出现,让复制变得易如反掌,而驱动复制的也是软件本身,在知识财产法的框架下,我们需要重新评估软件的价值以及制定交易价。

承认了软件的价值之后,我们再来探讨源代码开放的各种意义:法律、成本、伦理、社会秩序等。在源代码开放的情况下,复制不再具有经济意义的时候,服务、培训、定制、时间、债务等就成了开源软件的主要收入方式,而这些方式都需要在一个尊重和执行知识财产法的形式下方能有现实意义。

这需要大家从观念和价值观入手,基于此开发商业合同,将购买授权使用费转为按需订阅的采购方案才能顺利地施行。

以开源许可折射文化观念

前面我们提及开源的许可授权,回顾开源许可的演变,我们可以清晰地看到,与其说这些条款是仿照版权、合同等法律意义上的模仿,不如说是一种数字化世界的观念,这些许可的条款甚至有点教条。它让我们做一个遵纪守法、自尊自爱的现代公民,自己撰写的程序,不仅允许他人修改,也鼓励他人发布自己的版本,只要承诺让开源继续传递下去就行。

观念不是法律,但要强于法律,因为它决定了人的行动,作为外在的一种表达和传递,许可是文化上的显性呈现,也是成为社会知识的必要步骤。

鼓励项目资金来源多元化

从文化的角度而言,商业并不能也不该是开源唯一的来源[6]，开源本应是设身处地，根据自身条件因地制宜地去寻求各种让项目可持续发展的资源，如社会捐赠、企业赞助、政府补贴、国家基金等。

以上均建立在该开源软件项目有实际应用价值的前提下，在遇到可持续发展问题时，才会去想各种各样的办法。我们也经常听到艺术家的各种故事：许多艺术家宁愿举债都要完成自己的作品，然后再考虑接下来怎么走。开源世界里这样的故事也非常多，拙著《开源之迷》[7]里讲述了一些类似的故事，有的是个体，如Linus Torvalds，在遭遇生存危机后，社会力量资助了他，让他能够继续开发和维护Linux内核，其中有上市公司的期权，也有非营利机构的雇佣；有的是项目共同体，如Debian在遭遇资源匮乏时，注册了公共领域软件（SPI）机构，专门用于接受捐赠[8]；有的是商业公司，如Cygnus，进行商业模式的创新，进而获得持续性发展。

没有资源，开源将无法进行，而这些资源需要社会各界的支撑。当然，这是一种各方都受益的情况下的可行操作，一个企业因为资助开源项目而受益，是所有人都愿意看到的局面。做看客去使用开源项目而受损，这是最糟心的局面，也是暴露社会不够完善的局面。著名管理学者彼得·德鲁克晚年的著作始终在倡导企业的社会责任[9]，没有社会意识的企业，历史告诉我们，通常走不了多远。社会需要制度的倡导，让开源项目的资源获取更加多元化。

反思与优化开源文化所需社会条件

人类社会的情况非常复杂，复杂到令绝大多数人都不愿意思考的地步，人们只希望简单得出一个终极结论：

- 开源不可行！
- 开源根本就行不通！
- 开源太难了！
- 太傻了，竟然还有人做开源！
- 开源就是用来骗人的！
- 开源就是做宣传、做市场的！

每当看到这些断言的时候，我们可能需要更多地考虑人的观念和基本立场。人是否从自身出发去思考过开源的可持续发展？当一个人认为社会是弱肉强食的，强取豪夺才是其运行逻辑，法律、规则、规范、许可统统都是摆设，这将造就某种坏境下的开源寸步难行，也就引出了本文的一大重点，开源需要一定的社会条件，这些条件就是社会的整体文化环境：

- 对于创新的鼓励和倡导；
- 自尊自爱，遵纪守法；
- 尊重知识，了解版权的意义；
- 体会他人，积极鼓励；
- 监管严厉；
- 尊重他人劳动，支持第三产业；
- 灵活合同签署，订阅服务的政策支持。

有些价值观的缺失，就是直接导致项目无法获得资源，甚至出现本文开始提到的burnout（工作倦怠）的情况。这时也可以说，开源的发展是文明的体现。更多的相互尊重和自我约束是相当苛刻的，是违背人性的，文化之外还需要诸如制度、道德、规范、教育、伦理等更多的社会因素共同去实现。

跳出椰壳持续探索

经典人类学著作《想象的共同体：民族主义的起源与散布》一书的作者本尼迪克特·安德森在他的回忆录[10]中将自己比喻为一只试图跳出椰壳碗外的青蛙，笔者从这里也获得了相当多的灵感，据说青蛙在椰壳碗里时，认为这只碗就是世界。我们在从事软件相关或者是任何其他劳动时,不应该将所有的事情都聚焦于周边的小环境和范围,而是要跳出这个环境去看待世界,开源文化并非世界的全部,仅仅是世界的一部分而已。

如果我们不跳出这个"椰壳",就无法看清楚开源本身,一个大的社会文化是否能够让开源文化正常地生长与发展,和开源文化本身的发展同样重要。相互和谐,彼此成就才是所有人都希望看到的。

李建盛(笔名适兕)
"发现开源三部曲"(《开源之迷》已出版,《开源之道》《开源之思》撰写中)作者,"开源之道"主创,致力于开源相关思想、知识和价值的探究,Linux基金会亚太区开源布道者,云计算产业联盟个人开源专家,Apache本地共同体北京成员,CCF开源技术丛书编委会委员。

参考资料

[1] https://www.theopensourceway.org/,最后访问时间:2022-09-02

[2] https://www.gnu.org/software/fsfe/projects/ms-vs-eu/halloween1.html,最后访问时间:2022-09-02

[3] [法]埃米尔·涂尔干.社会分工论[M].北京:生活·读书·新知三联书店,2017-1

[4] http://digital-law-online.info/lpdi1.0/treatise19.html,最后访问时间:2022-09-02

[5]《Ruling the Waves: From the Compass to the Internet, a History of Business and Politics along the Technological Frontier》,Debora L. Spar, Harvest Books, 2003-07

[6] [法]弗雷德里克·马特尔.论美国的文化:在本土与全球之间双向运行的文化体制[M].北京:商务印书馆,2013-1

[7] 适兕.开源之迷[M].北京:人民邮电出版社,2022-02

[8] Debian 为什么没有成立非营利基金会?https://opensourceway.community/posts/foundation_introduce/how-debian-growing-without-foundation/,最后访问时间:2022-09-06

[9] 彼得·德鲁克(Peter F. Drucker).彼得德鲁克全集·非营利组织的管理[M].北京:机械工业出版社,2018-11

[10] [美]本尼迪克特·安德森.椰壳碗外的人生:本尼迪克特·安德森回忆录[M].上海:上海人民出版社,2018-8

专题导读：

新金融背后的科技力量

文 | 马超 * 王丽丽

金融科技（FinTech）在提出伊始，就伴随着颠覆传统、裂变式发展等一轮轮爆炸式增长，尤其是在疫情发生以来，金融科技凭借其数字化的优势，再次迎来了发展的第二春。同时，国家将云计算、人工智能、区块链、数据中心、超算中心、物联网等领域列为新基建的项目，也加强了金融科技发展的后劲。

回顾金融科技的发展历程，我们可以看到它就是一部通过场景升级而不断自我倒逼、自我突破的历史。在这个过程中，金融需求侧不断扩展应用实践，科技供给侧不断倒逼改革，坚实科技基础。接下来，笔者就带大家共同解读金融科技的发展简史以及演化基线。

流量爆发造就金融科技云底座的成熟

2000年，世界银行援建的一代支付系统正式上线，标志着我国金融体系内终于有了现代化支付系统的支撑。实际上，就在20世纪，我国的支付结算大部分还要靠现金和纸质票据的交换来完成，金融体系运转效率较低。而随着一代支付系统的上线，这个困扰金融行业已久的问题终于得到解决，尤其是银联在2002年成立并以直接参与者的身份加入支付系统之后，更是直接拉开了银行卡时代的大幕。银行卡化解了大额现金支付的麻烦，将线下的现金支付交易转化为线上的流量红利。但业界普遍认为，一代支付系统和银行卡体系并不算在现在的金融科技雏形中，金融科技的计算底座，也就是云平台最终还是需要依靠移动互联网流量大爆发而倒逼形成。

金融科技的曙光在2009年左右出现，这一年腾讯迎来了《开心农场》，阿里创造了"双十一"购物节，这样的疯狂增长奇迹让人始料不及。据了解，《开心农场》在上线的最初几天内，每天都有高达100万的用户增量，很多用户宁可凌晨3点起床，也要去朋友"地里"偷菜，双十一更是创造了年化1000%的增长神话。

不过这种爆炸式增长，也成了当时金融IT人的"甜蜜负担"，他们渐渐发现，其用户的增长速度已经超出系统处理能力的提升速度，而原有一直沿用的IOE（IBM的小型机、Oracle的数据库和EMC的存储）中心化系统体系与这种高并发的场景格格不入，原有的IOE产品根本无法负担这种上亿用户同时在线的业务场景。

也正是由于上述原因，10年前的中国互联网人就开始在PC服务器、开源数据库产品、分布式存储等云计算相关的技术上开展研究和探索。以前提升算力的思路是让服务器越来越强，分布式思路则只需增加服务器节点的数量，就能处理更多的并发服务请求。而在分布式改造的过程中，云计算这个金融科技的基础底座也在这样的流量冲击下被塑造而成。

云平台的出现使硬件算力在实现虚拟化层转换后，最终提供给用户的云主机的算力都是标准化，整齐划一的，这也让去中心化的分布式系统成为可能。而解决底层硬件的分布式平衡性问题，也成为科技消化互联网流量的关键推力。

场景升级促进金融科技核心的稳定

在各种倒逼之下，我国金融科技发展所必需的云计算底座在2014年左右基本走向成熟。这在当时有两个标志性事件，一是在阿里云的帮助下，一到节假日就崩溃的12306终于稳定了，并顶住了2014年的春运抢票；二是淘宝双十一的交易量也在74秒内突破了1亿笔的大关。但当时金融科技的核心也就是稳定可靠的数据库，还是一个稀奇的玩意，标志着我国金融级核心数据库开始走向成熟稳定的关键性事件是2015年春晚上演的红包大战。

在金融领域，一般将涉及客户账户余额变化的交易称为动账类交易或金融类交易，微信红包的金额可能不大，但其实用户每抢一次红包都涉及一笔金融交易，在2015年除夕当夜，全球有近10亿人进行了100亿次的抢红包活动。如此大并发的金融类交易，在之前根本闻所未闻，在红包的背后最关键的技术就是成熟稳定的金融级数据库，要在保证性能的同时不能出现错漏账。与此同时，要依靠存储技术对数据库及其他消息进行性能保障，可以说在经历了红包大战的洗礼后，我国各大科技厂商在金融级计算需求方面走向成熟。

在解决了核心交易数据库的技术难点之后，高性能存储技术成了金融科技人需要跨越的另一座高山。在这方面，华为、阿里等科技公司在自研存储方面的起步也非常早，而且水平也远比人们印象中要高得多。

比如在电商领域要存储数万亿量级的图片，从技术角度来看，图片都是百K左右的小数据，相比大尺寸的数据来说，这种存储因为索引密集度更高，带来的技术挑战要大很多，一是要解决索引和数据尺寸协调的空间问题，二是要解决大规模下的成本问题。所以，从2006年接入第一个相册产品开始，阿里根据业务场景不断演进及优化图片存储服务，先后推出了适合各种不同图片存储场景的存储系统，如支持实时回收的CTFS、支持高频快速访问的HTFS、支持EC编码的BTFS等。

多年以后笔者看到Facebook公开的图片存储平台Haystack论文，很多设计也与我们的方案类似。而我国科技公司数据量级不断突破到EB级体量，也倒逼后续在数据仓库乃至数据湖方面取得重大突破。

人工智能助推金融科技的蓬勃发展

在有了存储、数据库等底层技术加持后，金融科技开始进入快速发展的阶段。一般来说传统金融分为存、贷、汇三大业务主线，而之前的扫码支付、余额宝等产品属于存和汇的范围，不过在2015年，AI技术全面成熟的大背景下，金融科技也开始把目光放到了"贷"的领域，智能风控等产品强势来袭，而由于传统银行的风控体系往往需要人力资源的投入，因此小额信贷根本无法覆盖成本。然而，科技企业完全可以在AI智能风控模型的帮助下，以及基本不需要人力投入的情况下开展小额信贷的业务。在金融科技的助力之下，普惠金融成了可能。

隐私计算，信息安全为金融科技保驾护航

可以说，金融科技演化的历史，就是流量的激增与场景的扩展共同构成正反馈网络，倒逼金融科技不断迭代升级的历史。在这样的情况下，科技企业给出的答案是上云，并通过将应用直接建在云上的云原生方案降本增效，提升自身的竞争力。

而在目前各行各业都全面上云，不断进行数字化转型的时代背景下，金融科技想获取更大的发展，关键要靠打破一座座数据孤岛之间的限制，实现数据的可用不可见。金融数据素来有数据金矿之称，但由于客户隐私保护等方面的限制，各金融机构都只能使用自身内部数据进行用户画像等建模计算。

信息安全也是金融科技发展的重要基础，而身份认证、

安全防护等方面的产品在数字化时代的根本运行逻辑也面临着全面升级的需求。例如，身份认证产品对内可以做员工统一登录平台，对外可以做客户身份识别的系统，可以在金融科技的多个领域发挥作用，形成新一轮的裂变，创生全新的业态。

科技迭代的速度是惊人的，21世纪初中国互联网的C位还被新门户网站所占据，但以BAT为代表的中国新一代互联网公司在短短几年内就完成了弯道超越，甚至还带领我国整个IT产业走向世界巅峰，然而这份成功却来之不易。

我们从历史中看到应用拓展、场景升级是推动金融科技不断演进的基本逻辑基点。为此，我们要找到金融科技下一轮风口，全面夯实云计算底座，大力推广隐私计算技术，并在保证信息安全的基础上，不断扩展金融科技的落地实践，也必然能够见证金融科技下一轮的迅速发展。

本专题架构

具体来看，本期金融科技专题在内容组织上，包括对以上云、数据库、人工智能、隐私计算，以及信息安全等技术的深入探讨。在呈现层次上，以产业、技术、实践、安全的四层逻辑完成架构。

■ 在产业部分，我们分别邀请到产、学、研界的中外企业首席架构师和首席科学家，深度梳理金融领域在前、中、后不同阶段的技术转化链上攻克了哪些学术难关、完成了哪些研究命题，实现了哪些应用场景，以及最终融合落地产业化，三篇采访我们收录在CSDN的《近匠》栏目中。与此同时，金融与其他行业的最大不同在于更强的监管属性，未来技术趋势和走向也与监管密切相关。为此，来自证监会和学界的专家、教授将带来基于监管的未来金融新趋势的深度解读。

■ 在技术层面，数字化、云原生、数据库、区块链、RPA——不仅是当下金融平台的基座，更是未来金融变革的推动力。打破长期以来平台建设的困境，构建下一代基础设施，通过新兴技术触发未来革命，金融技术的新时代已然来临。

■ 在金融科技场景方面，我们以实践为主轴展开。在这一部分，数位专家分别展示了传统金融和互联网金融领域中的细分场景实践。从数字化、账户设计、AI影像等重点应用技术出发，解构技术痛点、梳理解决思路、以理论指导实践。

■ 最后不得不提，信息安全对于金融科技的重要性不言而喻，有业内人士甚至认为安全是科技应用在金融领域的最重要命题。这一方面体现在科技对于金融安全在体制建设、监管政策，以及产业发展上带来的变革；另一方面，科技本身给金融带来的安全挑战，也是讨论金融安全的题中之义。如何将隐私计算、云原生等技术在金融领域进行高效应用，以及在金融科技全面展开的背景下有哪些信息安全的实践和思考，是本部分重点讨论的话题。

我们邀请了近三十位产业资深专家，共话新金融背后的科技力量。他们分别来自中信银行、中国邮政储蓄银行、中国工商银行、中国人民银行、中国证监会等主力金融和监管机构；平安科技、微众银行、蚂蚁集团等互联网金融代表企业；IBM、华控清交、萨摩耶云、Thoughtworks、第四范式、网易、天云数据、华为、京东、中科软、星阑科技、启明星辰等技术和解决方案企业，从不同专业维度共同绘制出最新金融技术与应用的生态图谱。

新金融未来前景非常广阔，通过科技赋能，将给产业发展带来极大的想象空间。随着数智化的不断推进，基于云、数据库、AI、隐私计算等前沿技术的金融变革逐步深化！

马超
中信银行资深技术经理，阿里云MVP，华为云最有价值专家，CSDN约稿作者。

王丽丽
中信银行信息技术管理部架构管理处架构师，技术架构专家。

新金融背后的科技力量

平安科技首席架构师金新明：对金融改造最大的技术是云、大数据和AI

文 | 杨阳

从改革开放后提出金融电子化，到如今新一代技术与金融的融合创新，近半个世纪以来，国内外金融科技究竟如何发展？为了回答这个问题，我们请到了平安科技首席架构师金新明，通过对他经历丰富的技术人生专访，一同见证国内外金融科技产业界的不断变迁。

金新明，曾在华南理工大学和曼彻斯特大学分别攻读自动化和计算机双博士学位，原本想要成为大学教授，却在机缘巧合下进入金融科技产业界，从系统架构师一直做到首席企业架构师。

从广州到曼彻斯特，从爱丁堡到伦敦，从天津回到广州……一路上，他亲历了20世纪90年代的中国金融科技产业，参与完成国内第一家银联POS技术集成项目；也曾在苏格兰皇家银行成功落地实践了他在泰雷兹时形成的Mission Critical系统工程理念；开发出可能是银行史上第一个以模型为基础的端到端的驱动项目。回到国内后，他将新的征途选择在"金融云"赛道上，而战车则是——平安科技。

接下来，我们就一起走进平安科技首席架构师金新明的技术人生，看他如何与金融科技产业结缘，如何将不同的产业技术思维融会贯通，如今的他又有哪些进一步的思考，可以给到开发者哪些启发。

与金融科技结缘：参与全国第一家银联POS集成项目

20世纪90年代，银行卡还是稀罕产品，大型商场的POS机林立，每家银行都要用自己的POS才能刷卡，场景颇为"壮观"。

此时的金新明正在华南理工大学攻读自动化专业研究生，重视项目实践的宽松校风让他在研二即有机会走进企业："我们可以参加外部公司项目，论文通过答辩就算成绩可以毕业。"幸运的是，金新明恰好遇到广东银联第一个POS机集成项目，负责人找到了金新明和他的两个同学。

"之所以找我们，主要是看重华工学生的学习能力。"就这样，金新明在广州银联江湾的办公楼里，开始用COBOL语言做大型

金新明
平安科技首席架构师。毕业于英国曼彻斯特大学计算机系和华南理工大学自动化学院，分别获得软件工程和自动控制博士学位，曾任职于多家国际银行。2021年9月加入平安，协助在集团层面推动技术架构的建设和优化。曾参与开发广东省银联第一个POS跨行集成系统，负责设计多个大型企业和金融核心系统以及银行的整体企业架构。

机的编程。"当时各个银行使用的网络协议都不一样，如TCP/IP X.25、SNA……这些让如今的开发者听上去是老古董的协议和各自不同的交易格式，正是无法让终端实现统一的源头所在，我们的编程工作就是要将不同的协议集成，最终通过银联POS中心实现互通互联。"

事实上，终端集成是这一时期金融电子化的主旋律。1995年8月，以Nonstop（无停止）闻名的天腾容错计算机，作为银行自动取款机联网系统的主机在上海投入使用，这是自1993年国务院启动"金卡工程"后，国内首次开通ATM/POS业务的金卡试点。

三个月后，天腾高级容错系统喜马拉雅作为ATM/POS软件运行的硬件平台，也被广东银联POS集成项目所采用。第一次接触大型机，金新明感觉到自己亟待提升，"在此之前，我们自动化专业学习的编程语言只有PC上的BASIC、Fortran和C，对天腾大型机封闭操作系统上的COBOL刚开始感觉无从下手。"

在网络尚未普及的时代，不仅没有线上课程，连方便携带的电子书也没有。金新明和同学只能通过一摞摞书，边看手册边在机器上操作，对各种协议的学习和理解通过理论和实践逐步完成。就这样，广东银联的POS集成项目在几个研究生日复一日的编码中逐渐成形。

作为尚未走出象牙塔的年轻人，能够参与全国第一家银联POS技术的项目集成，自然难能可贵。当他回想起这段经历，最难忘的是："因为资源稀缺，就感觉学习的每个知识点都很珍贵，像掌握了独门秘诀一样兴奋。"

正是这段不同寻常的经历，为他之后从事金融科技行业埋下了伏笔。

从成为教授到进入产业：开始走上架构师之路

因为缺少获得信息的渠道，金新明和当时的其他高考生一样，填报志愿时并没有对所学自动化专业有更多了解，只是遵循了"学好数理化，走遍天下都不怕"的普世道理。在北方工业大学读本科期间，他学习了硬件和软件知识，包括单片机控制和计算机编程。

之后又到华南理工大学读自动化硕士和博士。读博期间，学校和香港科技大学开展了联合项目，金新明到香港科技大学进行了博士最后一年的项目研究。客观讲，这一年的经历让他感受到国内高校在学习资源、研究方法上和国际化还是有不小差距。"感觉自己打开了眼界，真正接触到了国际领先的研究方法。"

一般来说，学业结束即面临找工作的问题，但金新明此时还不想进入产业界，对理论知识的偏好让他想学习更多先进的技术方法。为此，博士后期他便开始申请国外大学的研究课题，最终拿到几个offer。因为曼彻斯特大学给到全额奖学金，加上"基于软件模型的软件工程"是他想要研究的方向，便去英国攻读了计算机博士学位。

"那时候原本想做教授，对学术就非常渴望。如果不是想要进入学界，不建议大家在学校读太长时间的书。"

话虽如此，但学生时代的金新明还是将学术理想进行到底，读完第二个博士学位后，又到曼彻斯特的另一所大学——索尔福德大学，完成了为期一年多的博士后研究。由于在曼城学习和工作期间参与了很多制定国际信息标准的实际工作，他最终没有选择在大学任教，而是进入了一家专注大型系统开发和集成的国防咨询公司，参与国际信息标准产品生命周期支持（Product Life Cycle Support, ISO 10303-239）的拟定和实施的相关咨询工作。两年后，金新明跳槽去到欧洲最大的防务公司泰雷兹（Thales）集团，自此他开始走上架构师的职业发展路径，从系统架构师到方案架构师、数据架构师，再到企业架构师。

由于外国人的身份，金新明在国防这一敏感领域处处受限。"当我做了五六年的时候发现，随着接触面的增大，受到的限制也就越来越大。"

意识到在防务领域技术上很难尽情发挥和获得提升，他开始更进一步思考自己的职业生涯，回想起在广州的银联POS集成经历，他设想，或许重回金融行业是一个好的选择。

重归金融：融会贯通、中外合璧

不过想归想，能否达成还要看机缘。从泰雷兹出来后，他先是去到印度著名软件公司Infosys，巧的是，公司随即派遣他去苏格兰皇家银行做方案架构师，于是他如愿回到了金融行业。

苏格兰皇家银行创建至今已有近300年历史，以零售业务为主。对于技术的赋能理念，该银行主要想实现零售业务的多渠道售卖，包括通过Web端、手机端，或者在branch中实现和客户面对面的实时展示。

事实上，此时的金融零售业刚开启电子化不久，几乎没有成熟可借鉴的案例。即使像苏格兰皇家银行这样的行业头部在金融系统架构上也没有成熟的规范。"基本是需要什么就做什么，快速设计、快速交付。在一些测试环节，甚至需求都没有测试完就直接上线。"

金新明多年在国防系统项目中磨炼的严谨工程思维此时派上了用场。从需求端开始切入设计，选择模块到实现，通过测试验证实现……国防的链路式设计保证了从需求到测试的完整证据链，所谓Mission Critical，不能有任何疏忽和遗漏。

"我把系统工程的概念引入到了项目中，比如从需求端到设计端如何进行链接和转换，确保每个需求在设计中都有涵盖，就实现了可追溯的环路。"

此外，当时的银行监管趋严，借鉴国防系统的架构思维，让系统架构更加严谨，也为未来发展铺设了地基。

"这是让我印象较深的事情，从一个非常严谨的行业，到一个相对宽松、但又趋严的环境，如何将过往的经验借鉴到新的领域。"

从当时市场和团队普遍认可的反馈结果来看，他的这一尝试非常成功。

虽然事业顺遂，但金新明家住伦敦，苏格兰皇家银行总部在爱丁堡，长期的来回奔波让他感觉十分吃不消，便开始寻找在伦敦的工作机会。这时，巴克莱投资银行向他抛出了橄榄枝。

这家银行想要做后台对账系统，希望能够引进基于模型的架构，以模型作为驱动来做整体系统设计，而实现这一业务的技术正好与金新明读博期间所学对口，他的博士论文题目便是《基于模型的流程仿真》，加上在咨询公司做系统工程沉淀的方法，金新明便成为不二人选。他很快收到巴克莱投资银行的Offer，岗位是当时市场上鲜有的"流程架构师"。

作为项目模型的牵头人，金新明用Zachman框架将业务模型、数据模型进行了搭建，在此基础上进一步开发了能够根据模型生成代码的引擎。"我负责这个项目所有模型的架构，包括业务流程模型、数据模型、用例模型，以及事件模型，并且设计开发了一个代码生成引擎，这可能是银行界第一个以模型为基础的端到端的驱动项目。"

对于金新明和他的团队来说，面临的最大挑战是如何将模型的效率提高，同时还要做好不同团队质检的版本协调，包括模型版本控制、生成的代码标准化等问题，都是此前没有遇到过的。

"需要用各类工具来辅助技术的实现，做好端到端的设计、测试和集成，很多方面需要协调考虑。这是我遇到的技术挑战最多的项目。"

如今回想，金新明对这样的"瀑布式开发"进行了反思。"一定要有模型改变才能生成代码，这一点如果从现在敏捷的角度来衡量，肯定不够敏捷。模型和代码生成器本身就是瓶颈，而如果前端、后端和数据库团队都依赖建模团队，就很难像敏捷开发者一样做快速迭代。不过，这毕竟是成长的过程，而且后来兴起的很多软件工程实践，如DDD（领域驱动设计）和我们当时基于模型的开发还是很相关的。"

在英国学习、工作十四年后，金新明选择在2014年回国。他先是加入渣打银行在天津的研发中心，负责金融平台的架构，他的团队参与开发、设计了当时的沪港通。2015年回到广州，成为汇丰集团首席风控架构师，后来又去到香港，成为亚太区对公银行首席架构师。2021年9月，金新明加入平安科技，成为首席架构师。

"从去到英国读博，二十余年来我一直在国外企业和银行做技术，没有过国内企业的工作经历，受到邀请的时候我也非常好奇，想要知道国内头部金融科技企业如何做研发和架构，感觉是非常好的平台和学习机会。此外，也想把国外成熟企业中的经验，特别是架构方面借鉴到我们的系统中来，所以决定来平安科技。"

目前，金新明负责平安科技以及集团的整体研发和架构管理。

搭建架构师团队，应对标准化和特殊性的挑战

加入平安科技后，金新明主要负责两项工作：一是分管技术中心，包括DevOps平台（神兵）、微服务架构、API门户，以及治理框架；也包括中间件、工作流等一般企业都需要使用的公共能力。另外，为了对架构能力进行盘点和提升，他带领成立了集团架构师团队，将各领域专家沉淀下来的技术精华复用给集团各子公司。

在集团层面，金新明和负责研发架构的专家一起成立了研发架构委员会，目前负责平安集团研发领域标准规范的制定和实施工作。同时成立了架构师社区，目前有1600多位架构师参与讨论和分享。在他的带领下，集团层的专家库也建设了起来，包括DDD、高并发、高性能等实现不同技术性能的专家悉数归类到库中。

"如果遇到集团层的技术挑战，库里的专家可以马上组成专家组提供相应的咨询和技术服务，这样就能把整个集团的专家力量调用起来。"

谈及目前面临的主要问题，金新明认为主要在于技术选型上很难"大一统"："平安集团很大，每家子公司的选型可能都不一样，对我们来说技术的整合和统一是最大的挑战，但至少做到在一个大的框架范围内。"

实际则是，相似也很难做到，尤其对于存量系统，因为已有用户，再进行转换非常困难，"所以只能从新增系统开始让大家遵循标准。"

在定义标准的过程中，每家子公司也有自己的独特诉求。如何求同存异，以及在严格的开发时限内，满足业务需求的同时又能从战略角度进行技术的提升和整合，都是摆在他面前，未来需要逾越的难题。

如今的金新明，重归金融行业已有十余年。从自动化到计算机，从国防技术到金融科技，从国际知名企业到国内头部集团，他已然融会贯通、中外合璧。那么，对于时下新金融背后的科技力量，他又有哪些看法呢？

云和大数据带来底层系统的改变

《新程序员》：目前通用的金融科技划分包括大数据金融、人工智能金融、区块链金融和量化金融四个板块。你认为这样的划分方法主要基于什么考虑？是否认同？

金新明：我倒是没有很关注过这样的划分方式。一般是按照行业业务来划分，如银行金融科技、保险金融科技。大数据、人工智能这样的划分很明显是从技术角度切入。但根据我的个人经验，感觉这样的划分其实很重叠。例如，量化金融中肯定会用到大数据和AI的能力，它们之间有很多交集。

还有一点是技术的迭代非常快，如区块链，十年前还没有这个概念。我们现在的技术概念可能在十年之后又会被新的技术所替代。如果不考虑技术迭代的问题，现在这样的划分还没什么问题，但如果把时间拉长，这样的划分可能就会有问题。

《新程序员》：近五年来哪些技术对金融的改造最大？体现在哪些方面？

金新明：排前三位置的我认为是云、大数据和AI。首先

是云，我之前在银行，大部分工作都基于云的转型。当时要求所有系统上云，而且是上公有云。但系统上云不是简单把现有系统从实体服务器搬到虚拟机上，而是要求系统重新设计架构，要充分利用云原生的能力。所以，上云的系统设计和数据管理都面临很多新的挑战。

第二是大数据，数据的应用对于金融行业来说也是底层变化。如今数据量急剧增加，如何有效应用数据，而且满足监管的要求，都是非常重要的。

第三是AI的应用。但实际上，AI在金融产业的真正落地还没有实现规模化，但它引发的探索和实践意义非常大。

《新程序员》：这三项你认为最重要的技术，它们改变金融产业的底层逻辑是怎样的？

金新明：云带来的是底层系统设计的改变。二十多年前我第一次接触到的系统是"天腾"，它采用了很多冗余设计，包括多备份的CPU，单个备份不够就用两个。所以，以前我们讲系统可靠性是冗余设计一倍，或者两倍。但如果遇到像"双十一"这样的情况，冗余百倍、千倍可能都不够。在这种情况下，用传统机房、服务器来满足这么大量的需求是不可能的，只有上云，通过无限和更加稳定的空间才能解决这一挑战。

当然，云带来的好处不只在于可扩展性，而是一整套提效方法。云上有一系列专业工具，对于用户来说，可以不再考虑底层的东西，直接取用即可。

在数据层，以前是数据量不够，现在是太多。数据的增多让决策复杂度几何上升，判断哪些数据是真正可靠的才是关键，比如同一个客户可能会有两个相互冲突的数据，要判断哪个才是可信的，如何在相互之间搭建关联度，如何从一个数据链接到另一个数据等等。

还有一点是监管层面。传统的系统设计没有考虑到个人数据的隐私问题。特别是在金融这样的强监管行业，想要做好数据的利用和保护，一整套端到端的设计必须到位，包括如何进行企业层面的元数据设计，如何完成整体数据架构的设计，这些方面都是需要加强的。

至于人工智能，改变主要集中在某些相对简单的场景中。从底层系统来说，因为逻辑过于复杂，还不能在开发过程中形成完整成熟和方便落地部署的机制，更多依托超大量算力的算法。但算力支出很大，金融行业很讲求性价比，如果性价比不高很难大范围推广。

所以，我个人认为，人工智能技术对于金融行业来说还没有根本性的触及，但是云和大数据可以说影响到底层了。

私有云是第一步，"金融云"是未来方向

《新程序员》：目前行业在云的部署上有哪些特点？云原生在金融科技的应用情况如何？如何保证安全性？可结合你所经历的实践案例举例说明。

金新明：云的部署需要分国内和国外两个角度来讲，是很不一样的。国外的金融企业基本采用公有云，不管银行还是其他金融机构，云供应商也是以公有云为主，不支持私有部署，像谷歌、微软、AWS等厂商，他们的研发方向设定都不支持私有部署。国外的监管经过多年发展，也慢慢认可了这个方向。

这一点也可以谈谈我自己的经历。之前工作的一家银行刚上云的时候，我们要和全球每个国家的监管部门去谈，包括"为什么上云？为什么上云是安全的？如何符合监管的要求"等等问题。监管的态度也是有变化的，从一开始不了解、不支持，到后来基本支持。但国内目前对云的态度相对来说还比较保守，不太放心。在这样的环境下，私有云的部署就更容易推行。

我个人比较支持公有云，或者说是行业云，现在所讲的"金融云"概念，核心要义是——怎样可以有一个在金融行业认证部署的产业云，这是很多金融机构都在期待的方向。所以，私有云是第一步，公有云是未来的方向。

《新程序员》：在我们对云原生的相关调查中，发现目前在云的部署上确实是私有云最多，占到34%；公有云则占到20%左右。另外，近年来多云部署也比较热门，在金融行业，多云部署是否有显见的趋势呢？

金新明：结合我的经验看，多云部署确实是趋势。我之前所在银行就是采用多云战略，包括谷歌云、Azure、AWS、阿里云在内的四大云都用了。之所以采用多云，因为国外必须有Exit Plan，即退出计划，主要考虑到厂商的经营稳定性，从设计角度需要有Plan B。

应用多云需要考虑的重点是要了解每个云，对它们的需求也必须明确，是用到特定功能，还是采用共同特性，都是需要考虑的点。如果采用云供应商自身特有的功能可能效率更高，软硬件达到最优化，但同时也要考虑到不同云之间的共通性，可能需要牺牲一些效能，好处是迁移成本更低。

监管的要求、系统的需求，以及功能设计上迁移的需求，种种需求之间应该达到怎样的平衡，这是首要考虑的问题。

《新程序员》：作为数据密集型行业，金融业对数据的互联互通需求迫切，是隐私计算技术的主要落地领域。目前隐私计算主要应用在哪些业务中？应用情况如何？还存在哪些壁垒？

金新明：隐私计算确实是这两年特别火的领域，我们平安也在一些应用上实现了落地，像联邦计算和多方安全计算，在具体项目上我们已经有一些落地案例。

我之前在银行也有一些关于隐私计算的探索，如跨境的客户信息分享，基于不同国家的监管要求，相对来说更严格。我也曾和清华大学一家公司做了多方安全计算上的一些尝试性探索。在未来肯定是一个方向，我认可这个方向。

《新程序员》：区块链技术对于金融行业的重要性体现在哪些方面？

金新明：区块链最重要的是去中心化，但去中心化与监管存在冲突。从监管来说短时间内还是有顾虑，不过从技术角度来说确实是一个方向。

我们讲Web3.0，从区块链到NFT、DeFi，再到元宇宙(Metaverse)，有一些银行在元宇宙世界开了支行，这些探索都还是挺有意思的。

《新程序员》：从自动化到金融科技，也是从硬件到软件，你怎么看软硬件的问题？

金新明：软硬件要更好地结合，通过软件算法来实现硬件的控制，只有两者的无缝结合才能达到最佳目标。现在也有用软件代替硬件控制的做法，但如果是机械相关的，还是需要有真正的控制设备才能实现。

做全栈式开发者，注意结构化和严谨思维的培养

《新程序员》：中国在金融科技产业的发展上有哪些特点？例如，相较国外我们的技术先进性，政策规范对金融科技发展的影响，以及市场环境为金融科技提出的要求等。

金新明：从初入产业的十多年我都在外企，平安科技是我参与的第一家国内大型的头部企业，下面谈一点我自己的感受。首先，技术方面是成熟度的问题。我之前工作的银行有100年以上的发展史，经过了相当长时间的沉淀，慢慢才有了现在的成熟度。中国的企业最长只有三四十年，实际上国内企业已经是在跨越式地发展。

从另一个角度来看，国外企业曾经踩过的坑，或者说经验，我们还是可以去规避和借鉴的。例如，国内大型企业在做大的过程中如何从整体的角度做规划和设计，这些方面还是有不少可以学习的地方。

国内监管更多是当产业发展出现问题后的被动监管。例如互联网金融，为什么在中国可以蓬勃发展，但在国外就没有太起势？有人说是因为我们的技术发展超前，但

我个人认为主要还是在于监管的容忍,给了互联网企业更多的探索空间。

所以,监管环境的成熟与否也有好有坏。我们正是因为监管环境趋向成熟,反而留存了不少可探索空间。所以,中国今天在互联网金融上做的探索性尝试是国外远没有达到的。但这两年,也明显感觉到在收紧,互联网金融也更趋正规化,这是从相对不成熟到成熟的必经阶段。

《新程序员》:对于开发者,你还有哪些建议和期许?金融行业的开发者需要哪些特殊的能力吗?

金新明: 我一直认为开发者一定要自己动手操作,尝试新的东西。我有一个建议,现在有很多开发工具帮助我们简化了很多事情,但有的时候开发者需要尝试把这些工具撇开,自己从头到尾搭建,真正深入到实践后形成的学习思维非常重要,是成为全栈式开发者的思维基础。

对于金融行业开发者来说,技术方面没有太多需要注意的,基本都一样。更需要关注的是结构化、严谨性这些思维属性的培养,也要关注金融行业本身的产业特点,如监管。如果监管的要求没有考虑到,就可能造成很大的系统性问题。

最后,需要具备开放的心态,开发者的学习能力持续提升是根本。

IBM陈剑：从人工智能到混合云，重塑端到端的金融数字化

文 | 辛晓亮

数字经济时代，科技已成为推动金融行业快速发展的核心因素，人工智能、云计算加速落地，量子计算牵手金融，一系列新技术的加持已经让金融行业发生了翻天覆地的变化。在IBM陈剑看来，充分发挥数据分析、人工智能、混合云的价值，利用新技术持续打造敏捷灵活的业务和技术架构，才能实现金融数字化转型的目标。

2001年，计算机专业硕士毕业后，陈剑加入了IBM中国开发实验室CDL。从软件测试、开发、技术支持，到面向行业客户设计架构、开发和落地解决方案，陈剑在IBM深耕20多年。这期间，他不断尝试在不同的技术领域和岗位进行历练。

十年前，他投身服务金融行业。对于选择这个行业的原因，在接受《新程序员》专访时，他开玩笑地说："因为听说金融是离钱最近的地方，经营的就是钱和风险。"事实则是，金融业是信息化程度很高的行业，对于相关IT技术和产品的挑战是最深最广的，金融科技的独特魅力和机遇早已令他心生向往。在了解到IBM建立金融行业解决方案实验室后，出于对金融领域的好奇和热爱，同时看好IBM在金融行业的技术与行业领先地位，他毫不犹豫地加入了IBM的金融服务团队，开始担任金融解决方案实验室开发经理，负责技术架构、产品与团队管理。

如今，陈剑已在金融技术领域沉淀近10年，成为IBM金融行业首席架构师，见证了金融科技的迅速发展。本文结合他在行业打拼的经验，分享了他对金融数字化的多维度思考。

新技术助力金融发展、数字化转型进入深水区

近几年，在千行百业里金融领域新技术层出不穷，信息化不断深入和升级，相应新技术的落地一直走在前面。从大数据、云计算、人工智能，到近两年的区块链、隐私（机密）计算（Confidential Computing）、量子技术等，一系列技术的出现，都在促使各大银行、金融机构、金融科技公司持续不断地学习、投入与落地。

以大数据、云计算及人工智能为例，陈剑表示，已

陈剑

IBM国际商业机器（中国）有限公司全球科技事业部金融行业首席架构师。陈剑于2001年加入IBM，拥有20年以上IT行业从业经验，积累了丰富的技术产品研发、解决方案和系统架构，以及团队管理经验。服务银行和金融行业经验超过10年以上，在银行系统构建、方案设计、应用开发、服务交付和团队领导方面均有相关实践经验，在多个项目中担任技术负责人、团队领导者。

经有许多投入到实际业务系统的落地案例。同时，在最近五到十年，新一波技术的出现也驱使国内外各个金融机构尝试进行概念与技术验证，目前国内互联网头部企业在技术研发、落地，包括场景挖掘上，已基本与国外同行业处于同一水平，甚至在移动支付等领域还存在一定的领先优势。国内各大银行机构也不甘人后，纷纷成立和建设自己的金融科技公司，加入这场大竞争，寻求大发展。

在这样的背景下，金融行业进化中的大趋势，首先就是人人都在参与的数字化转型。陈剑表示："我们对数字化转型的理解是打通部门间的壁垒，以用户为中心提供端到端的优良体验。所谓打通壁垒，就是打通不同业务之间流程和数据竖井，IBM将其称之为'数字化重塑'。数字化转型将进入深水区，数字化重塑，不单单是技术和平台的利用，而是根据实际业务与产业的发展情况和大趋势，对企业进行全方位的重新塑造。"

陈剑表示，要做好数字化，必须充分发挥云计算、数据和人工智能的价值。这就需要从技术架构上进行调整，数据层面引入数据和AI能力，赋能业务转型，在技术层面依托基础设施的现代化、算力的提升、云平台的采纳、云原生技术的运用等实现对上层转型工作的支撑。

"在未来几年，金融行业会从当前的小前台、弱中台、大后台的架构，转向核心系统更为模块化、组件化和敏捷化；中台功能和创新迭代不断提速；前端客户体验持续提升，实现稳后台、强中台和敏前台的发展趋势。"

数据分析和人工智能是金融行业的核心竞争力

在助力金融数字化转型的过程中，数据分析和人工智能的出现和发展功不可没。提起人工智能，陈剑表示其概念的内涵和外延非常大，有广义人工智能和狭义人工智能之分，无论机器学习、深度学习，还是传统的数据挖掘，以及近期发展起来的自动驾驶等，都可以包含在人工智能的范畴之内。目前来看，人工智能在金融行业的应用及落地主要集中在智能客服、智慧营销、智能风控、智能投顾等领域。

传统的数据挖掘，以及近些年涌现的机器学习，乃至基于深度学习的图像视频处理技术、自然语言理解、图计算和知识图谱等领域，都与金融关系密切，很多金融行业的业务场景都围绕这些技术展开。但近些年大众对于人工智能逐渐产生疲劳感，无论金融机构还是客户，起初对人工智能的期望值普遍比较高，但在实践和落地过程中，发现了许多现实问题，遇到了不小的挑战。例如，数据无法及时获取、数据质量不够高、数据处理能力跟不上、数据安全和隐私挑战大、做出来的模型很难大面积实际投产运行，以及数据和人工智能人才缺乏，既懂业务又懂IT的人才更是凤毛麟角，等等不一而足。

针对一系列问题，陈剑阐述了IBM提出的人工智能阶梯（AI Ladder）的理念。同时倡导采用全新的智能化数据经纬（Data Fabric）架构，如图1所示。用AI赋能的自动化来简化数据的收集、组织、分析和使用，同时避免因为移动数据带来高昂成本和安全挑战。他认为，无论通过统计分析、机器学习，还是深度学习算法，人工智能最重要的核心要素是数据，"离开了数据，人工智能无法实现"。

国内行业客户可能对数据中台的概念更加熟悉，"让企业的数据用起来"，数据作为人工智能落地过程中的基础，行业从业者一定要夯实。基于此，陈剑表示，IBM将使用数据创造业务价值的过程定义为必须逐级攀爬的"人工智能阶梯"，并将其分为以下四级：

- 第一阶梯，数据收集。即首先对企业（银行）内、外部以及客户、合作伙伴、生态等各个渠道的数据进行有效收集。

- 第二阶梯，数据组织。数据完成收集后，就需要对其进行组织和存储。金融机构除了传统的面向业务的交易型数据库，还需要对不同来源的数据进行分门别类的存储和管理。传统的关系型数据库、数据集市、数据仓库，近几年出现的NoSQL数据库、分布式数据库、数据

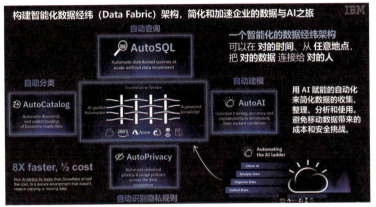

图1 智能化数据经纬（Data Fabric）架构

集市、数据仓库、数据湖等都是数据组织存储的形式和技术平台。

"收集、组织是实现数据分析和人工智能最重要的基础，如果做不好这两点，向数据要求业务价值就是水中花、镜中月，很难达到预期的效果。"

■ 银行等金融机构在做好数据收集与组织之后，便可以攀登再上一级阶梯——数据分析，即引入商业智能BI报表工作，利用数据挖掘、机器学习的算法，从数据中挖掘价值，发现其中的变化趋势、进行业务洞察或者预测风险。

■ 最后，也是阶梯顶端的一级，即AI注入，又称AI融合。对此，陈剑表示，银行业相关的业务人员关注的是如何将分析和智能融入业务系统，把高大上的人工智能能力（智能标签体系、分析预测模型等）融入业务应用和各类系统之中，切切实实从数据中挖掘效益，让金融机构和客户都获得看得见、摸得着的业务价值。

在强调数据和AI的关系时，IBM流行这样一句话："There's No AI (Artificial Intelligence) without IA (Information Architecture)"，中文译为："人工智能离不开信息架构"，只有将信息架构基础打牢固，基于混合多云架构才能够打通异构IT环境（跨本地、私有云、不同的公有云和边缘的混合IT环境），实现数据流转的现代化信息架构，真正实现人工智能的落地。陈剑表示，无论攀登人工智能的阶梯，还是人工智能在金融领域的实际落地，都需要金融机构和IT厂商紧密协作，一步步踏踏实实地走下去。

量子计算不是传统计算的替代品

通过几十年的发展，金融行业沉淀了大量的可信数据，都是数据时代的宝贵资源。以前受限于处理能力，这些数据很难变现，但是随着大数据、人工智能乃至量子计算等科技领域的创新发展，已经可以对这些数据资源进行更为精准的分析和利用。

陈剑认为，金融行业未来可预见的应用场景是传统计算机与量子计算机肩并肩存在于数据中心机房里，适合量子计算的工作负载会跑在量子计算机上，而大量通用的传统工作负载仍会运行在传统计算机上。"IBM现在已经在研究将量子计算和传统计算协作、融合的架构，未来可经由模块化、规模化配置，实现1+1>2的效果"。

目前来看，量子计算在金融行业的落地领域主要是机器学习、风控、智能投顾、网络安全等方面。风控领域需要考虑各种风险因子和风险模型，场景比较复杂。而智能投顾则是投资组合的优化，这一系列场景都需要大量的模拟、组合和优化计算。现在金融衍生品越来越多，制定一个好的投资组合，判断什么时间进行交易，以何种价位买入卖出，同时降低交易的风险，都是非常复杂的问题。如何配合和优化人工智能算法，是当下金融机构在量子计算领域比较关注的问题。

在量子计算和人工智能的结合共进上，IBM也先行一步。据陈剑介绍，2022年5月，IBM在新一代大型主机的中央处理器上集成了基于7nm技术的AI加速芯片，属业内首创。在金融的交易处理过程中，该芯片可以实现11万次/秒的AI推理运算，响应时间1ms，可让金融行业实现所有交易100%实时AI反欺诈检测。同时它也是业内首个量子安全系统，采用安全启动和量子安全加密技术，让金融机构未来在应对与量子计算相关的威胁时提前预防,包括利用"现在窃取加密数据、以后破译"的攻击方式而导致的勒索、知识产权损失,以及其他敏感数据泄密等威胁的防控。

云计算在金融行业将走向混合、开放、多云

从亚马逊云科技推出AWS算起,云计算发展已逾15年之久。作为互联网快速迭代的基础,各金融机构虽然在云计算的落地上有快有慢,但目前整个金融行业无疑在这一技术上都处于加速落地的阶段。除了核心银行系统上云较慢之外,前台应用、渠道服务、生态协作等领域的云化比例相对较高。不过,考虑到监管、风险等因素,近80%的银行工作负载还没有云化。目前,大部分银行和金融机构还是秉承"私有云建设为主,一定量的公有云使用为辅"的方向发展,通过在银行自建的数据中心或者云中心落地云计算。

"我们认为金融行业云计算将走向混合、开放、多云的形态,大部分金融机构的主要应用负载仍将运行在私有数据中心/云中心中,部分面向渠道及生态的应用会选择公有云进行部署,所对应的数据也会在安全可控及监管允许的情况下去打通。"陈剑表示道,由于金融机构和银行相对稳健保守,未来在公有云、私有云和混合多云形态下,数据的互通以及应用的集成会是比较大的挑战。

所以,标准化、互操作在云计算的落地过程中变得尤为重要。根据IBM的理念,一个基于开源、开放打造的混合多云架构,是帮助银行等金融机构实现上好云、用好云的关键。"我们一定要有一个相对统一,但又是完全基于开放标准的平台,因为上云的企业是最怕被供应商绑定的"。

为了解决这个问题,IBM的做法是通过开源容器化、Kubernetes、云原生等技术,实现应用负载跨越私有云、公有云、混合多云的统一部署和运维。

"出于这样的思考,公司在2018年花费340亿美元收购了红帽(Red Hat),基于Linux系统和OpenShift构建了开放混合多云平台。同时,与美国银行和法国巴黎银行等金融机构合作,打造金融服务云。"

金融服务云最大的特点是确保金融服务技术生态的参与者可以在统一的策略框架下满足行业监管与合规要求,同时可以灵活部署系统、数据和应用,开发新的云原生应用。

"各云厂商提供的基础云服务都大同小异,想在金融行业突围最重要的一点就是在建设自家云的过程中推出相应的安全框架,真正保障金融客户的数据安全和风险合规。"陈剑强调说。

结语

数字经济时代,科技已成为推动金融行业快速发展的核心因素,人工智能、云计算的加速落地,量子计算牵手金融,一系列新技术的加持已经让金融行业发生了翻天覆地的变化。同时,金融对稳定、安全、严谨有着极致的要求,使得新技术在金融上的应用也面临着风险和挑战。未来不只是金融企业,所有企业的成功运营都需要实现端到端的数字化,利用新技术持续打造更加敏捷灵活的业务架构和技术架构,充分发挥数据和人工智能的价值。做好这些,才有应对未来的底气,实现数字化转型的目标。

最后,对于想投身金融科技领域的开发者,陈剑也借用IBM的价值观,给出了他的两点期许和建议:

第一,无论技术创新还是业务创新,都应该围绕客户所需业务场景,围绕要解决的实际问题开展工作。对于开发者来讲,不能仅仅满足于技术本身,更不能一味炫技,创新的方向和精力一定要放在解决实际业务问题之上。

第二,在金融行业,任何微小的问题,像代码或组件出现Bug,都可能致使业务出错,从而导致交易无法完成,严重影响用户体验。因此,开发人员需要对所写的每一行代码负责,时刻保持职业操守,严肃和诚信地行事。

华控清交徐葳：基于隐私计算实现数据互通，构建普惠金融

文 | 杨阳

究竟是什么催生了金融领域应用隐私计算？在《新程序员》专访时，华控清交创始人、首席科学家徐葳提出自己的观点：一方面，在于金融行业迫切的数据流动，而非资金流动的需求；另一方面，要求实现数据流动的同时保证"可用不可见，可控可计量"。为了实现数据的顺利流动，需要通过多层次抽象和搭建密文计算来进行完整架构。

徐葳和金融科技的缘起是在2013年，当时作为谷歌工程师的他，在读博导师、图灵奖得主David Patterson的介绍下，和中国唯一图灵奖获得者姚期智院士进行了一场会面后，当即决定回国加入后者创办的清华大学交叉信息研究院。

如今，他是交叉信息研究院的长聘副教授，同时任职清华大学金融科技研究院副院长兼区块链研究中心主任。在教学中，他的教育理念是与学生达成互信，鼓励自主提问，相信过程比结果更重要。而基于自身长期的探索和研究，他认为成长为优秀的金融科技开发者，必须在自身专业修炼完备的基础上，塑造"交叉学科"的能力。

不仅如此，他自2018年开始步入产业界。通过清华大学的成果转化，共同创办了华控清交信息科技（北京）有限公司（以下简称"华控清交"）。公司以姚期智院士等人在20世纪80年代提出的"多方安全计算（MPC）"为基础，致力于隐私计算技术的工程落地。

"姚先生所做的一大贡献就是理论上证明了多方安全计算的通用性。"徐葳表示。密文计算是以密码学方式实现对数据的安全保护，所有参与方都不能获取其他参与方的任何输入信息，只能得到计算结果[1]。

如何在金融领域实现隐私计算基于密码学的技术架构，从而达成数据流通"可用不可见，可控可计量"的目标，将是本文重点探讨的话题。

而在多种实现金融隐私计算的路径上，徐葳认为最符合中国文化的发展模式是秘密分享："我们人与人之间的信任大部分来自阳光下的透明运作和参与方的相互监督。因此

徐葳
清华大学交叉信息研究院长聘副教授，金融科技研究院副院长。华控清交创始人、首席科学家。美国加州大学伯克利分校博士，师从图灵奖获得者David Patterson，宾夕法尼亚大学本科（在清华学习两年）。曾获清华"良师益友"特别奖、先进工作者、北京市师德先锋等称号。在系统、网络、机器学习等领域发表论文50余篇。

秘密分享是一种很好的折中方案。"

从学者到企业创始人，不同身份让他对金融科技有了更多思考。接下来，将从技术理论、工程架构，以及落地实践等各个维度带来关于"隐私计算技术在金融领域应用"的深入解读。

让数据而不是资金流动

金融领域为什么需要隐私计算？在徐葳看来，主要和金融与互联网结合后产生的"不良反应"有关。

自2012年以来的十年间，我国的互联网金融发展逐步进入到实质性业务交叉阶段，呈现出多种样态的业务模式。综合来看，主要可以分为两大类：传统金融机构的互联网化和非传统金融机构通过互联网技术进行金融运作，包括银、证、保在内的传统金融机构通过电商创新和软件应用等方式进行金融的数字化转型，而非传统金融机构则通过网络众筹、P2P网贷、第三方支付等形式促成了互联网化的金融科技变革。

然而，对于非传统金融机构来说，虽然网络众筹是便捷筹集资金的方式，但普遍缺乏信用背书，除了少数有银行担保的业务外，大部分业务模式都存在潜在风险，因而难以成势。而与此同时，传统金融机构作为资金流动的刚需方，迫于业绩压力，急需在客户数据缺乏的情况下为资金寻找出口。所以，一端是有大量潜在资金需求的用户数据，另一端则是资金供给寻求需求人群。互联网公司和传统金融机构的合作在互利互惠中诞生。

但在合作过程中，双方始终面临着一个问题：互联网公司和金融机构是主体，数据和资金是客体，那应该是让互联网公司的数据流出到银行，还是银行的资金流出到互联网公司呢？在实际操作中，往往是资金在流动。

然而，直观来看，貌似资金的流动成本更高，操作难易程度上数据的流动也更为便捷，为什么是流动资金而不是流动数据呢？

"要理解这个问题，我们需要从资金和数据的不同属性来看。虽然钱比数据在感觉上更让人难以承受损失，但其实从可控性的角度来看，相较于资金有基础设施作保，同时也有监管和法律的规范，数据的使用并不具备这些特征，缺乏底层技术平台的建设和社会监督。"

据徐葳观察，很多原本有数据处理和分析需求的厂商，就是因为担心数据在流动过程中产生不可控的风险而无法进行数据共享，从而导致资金和数据的供需双方都不能处在资源配置的最优状态，极大地降低了社会生产的效率。

这里的不可控有两方面，一方面是对于数据交易的对手方不信任。徐葳谈到，他多次想给厂商免费做数据处理和分析，换取对方的数据来进行科研，却屡遭拒绝，其原因是厂商不信任他会按照约定使用这些数据。另一个方面是缺少社会信任，互联网平台不像金融机构一样具有强监管性，在进行客户资料收集、审核等业务上难免出现纰漏，甚至会出现为了业绩而伙同资金需求方隐瞒造假的现象。

上述的不信任，导致了数据更难流动，两弊相衡取其轻就只能让资金先流动。事实证明，这样的做法，同样会带来系统性的金融风险。

通过亲身经历数据难以流通的现状和深入思考资金流动的问题所在，徐葳逐渐认识到金融行业要达成对系统性风险更好的控制，同时不影响效率，实现资源的最优配置，还是不得不回归到数据本身。具体来说，就是让数据流动起来，建立数据供求双方的信任，以及建立社会对于数据使用的信任，实现数据用途可控，才是隐私计算的终极目标。

即使完成加、乘运算，程序仍难构建

隐私计算是数据科学、密码学、人工智能等交叉融合的技术。从技术实现原理上看，主要有密码学和可信硬件两个不同方式，密码学目前以多方安全计算为代表[1]。

多方安全计算是密码学的一大重要研究领域，但因为落地工程难度高而一直没有被真正开发。"把理论转化成可落地工程实践的方法,是科研人应该作的原创贡献。在实践过程中,我们发现多方安全计算的实现难点主要在于即使完成了加、乘和符号运算,还是很难生成整套完整的程序。"

科研人指明方向后,剩下的难题应该交由工程实践来攻克。"需要工匠精神来干的事,就不是学校里单纯搞科研能够完成了,应该由公司来运作,所以我们就成立了华控清交。"

至于该如何架构隐私计算,徐葳认为一些解决方案将传统计算的网络架构、数据中心等模式都完全进行重构,这一方式虽然符合创新的要求,但很难应对实际运维中繁复的变化,落地会更加困难。在他看来,隐私计算的底层逻辑架构需要在符合对云、数据、算力、网络传输,以及系统管理方式等当前计算基础设施的认知基础上,再深入了解哪些隐私计算的算法和协议可以更低成本地实现。

"我们希望将技术适用到原有的框架中,起码不需要太大的调整,至少能借鉴过去的工程经验把它做出来。尽管每行底层代码可能都跟过去的不一样,但设计思路是在云和大数据系统中已验证过的。"

密码学的逻辑架设+秘密分享+联邦学习

具体来看,隐私计算解决的主要问题是让数据可控,提供控制数据使用的方法。广义上将所有可用不可见的技术都称为隐私计算技术。

"最严谨,或者说安全假设最少的技术主要基于密码学,如不经意传输、混淆电路、同态加密,都是纯密码学方案。"这类技术的作用原理是:作为数据拥有方可以加密数据,在加密基础上给到数据接收者,后者可以在密文上进行计算,但是无法解密数据。

"双方的能力不一样,手上拿着不同的钥匙。凡是钥匙

不对称我们都称之为非对称密钥的密码,这类密码的特点是计算量和数据量都特别大。"

据徐葳介绍说,传统的网站访问,仅采用非对称密钥来进行身份验证,交换一个对称密钥来加密实际通信的数据。然而,在隐私计算中,需要在每一个数据上都用非对称密钥加密,所以特别慢。

那么,是否有更加高效的方法可以避免使用非对称密钥?可信硬件的应用是一种规避非对称密钥的有效方法。具体实施方式是:数据输出方将对称密钥放置于可信硬件中给到数据使用方,可信硬件对数据输出方必须完全可信。

然而,这种方法尽管避免了使用更昂贵的的非对称密钥,却增加了一个额外的信任维度,就是必须信任这个硬件是"坚定的革命义士,无论如何拷问毒打都不会泄密"。

事实上,可信硬件中的可信和性能优化是一对根本矛盾,因此很难实现通用且高效的可信硬件。不论Intel还是ARM,虽然基于可信的维度做了各种尝试和实现,但还是存在很多漏洞,很容易被各种侵入所攻破。可信硬件的实现,包括与软件栈结合时候的安全,还需要很多探索。

"不经意传输、混淆电路、同态加密是纯密码学方案,可信硬件在于构建可分离的机密空间。还有一种方法是秘密分享,虽然也是密码学方法,但它和其他密码学方案在安全假设上有显著差别,主要在于加了一个很强的安全假设前提。"

这个假设是——基于去中心化的信任,秘密分享的各方完全不串通。简单理解,就是将密钥拆成很多份,分给多个数据使用方,然后假设他们不串通。而如果所有人都串通,每个人都在密钥上进行计算,这样就能算出最终解密结果需要的密钥。

在徐葳看来,秘密分享是更为符合中国人文化观念的隐私计算技术:"我们人与人之间的信任大部分来自阳光下的透明运作和参与方的相互监督。"因此他认为秘密

分享是一种很好的折中方案：

"监督机制的构建是很复杂的事情。对于密码学技术来说，很可能在理论上是对的，提议也没有问题，但怎样引入监督方，让它在透明的环境下运行，确实还没有真正到位。在这样的背景之下，秘密分享就是一个很好的互相监督的实现方式。虽然数据使用各方都做了相应计算，但因为都只有一部分数据，所以看不到原始数据。从秘密分享的逻辑可以看出，算法或数据的使用方法，是公开给各参与方的，从而形成了一个互相监督的机制。"

除了以上技术，基于分布式机器学习的联邦学习也被认为是实现隐私计算的方法之一。徐葳认为，联邦学习发挥的作用主要是从AI角度进行模型优化。模型训练本身是基于统计的随机梯度下降算法，计算这些梯度，并不需要把所有的数据都进行交换。但训练的难点在于能否把数据都进行恢复。这样做的安全性很大程度上取决于使用了什么样的算法，或者运用了什么样的数据。

"现在有很多论文对联邦学习提出质疑，主要在于这一技术缺少通用的结论来判断什么数据可以恢复，或者不能恢复。它的安全假设是很模糊的，但是联邦学习带来的性能提升是显著的。因此，我们可以将联邦学习作为一些特定算法和特定数据上的性能优化，减少需要密文上处理的数据量。联邦学习和密文上的计算并不是互相替代的关系，更多是互补，或者说是安全性和性能上的取舍。"

通过多层次抽象和搭建密文计算进行完整架构

"隐私计算是一个非常完整的技术体系，密码协议只是其中较小的一块，位于这个体系底层。最上层面向应用，包括如何做到应用过程的可监管、可存证，以及与社会治理间搭建融合点。最核心的技术问题在中间层，即如何能够做成可扩展、可编程、高效通用的一整套架构。"

前面部分我们讨论的密码学方案、秘密分享和联邦学习都属于底层技术，在进行底层架构时，要保证支持各种不同的底层算法。再往上层，所有应用需要适配，存证和计算平台也都应该匹配，同时还必须具备可扩展性。这样一来，整个系统就特别复杂。

这时就要用到多个领域的技术，来构建完整的计算体系。在徐葳看来，就像搭建一台明文的计算机一样，把上述提到的一系列实现信任基础的协议封装在系统底层，再往上通过一层层的抽象层次搭建整个系统，是隐私计算实用化的必由之路。

用密码协议构建"密文指令集"，通过芯片实现不同类型数据的加法、乘法、比较，以及向量和矩阵等的一系列"密文指令"。

而如果想要将指令集形成一个程序，需要在这个指令集上搭建解释器和编译器，通过Python、C++等高级语言编译成"密文指令"。

在解释器和编译器之上，还需要搭建函数库。"虽然现在很多人做神经网络，但实际上可能十个人九个都写不出公式。函数库封装了基本操作，通过库的搭建可以直接训练，过程中不需要考虑过多计算细节，所以函数库的完备性实际上决定了一个计算系统的可用性。"

梳理一下以上从安全协议到函数库的架构逻辑：底层是安全协议，目的是实现基本运算操作；在运算之上搭建编译器和解释器，目的是解释Python和C++等语言；然后通过函数库，把过去在明文上得到的函数都实现在密文上。

"从密文计算的协议到指令集、编译器，再到函数库。这些架构实现后，所有函数都能在底层系统上运行，无论写任何程序都和明文一样了，这是我们的基本思路，也是隐私计算体系结构最基础的部分。有了这些技术之后，就不用想底层到底是什么技术，可以支持多种技术放在一个平台上。"

那么，架构清晰后在构建的过程中还存在哪些难点？徐葳认为，最大的难点在于需要从多方读取数据："如果数据分布在多方，计算可能在多方，但也可能是一方。决定具体怎么算的根本在于权限的配置，或者说谁能用哪种方法处理哪些数据。但无论是哪种运算，牵扯上授权、加密、通信这些，大部分程序员都写不出来，看着就晕。就算写出来了，这个程序从整体感官上就是一团乱麻，算法审计也看不明白到底对不对。"

为了解决这个难题，徐葳带领团队探索了一种路径，思路是将编译器的语言进一步改造为面向多方、适合分布式架构的语言，从而将无论是哪方的数据都定义成相应的具有权限定义的变量。在设定程序时，就知道变量是从哪里（哪方）过来的，可以自己"找"到数据的供给方，在这样的架构下形成的语言，被称为明密文混合的编程语言。

"如果算法需要两个明文汇聚起来才能计算，但是参与方不允许真正汇聚明文。这样的设定会自动地转化成密文后再汇聚起来。如果数据本身是明文，可以把数据发送到使用方继续运算，搞清楚数据的方位后即可自行定位，无须程序员写程序。这样可以保证我们写出来的程序和明文程序一模一样。换种说法，我们'虚拟地'将数据汇聚在了一起。逻辑上数据是在一起的，但实际上明文数据还是各自分散的，至于具体如何在符合安全要求的情况下实现这种计算，是通过系统保证的。"

虽然是明密文的混合架构，但密文计算运行起来显然还是比较慢。因此，必须做出可扩展的架构。做个类比，如果将前文所述的明密文编程语言当作一台计算机，需要基于这台计算机做出数据并行的架构，类似大数据领域的Spark。"所以我们构建了自动化并行的编程架构。基于多台机器，通过云的方式，将各机器中的数据并行，这里的'数据并行'指的是将数据切成多块，每一块都独立运行，最后再整合结果。"

"可以独立用若干台机器处理若干块数据，这个设定我们在明密文混合的架构上已经实现，可以处理更大的数据量。这样的架构我们称为可扩展、可编程、高效通用、可监管的隐私计算架构。"

有了这样可扩展的架构，就能在大量数据上运行复杂算法，但隐私计算和可监管性的矛盾将更加突出。如果解决不好，社会和监管层面就无法得知数据是如何使用的，会不会造成社会成本、伤害弱势群体。然而，隐私保护和可监管就是天生的一对矛盾体。

每个应用场景需要计算什么，存什么证据，是完全不一样的。所以，在存证和监管方面，也需要提供可编程性。在借鉴区块链智能合约理念的基础上，徐葳带领团队设计了专门用于描述密文计算任务分发和存证的数据用法描述语言，或者叫计算合约，可以方便地定制数据使用的过程和监管逻辑，而且所有参与方都可以验证这个逻辑是否正确执行，应用专家和开发者以及审计者也能方便地理解这些逻辑。计算合约也是整个隐私计算体系中不可缺少的一部分。

通过数据打通，规避金融系统性风险

上面大致介绍了隐私计算如何从理念开始，落地为真正可行的工程实践。首先选择信任基础，在底层采用适合这种信任基础的密码协议，实现基础数据的可用不可见。进一步，通过分布式架构的层层搭建完成一个完整的技术框架，最后在大规模场景中应用。

无论传统金融还是互联网金融，都通过海量数据来支撑业务体系，无疑是隐私计算的重点应用领域。但在徐葳看来，尽管这一技术可以在联合风控中发挥重要作用，提升金融业务中的风控能力，但它本身已经超越了传统安全性技术的范畴，而是大数据或者中台技术，因为这些技术是与业务场景紧密结合的，最终目的是合理利用数据，安全只是利用的必要前提和基础。

受到互联网的冲击之后，金融行业最大的需求在于防范系统性的风险："现在金融业通过规则和法规保护了起来，但如果只是被动接受技术挑战，早晚还会被冲击，金融行业的未来还是在于拥抱新技术。而无论云、AI，还是大数据，数据打通都是非常重要的环节。只有数据真正打通,才能融入互联网的浪潮,又不会被负面效应所影响。"

据徐葳介绍,通过对比不同行业后,他认为金融在数字化转型上走得较为超前,因而更早暴露出各类问题。如互联网金融业务中数据的违规使用。尽管后续出台法规,对数据的使用严加限制,但毕竟发生在禁令之前的业务还要持续,在保证业务延续的要求下,就有迫切的征信需求。

"如果没有隐私计算技术,无论个人,还是中小企业的征信业务都会受到影响。现在倡导普惠金融,对于金融行业来说,隐私计算是刚需。"

徐葳对金融领域在应用隐私计算上的难点也颇有体会。

行业面临的首要挑战是——技术自研还是外包。为了防止被科技公司操控技术,金融机构一般都有自研的倾向,尽管大部分机构有一定自研能力,但在有限的资源禀赋下还是难以达到高效开发。"所以我们一直在试图和金融机构一起合作,挖掘出行业的痛点需求,将技术做到降本增效。合法合规也需要技术人员和规则制定者的共同努力。"

事实上,华控清交自成立以来也做了不少规则制定的工作,参加了《多方安全计算金融应用技术规范》等30多个行业标准的制定,发起和参加了包括北京国际大数据交易所在内的多个政府数据共享开放平台和数据要素市场基础设施的建设和实施。

隐私计算在金融落地的第二个挑战,是要解决性价比的问题,除了选择更为高效的底层技术外,从经济学角度考虑还是要把隐私计算的规模提升上去。"我们目前看到的可行路线,是借助规模经济效益均摊隐私计算的成本,包括计算设施和研发的成本,均摊到大量数据上。当系统规模足够大,就能够降低边际成本(每单位产出所需成本)。因此,实现隐私计算的通用化、低成本和规模化,特别是建设大型数据流通基础设施,是当前让数据流通真正落地的最可行的路径。"

在这样的指导思路下,华控清交大规模集群系统的可扩展性实现了突破,将一万亿数据纯密文逻辑回归训练耗时降低到小时级,为大规模的隐私计算提供技术支撑。而为降低单个节点能耗,单节点性能通过自主研发的半同态DSA(特定领域的芯片架构)和芯片,极大加速低带宽情况下的隐匿查询,以及带加密的联邦学习的计算速度,相当于上千个CPU核的计算力。

最后,也是最核心的挑战,是隐私计算和数据流通究竟能够为金融发挥什么效用,带来怎样的价值增量。当前在金融行业的大部分使用还局限于尽可能规避监管和合规风险的情况下,将个人和中小企业的贷款业务化繁从简,从而真正实现普惠金融。然而,市场的普遍预期是,数据实现完全流通后,能够在更为广泛的领域,创造出新的、安全的创新型金融应用,这也需要通过多领域的专家一起努力来完成。

参考资料

[1]闫树,吕艾临 . 隐私计算发展综述[J]. 信息通信技术与政策,2021,47(6):1-11.

当金融科技走入Web 3.0

文 | 姚前 邓霁 林建明 奎睾

在去中心化的驱动下，Web 3.0成为各行各业对于互联网未来的美好愿景。在金融领域，金融创新和防范系统性金融风险是行业的两大课题。伴随着Web 3.0基础架构的搭建和完善，去中心化的数字金融将在两大课题上何去何从？

一场被称为是"寒武纪创新爆炸"的技术革命正在发生。以太坊创始人Vitalik Buterin说："每个人将在Web 3.0中拥有自己的'灵魂'（Soul），在社区中自下而上地聚集在一起，创造出一种新型的'去中心化社会'（DeSoc）。"

Web 3.0将是一场基础性的技术变革，涵盖产业互联网、芯片、人工智能、云计算、区块链、大数据、密码技术、虚拟现实、生物工程等各类前沿技术。有人认为这种根本性的转变可能需要25~30年，但也有人认为，转变已经开始。

如今，信息互联网将演化为可信的价值互联网，并衍生出不同于传统模式的分布式经济、分布式金融。通过创新试点机制，为新型的可编程金融和可编程经济提供"安全"的创新空间，降低创新成本和政策风险。这样的变革过程已经在金融行业展开，而DeFi就是这一变革的产物。

Web 3.0是用户与建设者拥有并信任的互联网基础设施

科技创业者兼投资人Chris Dixon把Web 3.0描述为一个建设者和用户的互联网，数字资产则是连接建设者和用户的纽带。研究机构Messari研究员江下（Eshita）把从Web 1.0到Web 2.0再到Web 3.0的演变描述为：Web 1.0为"可读"（read），Web 2.0为"可读+可写"（read+write），Web 3.0则是"可读+可写+可拥有"（read+write+own）。

Web 3.0以用户为中心，强调用户拥有自主权，具体体现为以下几点。

一是赋予用户自主管理身份（Self-Sovereign Identity，SSI）的权利。用户无须在互联网平台上创建账户，而是可以通过公私钥的签名与验签机制建立数字身份。为了在没有互联网平台账户的条件下可信地验证身份，Web 3.0还可利用分布式账本技术，构建分布式公钥基础设施（Distributed Public Key Infrastructure，DPKI）和一种全新的可信分布式数字身份管理系统。分布式账本是一种严防篡改的可信计算范式，在这一范式中，发证方、持证方和验证方之间可以端到端地传递信任。

二是赋予用户真正的数据自主权。Web 3.0不仅赋予用户自主管理身份的权利，而且打破了中心化模式下数据控制者对数据的天然垄断。分布式账本技术可提供一种全新的自主可控数据隐私保护方案。用户数据经密码算法保护后存储在分布式账本中。将身份信息与谁共享、作何种用途均由用户决定，只有经用户签名授权的个人数据才能被合法使用。通过数据的全生命周期确权，数据主体的知情同意权、访问权、拒绝权、可携权、删除权（被遗忘权）、更正权、持续控制权能够得到更有效的保障。

三是提升用户在算法面前的自主权。智能合约是分布式账本上可以被调用的、功能完善、灵活可控的程序，具有透明可信、自动执行、强制履约的优点。当它被部署到分布式账本中时，其程序代码是公开透明的。用户对可能存在的算法滥用、偏见及风险均可随时查验。智能合约无法被篡改，会按照预先设定的逻辑执行，产生预期的结果。契约的执行情况将被记录下来，全程受监测，算法可审计，可为用户质询和申诉提供有力证据。智能合约不依赖特定中心，任何用户均可发起和部署，天然的开放性和开源性极大地增强了终端用户对算法的掌控能力。

四是建立全新的信任与协作关系。在Web 1.0和Web 2.0时代，用户对互联网平台信任不足。30多年来，爱德曼国际公关公司（Edelman Public Relations Worldwide）一直在衡量公众对机构（包括大型商业平台）的信任程度。其在2020年的一项调查中发现，大部分商业平台都不能站在公众利益的立场上考虑自身的发展，难以获得公众的完全信任。而Web 3.0不是集中式的，不受单一平台的控制，任何一种服务都有多家提供者。平台通过分布式协议连接起来，用户能以极小的成本从一个服务商转移到另一个服务商。用户与建设者平权，不存在谁控制谁的问题，这是Web 3.0作为分布式基础设施的显著优势。

Web 3.0时代的金融变革

金融行业在新技术的加持下，始终在加速发展。金融创新和防范系统性金融风险是金融行业的两大课题。可以预见的是，随着Web 3.0基础架构的搭建和完善，去中心化金融必将成为数字金融中异军突起的领域。新技术应致力于提高金融服务的范围、质量和效率，降低成本。

然而，区块链技术带来的一些风险和隐患也逐渐变得明显，以下将对DeFi（Decentralized Finance，去中心化金融）展开讨论，对去中心化金融的风险防范和监管进行初步探讨，为在中国强监管环境下，如何稳妥推进这一金融创新提供建议。

DeFi的发展

DeFi是一类去中心化的金融服务，一般是指基于智能合约平台构建的加密数字资产、金融类智能合约（协议）。DeFi是区块链2.0技术（以太坊为主）在金融行业的典型应用，目前已经初具规模。DeFi服务由运行在区块链上的智能合约自动执行，代码和交易数据可供调阅和审查，在一定程度上可以避免传统金融服务中由于人为失误导致的低效或风险。

DeFi应用是一个开放、可组合的五层架构，每个人都可在其基础上搭建、改动或将其他部分组合起来，形成复杂的金融产品或服务。

目前，DeFi实现的主要金融应用包括开放借贷、去中心化交易所、去中心化自治组织、聚合收益理财、稳定币、NFT等。一些DeFi项目作为ICO项目在2017年出现，如Aave、Bancor等。2019年，DeFi锁仓总值曾突破1.5亿美元。目前正在运行的DeFi项目近百个，锁定资产较大（100万美元以上）的项目包括MakerDAO、Synthetix、Compound、Uniswap、Bancor、WBTC、Kyber、bZx等。Uniswap每天有超过10亿美元的交易额，Aave、Compound和BondAppetit等去中心化借贷服务的市场规模高达数百亿美元。

2020年，区块链加密币市场也受到了新冠肺炎疫情的冲击。2020年9月开始，DeFi使用的一些主要区块链加密币迅速贬值，DeFi市场在11月初触底时，一些DeFi已下跌了70%~90%。此后，DeFi市场开始反弹，近期DeFi总锁仓价值在900亿~1000亿美元区间波动。

在一些欧美国家，DeFi正在成为与传统金融并存的平行体系，应用场景不断扩大。DeFiPulse网站上由项目方自愿上传的项目类别有18类，都是类似传统银行、证券交易所的DeFi项目。还有一些项目利用新技术，可以提供传统金融无法提供的功能。例如，可以通过资金池实现快速交易，借贷利率可以即时调整，没有固定的借贷期限，借贷者可随时进出市场等。

此外，DeFi有许多特点是传统金融不具备的，如没有中间环节，协议自动执行，借贷双方因此提高了收益、降低了成本。DeFi最大的优势是金融服务可以实现全覆盖，只要能够上网，通过去中心化钱包App就可获得服务，消除了传统金融服务机构限于成本收益无法平衡而出现的服务地域和客群的盲区。由于以太坊是一个公开的区块链平台，建立在上面的金融服务具有传统金融无法企及的透明度。

然而，DeFi并不是一个可以在传统金融体系之外完全独立运行的系统，也无法完全避开一些传统金融采用的信用风险控制方法，如用DeFi借贷仍需要超额抵押才能进行。智能合约有很多基础合同还原还不完善甚至如何外付或不尽合理，需要监控DeFi的运行风险。有些传统金融可以做的业务，如无抵押贷款和按揭贷款等，DeFi还无法实施。

DeFi目前还处在初级发展阶段，其规模不及传统金融的零头。DeFi一方面存在参与者不够多或不够积极的情况，另一方面也需要扩容。DeFi推高了对以太坊区块空间的需求，造成用户支付的手续费大幅上升，可能会失去交易成本低的优势。

DeFi的安全性与风险

DeFi是建立在区块链上的金融生态系统，以去中心化的方式开发和运营，其目标是在透明和去信任化的区块链网络上提供所有类型的金融服务，因而无法克服区块链技术本身存在的问题。目前还没有一个区块链系统能同时具有去中心化、准确性和成本效率的特征，为了确保前两个特征，就会出现成本高、效率低和系统不稳定等问题。也有学者从另一个角度提出区块链扩展性"三难"，即区块链系统很难在基础层同时做到去中心化、可扩展性和安全性（见图1）。

图1 区块链扩展性"三难"

我们从DeFi具有的各层结构看，底层是由区块链及其原生协议资产(如比特币和以太坊)组成的结算层；在此之上是由所发行的资产组成的资产层，包括原生协议资产以及在此区块链上所发行的任何其他资产；第三层是协议层，定义了应用场景。在这三个层面，主要风险来自区块链技术本身的不足。再往上是应用层和聚合层，用来创建应用程序和平台，可以连接多个应用程序和协议。DeFi并非没有金融风险，它在稳定性和可预测性方面甚至比传统金融。DeFi的常见金融风险包括技术风险、流动性风险、操作风险，以及市场风险和监管风险。

其中，技术风险表现在，对于新技术来说，系统设计风险难以避免。金融网络化、移动化、数字化增加了业务复杂性、兼容性，潜在的安全漏洞引发了日趋严重的网络攻击、非法侵入活动。大量DeFi智能合约运作时间不长，如Balancer，一个简单的漏洞就可让违法分子获得超过50%的收益。2016年DAO受到黑客攻击，损失了价值7200万美元的以太坊币。

Yam协议经过10天开发就仓促上线，很快吸引了大量流动性，锁定了5亿美元，仅仅一天的时间就被黑客发现了一个严重漏洞，增发了8倍代币，导致其价格暴跌。还有人利用产品设计差异，使用多种DeFi产品套取大量财富。利用高科技手段攻击DeFi金融系统要比攻击传统金融系统更容易，有些技术人员掌握超级权限，可能会擅自改变系统参数设置或智能合约。智能合约中的激励机制在市场极端变化的情况下可能失效，造成恶性循环，这些是DeFi金融风险的重要特点。

技术耦合产生复杂问题还需加强监管

2021年4月，全球加密数字币的总市值增长到19 722亿美元，是一年前的近10倍。第二代区块链加密币以太坊的网上交易量增长了33倍，每天交易数百万笔，主要用于建立在以太坊之上的"去中心化金融"服务。国内也有人呼吁大力发展DeFi，但是，中国拥有一个强监管环境，金融业是受强监管的行业，去中心化金融是否适合中国，如何在不放松监管的原则下趋利避害，用新金融

新金融背后的科技力量

技术改善金融服务成本效率?

近年来,金融创新步伐加快,复杂的产品设计和先进信息技术的耦合,产生了复杂系统常见的各种问题,如小范围扰动带来系统大范围波动和风险的链式传递。2008年,全球金融危机的导火索是各种信贷抵押产品的多层嵌套设计,产品复杂度超出信用评级技术的能力范围。

2015年,通过各种软件接口接入券商和交易所的资金通道带来了巨额杠杆资金,是引发A股股灾的主要因素。在欧美,先进的量化投资算法和快捷的通信设施引发了大量市场闪崩事件,所有这些金融创新的共同点是它们采用的技术更先进,产品设计更专业和更复杂,而监管技术明显落后于金融创新,侧面反映了监管不到位导致的风险和损失巨大。对于金融创新应该有针对性地加强监管,而不是简单地减少监管或降低监管标准。

事实上,DeFi的主要目标是用区块链技术完全取代现有制度和信用体系是不现实的想法,设置新系统的难度之大,需要长期演化迭代才能正常运转,耗费成本之巨亦难以计算。

一个更具有现实意义的路径可能是融合DeFi和传统金融,传统金融借助DeFi可以丰富产品服务、提高效率和提升市场流动性,而DeFi可以利用传统金融的资产以更合规的方式实现规模扩张,打造一个虚实结合的数字金融环境。实际上,在一些国家,DeFi服务确实已经打通了虚拟与现实世界。

姚前

中国证监会科技监管局局长。曾在中国证监会信息中心、中国证券登记结算公司、中国人民银行征信中心工作。中国人民银行金融研究所博士后科研流动站、中国人民银行征信中心博士后科研工作站学术委员会委员,中国电子学会区块链专家委员会主任委员,上海新金融研究院学术委员,清华大学区块链技术联合研究中心学术委员会委员,发表文章近百篇,著作五部,曾获银行科技发展一等奖,多项专利发明人。

郑磊

香港中文大学(深圳)高等金融研究院客座教授、香港中文大学金融理学硕士、信息管理与商业分析硕士业界导师。现任萨摩耶云科技集团首席经济学家,受聘担任粤港澳大湾区、全球金融国际金融科技实验室顾问,在《金融时报》《改革》《财经问题研究》等发表论文多篇,多次被《新华文摘》全文转载。

林建明

萨摩耶云科技集团创始人、董事长兼CEO

李尧

萨摩耶云科技集团总裁

本文节选自姚前、陈永伟等著的《Web 3.0:下一代互联网的变革与挑战》,中信出版社2022年8月1日出版,感谢授权支持。

金融数字化平台建设的三大误区和破局之道

文 | 黄雨菁 钱甲

数字化转型是金融科技发展的未来方向，实现金融数字化转型的底座则是智能技术平台和数字业务平台。由于没有标准答案，数字化平台建设中存在诸多解决方案，只有个走成功案例，但更多则是事倍功半的错误解法。本文作者通过长期实践经验，找出了制约数字化平台的四大痛点，在此基础上寻迹数字化平台建设的正确打开姿势。

数字化转型是现今最主要的趋势之一，金融行业亦是如此。"十四五规划"指出并要求金融业稳妥发展金融科技，加快金融机构数字化转型。

然而，金融行业业务本身具备产品种类多、业务条线多、客群类型多等特点，在这样业务复杂多变的背景中，我们该如何提升科技的业务响应力，从而持续加快向客户提供新产品和服务的速度？这个问题是金融企业的科技团队在数字化转型中面临的必答题。

对于这个问题，构建数字化平台往往是很多金融企业科技部门给出的标准答案，甚至被期待可以像生产线一样，支撑起企业80%的核心业务。同时它要具备一定弹性，当生产工序变化时，能够快速调整从而应对这些变化。

在诸多数字化转型框架以及评估体系中，平台化都是核心的能力支柱，其中包括智能技术基础平台和数字业务平台，从而形成企业数字化转型的坚实底座。

当然，数字化平台的构建没有标准答案，该从何入手建设数字化平台，行业内存在着不同解析。在我们的过往经验中，就见过很多事倍功半的错误解法。

三种事倍功半的误区

一些平台的建设起始点基于更高的理念：达成最佳实践。因而投入大量的人力和物力，但结果往往不尽人意。以下是三种常见的事倍功半的数字化平台建设方式。

科技自驱

科技自驱的平台架构方式指导思想是从建设技术平台底座开始，遵照同业实践和趋势进行技术能力储备，尽量人有我有。这样一来，当未来有具体业务需求，技术团队就能很快祭出相关的"武器"来应对。同时，拥有这样一个技术底座能彰显自身科技能力的先进性，这是好的方面。

然而，这样的思维也有误区：对实现域进行堆砌，却没有思考上层的解决方案以及业务侧需要解决的根本问题。结果往往是，武器库里堆积了很多枪支后才发现真正的敌人其实在海上。

借鉴同业

既然苦练内功成效来得慢，那就瞄准业务需求直接拿来即用。这类思维会驱使决策者直接购买行业最佳解决方案，稍作修改就面市应用。虽然听起来比自己架构更高效，但在实际中我们发现，这类简单改改的项目最后往往演变成持久战，买来的平台即使进行深度改造依然无法流畅地支撑业务。

事实上，这个思维的盲区在于：聚焦且局限于解决方案域层面，却没有考虑解决方案与企业自身问题域是否匹配、功能是否需要、方案背后的流程及组织机制是否能被公司现状支持等方面。

各个击破

这个问题场景是：某团队已经利用数字化技术解决了业务中存在的难题。此时，其他业务线看到这个团队的成效纷纷效仿，于是数字化团队深入不同业务线协助各个击破。但在突围过程中，团队慢慢发现，当他们涉及的范围越大，面临的冲突就越多，尤其是在一些跨业务的服务场合，反而降低了客户体验度。

这种建设思路存在的问题是：既缺乏整体规划，也没有针对单点问题进行深入分析，结果得到了一堆互为烟囱，甚至互相矛盾的解决方案。

数字化平台建设的四大制约

由此可见，如果不具备从问题域出发，对解决方案域进行顶层设计，再推进到实现域的思考路径，常见四大痛点将制约数字化的整体发展。

- 缺乏整体规划，建成一堆平台，但功能、逻辑、数据都是割裂的；
- 缺乏自身禀赋考量，同质化建设，无差异化竞争力；
- 缺乏运营机制、评估机制的协调能力；
- 投入大、周期长，产出的业务价值却难以衡量。

数字化平台建设的正确打开姿势

数字化平台建设应当从战略层出发，基于业务能力蓝图的整体设计，指导数字化平台的建设。

这里的业务能力指的是针对某一个问题域制定的解决方案集合，其中包含相应场景、功能、实体，以及最终生产出来的数据。而业务能力的全集，即整体范围内的解决方案总和，也就是整个数字化平台建设的底图——业务能力蓝图。

反模式：从战术层面入手的平台设计

在业务线多、业务场景复杂的情况下，如果我们沿用市面上流行的各种从具体业务入手的建模法来进行业务能力设计，通常会发生以下三种情况：

- 过程繁杂，展开的力度不好把控。架构师容易迷失在业务操作人员制定的方案细节中，很难发现场景中要解决的根本问题是什么。

- 建模和设计的结果孤立。整体设计基于的输入非常具象，过程缺乏全局视角，也未能从战略设计层面出发建模，往往最后得到一堆独立零散的模型以及一系列用途特定的业务能力，难以跨业务统一。

- 因为企业本身对于一些业务及业务实体缺乏规章制度管理，从而会导致在基于具体流程场景的建模过程中无法识别这类业务实体，进而使得最终的设计很大概率存在业务能力缺失。

当然，我们不是全盘否定战术层面的建模方法，只是提出做企业级的能力建模，尤其是在囊括多种业务的企业中做能力建模，不能直接套用战术手段，直接从业务场景入手。更不要简单将能力想象成完全可分解、可组合的积木，从而一味在业务实体级别寻找基础能力。

"三个锦囊"助力复杂业务环境中的企业级业务能力设计

那么，在复杂业务中，探索企业级业务能力的正确方式是怎样的呢？

这里的核心思路在于：

- 首先从战略设计入手，自顶向下探索，对问题域进行恰当的识别，通过子域"分而治之"；

图1 业务元逻辑模型图

- 在划分子域之后，需要进行解决方案域的顶层设计，也就是业务能力的设计；
- 最终形成业务能力蓝图，指导数字化平台实施以及落地。

在整个战略设计过程中，有三个关键点要时刻铭记：进行足够且适度的抽象、问题域识别先行、注重顶层设计。

接下来，我们就来看一下每个锦囊具体该怎么使用。

锦囊1：足够的抽象

在复杂业务环境中，我们需要抽象思考能够承载所有业务要素的运作模型是什么样的，这样才不会一直陷入战术细节而忽略对业务本质及通用逻辑的思考。

首先，为了保证足够的抽象性，建模用到的元素必须足够精简。

如图1所示，在这里，我们只用到了三类元素。

- 业务干系方（人）：业务运作过程中参与的重要角色；
- 业务要素（物）：业务运作过程中所需要的重要资源；
- 业务活动（事）：业务运作过程中，基于业务要素或者干系方，具体发生的动作。

除了建模元素需要精简，建模的语言也需要通过抽象达到统一。例如，有些资管业务会投资到地产项目，有些资管业务会投资到市场证券产品，还有些资管业务会投资到信托产品上。在这种多业务的情况下，需要思考这些投资对象（不同的名词）有没有一个通用名称（同一个名词）？在这个例子中，这些投资对象在业务上的统称就是"投资标的"。如图2所示，建模时，针对这种情况可以使用泛化关系表示。

抽象始于具象内容，在具象内容之上再基于这样层层抽象，就可以对不同业务条线建模，还可以再次抽象提取一些更高阶、企业级更宏观统一的模型。

锦囊2：问题域识别先行

问题域代表了需要解决的现实问题的边界。当一个问题域复杂度过高或者关注点过多时，就需要被递归地分割为多个小的问题域，也就是划分子域。这个过程中需要把整体问题域想象成一个立体结构，从纵横两个维度出发，对问题域进行识别和划分。

- 面向要素的问题域识别法（Element-oriented Decomposition）。

纵向对问题域进行划分，需要围绕运作逻辑中涉及的干

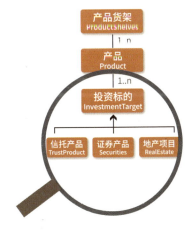

图2 泛化关系图与代码示例

系方及要素展开。

如图3所示,围绕着每个业务干系方和要素(如资金方、资产方、监督方等)都识别出了业务关注和需要解决的问题域。

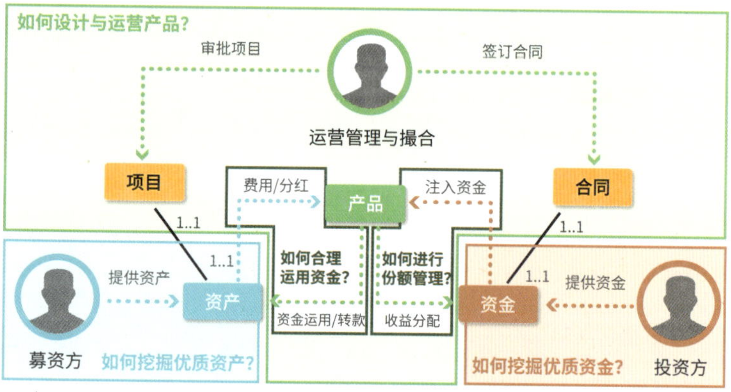

内涵与边界,我们需要体系化地对业务能力进行高阶定义,需要明确这个业务能力所提供的核心价值、愿景、服务的对象、场景、业务实体,以及领域模型,也就是使用我们的业务能力全景图。

这里需要重点强调的是,能力全景图是不断变化的,就像我们所谨记的领域驱动设计第二条原则所说的一样:"Iteratively explore models in a creative collaboration of domain practitioners and software practitioners (领域专家与技术专家协作,迭代地探索模型)",能力全景图这一部分也会随着业务需求的不断提出、团队对于领域理解的不断深入而不断地演进、细化。

图3 基于业务元逻辑模型图的要素识别问题域(EoD)

■ 面向切面的问题域识别法(Aspect-oriented Decomposition)。

如图4所示,这种识别模式下,需要提取各个问题域都关注的问题点,并且确保问题点在自身核心场景中可以分离出来。然后,将这些横切关注点归整到一起,成为一块独立的横切问题域。在金融行业,风控就是一个很典型的横切问题域,在其他问题域中,往往都需要去关注风险控制相关的问题,即如何在业务运作和资产资金管理过程中持续控制相关的风险。

通常我们会把以上两种方法结合起来使用,它们是相互补充的关系。

以上三个锦囊,就是面对复杂业务时,架构师团队该如何进行业务能力探索和规划的具体方法。

设计只是开始,建设没有终点

业务能力蓝图的设计只是一个开始,在蓝图指导下进行数字化平台建设的过程中,不仅仅是平台本身在演进,业务能力蓝图也会不断地完善和细化。

锦囊3:解决方案顶层设计

解决方案顶层设计的核心是基于问题域的划分来明确业务能力的边界。例如在客户管理问题域中,资金端、资产端的客户管理核心关注点实际上有很大差异,需要的业务能力也不同。

如图5所示,为了清晰表达业务能力

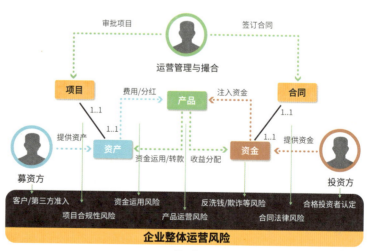

图4 基于业务元逻辑模型图以风险切面识别问题域(AoD)

能力名称			
解决的问题域&提供的核心价值 描述所解决的问题及承担的价值	服务对象	服务场景	核心业务实体
愿景	能力全景图		

图5 业务能力全景画布

起点：业务驱动

当业务能力蓝图初步成型之后，就可以开始考虑平台的建设路径。平台的建设起点往往是业务驱动，也就是依托前台业务条线的实际需求驱动平台的具体建设。整个过程中，需要基于业务能力蓝图，针对这些需求涉及的平台能力，进行平台应用建设以及能力开放，最终使得前台业务能够在平台上运作起来。

在建设过程中，一方面需要具体分析需求中涉及哪些业务能力的使用、点亮或者增强，从而对于已有的业务能力蓝图进一步地完善和细化；另一方面，依据业务能力蓝图找到对应的系统应用，设计并构建需要开放的平台服务，从而不断丰富整个平台所具备的数字化业务能力。

如表1所示，平台服务的构建、发布，以及开放需要开发者在开放平台上完成。需求分析中，依据服务旅程分析，开发者对于所需的API进行识别。

URL	METHOD	CSENE
/payments	POST	提交支付
/refund	POST	提交退款
/refund/credit-card-stages	POST	提交分期退款
/payment-requests	POST	请款

表1 基于场景识别API

其中，将用户支付订单场景通过服务旅程蓝图进行展开，可以识别出在"提交支付"环节需要调用支付功能，从而识别出相应的支付API。

如图6所示，在识别需要构建的API之后，开发者需要设计对应的Request和Response，形成Swagger文档。

图6 详细设计API

如图7所示，在Controller中进行相应的实现。

构建对应的API测试，引入Mock Server等方法来保证API功能完备。

最终将API发布到开放平台上，供现有业务需求方（前台应用）使用，同时对开放平台范围内的所有开发者都可见；当其他开发者/需求方需要的时候，可以在自己的

新金融背后的科技力量

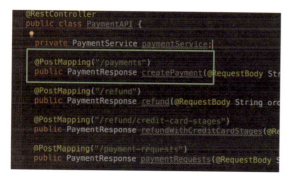

图7 实现API

应用中使用已开放的API。如图8所示是开放平台上API的使用过程。

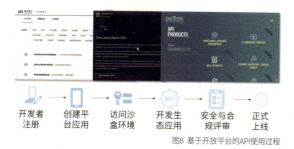

图8 基于开放平台的API使用过程

黄雨青

Thoughtworks架构师，十年研发及咨询经验。专注于数字化转型下的企业架构、数字化业务平台、开放API、服务化转型等研发领域，先后为多个行业（金融、汽车等）的大型企业提供相关的技术及架构咨询落地业务。致力于以平台架构为核心，打造企业自身数字化能力。

钱平

第四范式架构师。十多年投行研发经验，为多家头部企业银行提供数字化转型、架构规划和智能化建设相关咨询，如企业战略规划、架构规划、企业平台的规划及落地建设、微架构转型、遗留系统上云迁移及转型过程中的各种技术赋能，以及创新实验室筹建等。

台建设的底图，并依据业务线及业务能力的依附关系和优先级，形成可落地的建设规划；在建设过程中同步引入先进的数字化技术，保障数字化转型有效有序的落地，最终实现数字化业务的成功。

深化：平台自驱

业务驱动中对于业务能力往往都是点状需求，很难驱动出企业级的业务能力建设，尤其会缺失对于单个业务能力的具体内容规划。因此，当平台建设需要进一步深化的时候，需要加上辅助的平台建设手段——平台自驱，即依照业务能力蓝图，从平台能力自身视角出发，来规划应当提供哪些能力及服务。

通常在选择平台自驱的业务能力时，需要从业务辐射程度以及技术难度两个方向进行思考和比较，以确定平台自驱的优先级。

结语

数字化平台作为金融行业数字化转型战略落地的重要载体及引擎，直接决定了转型成败。金融机构应当在业务战略及目标的指导下，围绕业务能力设计蓝图作为平

金融企业中间件在云原生架构下的浴火重生

文 | 斐朋朋

中间件是一种独立的系统软件或服务程序。自开启国产化探索以来，以银行为代表的金融行业在中间件的应用实践上历经了单体应用架构、服务总线架构，以及分布式云原生架构三个阶段。本文作者认为，在云原生技术架构下，基础设施平台自动化水平逐渐提升，而这意味着中间件在金融领域迎来了"浴火重生"。

经过多年发展，云原生技术越来越成熟，一方面企业上云的难度在逐渐降低，另一方面，上云的收益越来越高。2019年9月，中国人民银行发布《金融科技发展规划》，标志着金融企业的科技创新迈上新的台阶。2020年开始，标榜云原生技术先进性的金融企业显著增多，拥抱云原生成为金融企业数字化转型道路上技术先进性的体现。

事实上，中间件服务因为架构复杂，通常运维难度较大。当金融企业架构中间件时，基于行业特殊性，在运维、高可用等方面要求更高，因而运维难度更大。随着云原生技术的发展，基础设施平台自动化程度越来越高，金融企业中间件也迎来了浴火重生。

金融企业中间件和云原生的天然结合

金融企业中间件平台通常具有以下几个核心特点。首先是规模大，稳定性要求高，故障容灾级别高；其次是平台统一，运维流程严谨，要求易部署、易运维；最后是使用流程规范，标准统一，安全要求高。

在传统架构下，大规模的中间件集群管理依赖虚拟机。但在虚拟机平台上，资源利用率、弹性、高可用、自动运维等都较难实现，中间件运维工程师大量的精力聚焦在平台维护和自动化脚本编写上。即便如此，一些高阶特性依然难以实现。金融企业中间件平台在传统架构上逐渐变得臃肿，平台运维变得复杂，新特性实现也越来越困难。

云原生架构将大量运维特性下沉到基础平台层，从云原生平台衍生出来的应用天生具备平台属性。首先，云原生的弹性可以体现在多个业务场景中，如中间件的垂直扩缩容和水平扩缩容、中间件跨云等，对中间件运维和高可用都有提升。其次，云原生自愈特性可以增强金融企业中间件平台的稳定性，降低人工介入的频率，提升运维效率。Kubernetes的声明式特性实现了一种独特的资源管理方式，也形成了云原生平台上资源管理的统一标准。另外，中间件本身是资源密集型软件，而云原生平台能够很好地管理物理资源，在资源超售、智能调度、弹性伸缩上都有较好的表现，可以帮助金融企业提升中间件资源利用率。同时金融企业中间件在安全上也有更高的要求，这在云原生架构下也有更加优雅的实现方式。

总而言之，金融企业中间件和云原生技术可以天然结合，而随着云原生技术的不断发展，这种结合会越来越紧密。

云原生技术助力金融企业中间件高效运维

在云原生架构下，中间件是通过Kubernetes的CRD（自定义资源类型）加Operator模式实现的自动化管控。如图1所示是基于云原生自动化管控的Redis集群。运维研发人员使用CRD定义某种类型中间件的规格，通过提取特定类型中间件的关键参数，将大量通用特性直接放入Operator流程定义中，将用户关心的和不关心的特性参数分离。这一方面可以简化用户使用中间件时面临的大量参数填写，另一方面也将大量关联的参数统一管理，核心目标是让用户通过定义一个简单的YAML文件，就能创建出一套复杂的中间件集群。

使用CRD和Operator模式管理中间件还能标准化中间件定义，实现中间件的编排能力，可以将中间件作为应用运维特性快速纳入云原生应用交付流程中，同时Operator中编排了大量特定类型中间件的运维和故障自愈逻辑，这些中间件运维经验的输出能大大加快金融企业云原生中间件平台建设的速度。

此外，中间件Operator中定义了中间件集群自愈逻辑。举个例子，如果中间件某个节点上的进程因为异常退出，在传统架构下，运维研发工程师可以通过脚本自动拉起这个进程。如果当前节点故障无法拉起，就需要重新找一台健康的机器重新部署，配置好后再加入集群。但在云原生架构下，平台可以帮助用户自动拉起工作负载，如果节点故障，只要平台中有合适的节点，中间件集群的工作负载就可以自动调度到适配节点上，并且Operator会自动创建好所有依赖的资源，整个过程几乎不需要用户手动操作。这就是云原生架构带来的便利，而这种强大的自愈能力在金融企业运维流程复杂的情况下作用特别明显。试想一下，如果生产环境真的出现了这种情况，中间件运维部门需要提交对应的运维申请，一套流程下来耗时很久。如果想要在传统基础设施上建立和云原生相同的自愈能力，需要付出的成本大得多。

在资源利用效率方面，通过Kubernetes平台创建工作负载的时候，我们可以指定合适的Request和Limit。其中Request能控制单位资源上工作负载的密度，Limit可以定义资源的超售比，两者结合再配合上丰富的过往使用经验和有效的监控体系，能极大提升云原生平台的资源利用效率，尤其是在企业测试环境，利用资源超售和智能调度可以极大提升资源利用率，帮助金融企业降低IT成本。

另外，在云原生架构下，中间件的日常运维也变得更加简单，如扩容。云原生因为管控了基础资源，可以轻松做到一键扩容，甚至可以一键从私有云弹到公有云场景，而这些在传统运维架构下是很难想象的。

金融企业尤其关注系统稳定性，而可观测性是保障中间件稳定性的基础。如图2所示，云原生架构下基于Prometheus的监控方案定义了中间件监控指标暴露的标准方式，同时基于Prometheus生态衍生出来的周边产品完善了系统监控告警能力。另外，在云原生架构下，云原生事件也是系统监控的一项核心指标，它展示了中间

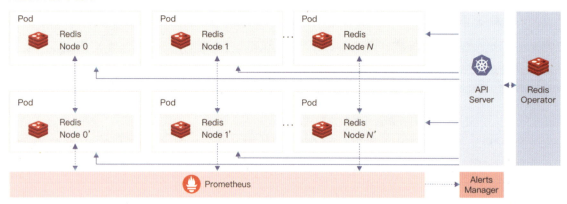

图1 Redis Operator架构图

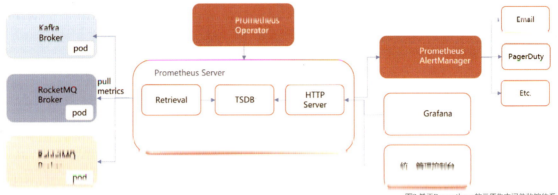

图2 基于Prometheus的云原生中间件监控体系

件集群状态变化的过程，对于集群健康监控和过程审计都有较高价值。在Kubernetes平台中，工作负载是变化的，遇到节点故障时，Pod会在健康节点上重建，所以云原生下日志的采集方案要能自动识别工作负载的变化。网易开源的云原生日志采集项目Loggie正是基于这种场景开发的，能够无侵入地采集新建的中间件集群日志，并自动感知工作负载的变化。

云原生体系下可观测方案变得更加标准，这为基于监控数据的各种分析系统打下了扎实根基。无论异常检测还是环境巡检，实现变得更加优雅，未来演进更加明确，这些都进一步提升了中间件的稳定性。

总而言之，随着运维特性在云原生架构下进一步下沉，构建统一标准的中间件运维平台变得更加方便，云原生的弹性、自愈等特性又进一步提升了中间件的运维效率。在金融企业对中间件运维特有的高标准背景下，云原生的加持让中间件运维建设获得新生。

高可用中间件保障金融企业业务持续性

金融是现代经济的核心，是实体经济的血脉。金融企业业务的稳定性关系到民生，中间件作为应用的基础设施，它的高可用能力是金融企业业务连续性的关键，是金融科技建设的重点。

应用高可用从多节点容灾，到同城多机房容灾，再到异地容灾，最后是单元化架构，容灾能力不断提升的同时，技术复杂度也成倍增加。而云原生技术体系下的容器平台、集群联邦、服务网格都是云原生架构下实现中间件高可用的利器。下面介绍我们是如何利用云原生技术打造一套完备的金融级高可用中间件平台的。

Kubernetes平台天生提供了节点亲和性和反亲和性，并在1.18版本之后提供了基于拓扑的调度能力。这些特性让中间件集群能在云原生平台上轻松获得节点和机架高可用能力，甚至在机房建设允许的情况下，通过Kubernetes平台跨机房轻松实现中间件跨机房高可用的能力。这种在传统架构上需要投入大量人力建设的能力，在云原生架构上可以轻松实现。

云原生集群联邦功能实现应用跨Kubernetes交付的能力。这是一种云原生资源统一下发和状态统一收集的能力，它能够将多个Kubernetes集群识别为一个整体，由集群联邦工具提供统一视图。中间件作为复杂有状态应用，也可以利用这项特性实现中间件集群的跨机房高可用。

中间件的集群联邦架构一般可以分成两层：集群联邦管控层和数据管控层。其中，集群联邦管控层负责中间件的全局逻辑管控，而数据管控层则负责由集群联邦管控层拆分出的集群部分资源的调谐。两层管控程序共同合作，不断往集群统一定义去努力调谐，最终达到稳定的集群状态。使用集群联邦构建中间件多活系统需要注意两点：首先是集群联邦资源分发和状态效率收集，因为中间件非常复杂，在集群创建过程中会有很多次基于数据层状态的统一调谐；其次是集群联邦的调度能力，中件都是分布式系统，通常有着不一样的拓扑架构，因此构建一个通用而又灵活的调度模块非常重要。

中间件的异地容灾除了要实现中间件集群间数据的复制能力，还要实现应用到中间件的流量路由，以达到发生灾难时的快速切流。异地容灾是中间件容灾的较高级别，而异地多活容灾平台（单元化）的建设是金融企业保障业务连续性的终极目标，异地多活容灾平台（单元化）可以解决单机房容量的问题，实现核心应用的水平扩容，让用户按需实现机房级或者城市级容灾，同时还可以实现单元间的故障隔离。

此外，中间件的异地多活容灾不仅要求流量路由，还要求做到流量纠错和写保护等能力。传统架构下，实现中间件的统一流量管控通常通过修改中间件客户端的方式实现，这种方式通常会对业务带来一些侵入性，需要业务配合整改。而在云原生架构下，服务网格为中间件的流量提供了统一的管理模式，通过Sidecar的方式为应用流量实现统一代理，通过管控平台统一管理流量规则并进行规则下发，实现对业务无侵入集成。另外，云原生技术规范统一，也为中间件集群在异地管理上提供了便利。

网易数帆轻舟中间件团队为多家金融客户交付了高可用云原生中间件平台，包括多种级别容灾，投产环境则包括一些国有大行总行。如图3所示为Kafka的两地四中心模式。首先是同城灾备模式，通过中间件集群间复制实现，主集群宕机时可快速切换到备集群实现故障

容灾，这种级别的容灾RTO通常为分钟级，RPO则为秒级。而同城多活可以通过多种方式实现，除了上文介绍的Kubernetes平台跨多个机房和集群联邦的方式，还有基于中间件主备模式，同城多活同样可以做到机房级容灾，基于中间件跨机房的方案RTO为秒级，RPO几乎为0，但这要求机房间网络带宽高、延迟低。异地灾备模式同样通过中间件主备方式实现，建设时需要注意异地机房的网络带宽。异地多活容灾采用单元化实现，通过将核心业务数据进行水平切分，实现多个等价单元的建设（单元化无论概念和架构方案都比较复杂，这里不做过多介绍），单元化建设解决了业务水平扩容的问题，容灾RTO和RPO都可以达到秒级的水平。

相信在云原生架构下，技术变革带来的中间件高可用平台建设的标准统一化、架构轻量化会助力金融企业业务稳定建设，保障业务的连续性。

云原生中间件金融特性愈发明显

上面讲到了在云原生架构下，中间件的运维自动化程度越来越高，监控体系越来越标准，中间件高可用的实现也越来越体系化，而平台能力的增强使得中间件和云原生结合之后金融特性更加突出。

除了运维和高可用，金融企业对中间件安全性要求也较高，体现在几个方面。首先是数据安全传输，通常中间件集群难以直接实现数据传输加密，而基于中间件

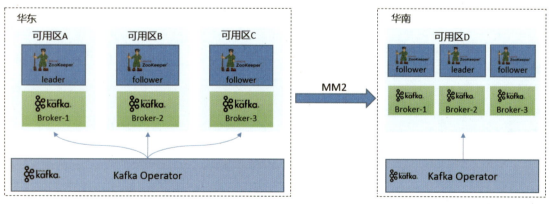

图3 Kafka的两地四中心模式（🛈kafka.为软件logo）

代理,一方面可以简化客户端访问方式,另一方面代理层可以实现各种能力,如传输加密、配额限制、黑白名单、访问跟踪等。其次在云原生架构下,实现中间件和代理的统一管理会比较方便,另外代理层通常是无状态的,云原生架构下可以通过快速扩缩容来提升资源使用效率。中间件安全还包括安全漏洞修复,在云原生架构下,中间件实现自动滚动升级,能够实现金融业务无感知的漏洞修复。

可以看出,云原生架构推动了中间件管控平台的演进,随着云原生技术的不断发展,云原生中间件发展方向也更加明确。

结语

随着云原生技术的成熟,金融企业中间件在云原生架构下获得新生之后变得更有生机。在数据面上也更加贴近云原生,金融企业中间件如何进一步提升资源利用率,如何与Serverless这样的新兴云原生技术结合也是未来的重要方向。我们基于此进行了探索,如图4所示,首先是基于中间件集群资源使用率和业务指标的自动弹性扩缩容。我们在业务低峰期收缩无状态组件的副本数,并在固定时段内尝试将计算量巨大的离线业务调度到这些空闲资源上,另外,根据中间件特性不断优化自动扩缩容的策略,提升扩缩容效率,降低扩缩容频次。而Serverless比上述尝试更加复杂,它拥有更完整的体系,弹性伸缩上也更彻底,是我们未来进一步探索的目标。

其次,随着服务网格技术的发展,中间件会和业务进一步解耦,如何降低金融企业中间件使用复杂性,甚至对业务透明,仍然是我们努力的方向。

最后,是中间件和人工智能的结合,云原生架构提供了弹性的基础组件和中间件能力,基于此,金融企业中间件可以进一步结合智能运维,甚至实现无人值守运维,在稳定性保障的道路上更进一步。

云原生的大门已经打开,中间件在云原生架构下也已经迈出了很大一步,而如何充分考虑金融企业中间件的特性并且有效结合云原生生态,未来的道路依然很漫长。

裴明明

网易数帆资深云原生架构师,主要负责网易数帆轻舟中间件、轻舟云原生DevOps体系设计、研发及落地等工作。拥有多年云计算实践经验,曾在甲骨文、中国移动等公司从事云计算技术研发相关工作,对云原生相关中间件、DevOps、微服务架构、分布式系统有着丰富的经验和独特的理解。

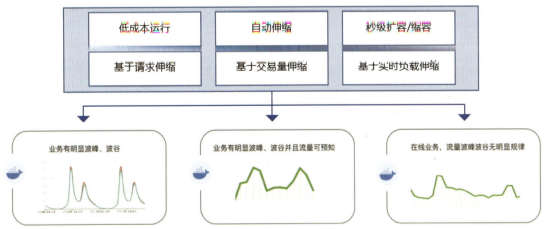

图4 云原生中间件与Serverless结合探索架构图

新金融背后的科技力量

共识机制&智能合约：区块链技术的金融实践

文 | 张开翔

作为"信任的机器"，区块链技术在金融行业的应用引起广泛关注。通过长期在该技术领域的沉淀，本文作者从如何理解信任、共识机制的现实博弈，以及智能合约的协作规则等方面详细介绍区块链技术在金融领域的实践。最后，还将给到开发者做好区块链需要哪些综合性知识体系的详尽建议。

近年来，"区块链：信任的机器（Blockchain：The trust machine）"这句话已经成为一句流行语。在国家级的数字化产业政策里常常高亮出"区块链"关键字，倡导发展"安全可控"的区块链技术栈，包括金融在内的各行各业都纷纷展开了对区块链技术和应用的研究，诸多创新业务场景纷纷落地，在不同业务合作方之间构建起信任网络。

区块链金融，是指区块链技术在金融领域的应用。对于金融行业来说，采用区块链技术究竟意味着什么？有多大魔力，能让人如此信任？当我们在说"信"的时候，究竟指什么？仅仅是技术吗？下面我们就来具体谈谈。

量其在未来的信用，这一担当记录信息历史重任的技术即是"区块链"。如图1所示，具体而言，从不断向前的信息史的追溯中，我们可以发现从"信息"到"信任"，再到"信用"的清晰链条，就此我们来分析区块链为何可以作为金融科技中的"信任机器"。

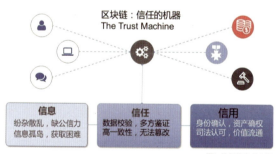

图1 信任的来龙去脉

我们先来简单举个例子，张三认识李四，知道他的样貌、住址，这些属于"信息"。但仅凭这些信息，张三不一定会相信李四，除非认识他很久，且大家都知道他一贯为人清白、品德良好、言行一致，那么或许我们可以认为李四这个人是"可信任"的。这时，如果李四找张三借钱的话，是否借给他呢？估计张三会认为仅凭主观的判断还是无法避免客观存在的风险。而如果对方有固定工作，或者有相应的资产供抵押，而且在未来会有可观、稳定的收入，那么他就具备了经济意义上的"信用"，张三就会考虑借。

该如何理解"信任"

越来越数字化的世界中，信息以各种方式诞生和传播。在金融行业，信息和数据的真实性关乎金融安全，是行业的重要命门。然而，庞杂的信息可能带着噪声，缺乏公信力，或者在传播中失真，形成数据孤岛。所以，在我们使用信息前，必须对它们进行严格甄选、多方鉴别，以及精确校验和透明公示，使其成为大家都认可的基础。

如果信息携带着从过去到现在的价值因子，即可用于度以上的陈述即是从"信息"到"信任"再到"信用"的过程。其中，区块链可以起到的重要作用是：首先对信息进行多方鉴证，从而达成难以篡改、可以追溯的效果。在此基础上，基于可信信息，并借助区块链上的透明协作机制，可以帮助建立信用，实现高效价值流转。

在金融行业，越来越多的业务已经实现数字化。大家在日常生活中也可以发现，随时随地点点手机即可获得金融服务。但实际上，其背后有着庞大的分布式商业版图。首先，金融机构与合作伙伴共同构建分布式基础技术设施和开展业务运营，共同认证校验包括用户在内的各方身份和信用；其次，在交易时不仅需要兼顾及时性和事务性，还要追溯数据和资金的来龙去脉，满足隐私保护和反洗钱等合规要求。最后，是达成目标，保证大家看到的视图是一致的，对账是平的。

很明显，这样的业务模式本身亟须可信网络的支持，凭借强大的可编程能力实现灵活多变的业务规则，依托多方消除风险短板的安全稳定环境，来保障用户权益和业务的可持续性。在原有集中式技术难以满足新需求的情况下，区块链技术就有了巨大的发挥空间。目前类似供应链、信用证、跨境业务等大量强调多方合作的金融业务都深度使用了区块链技术。

更进一步看，使用区块链技术构建可信协作网络，也满足了大家对公平、透明的追求。这样的技术模式，不仅仅可以应用在金融行业，也可用于社会事务、工业农业、文化旅游、司法鉴证等广大领域，使得大家在协作中减少摩擦、降低成本，提升互相的信任感和满足感，有利于扩大业务规模和创新转型。

既然区块链这么重要，金融科技领域的开发者在日常工作中应该如何实操？以我个人经验和观察来看，区块链以"黑科技"闻名，技术覆盖面广，设计思路别具一格，技术挑战性较大，因而开发者感觉这一技术比较高深莫测、晦涩难懂，从而望而生畏。但伴随着技术的逐步成熟，区块链基础软硬件设施的可用性和易用性其实在不断地提高，适用的产业范围也在持续扩大。进而它的定义也产生了新的外延：谈起区块链时，通常不仅仅指构成

区块链软硬件体系的一系列底层技术，如分布式网络、密码学算法、链式数据结构等，更会涉及多方博弈的共识机制，包括用智能合约实现的协作规则等。在应用层面，区块链如何助力实体经济领域，服务于诸如经济、文教艺术、政务社会、工业农业等场景，也是非常热门的话题。

接下来，我们通过进一步探讨两个核心概念：共识机制和智能合约，来阐述如何让区块链真正用出效能，以及这一领域需要怎样的人才和如何进行人才培养。

共识机制的现实博弈

在区块链的技术组成部分中，最玄妙的是"共识算法"。它的定义是：在一个群体中，用约定好的机制协调大家共同或轮流记账，得出无争议、唯一性的结果，且保证这个机制可以持续下去。在这个过程中，大家一起维护一个账本，选择谁作为记账者，凭什么相信记账者的行为是正确的，怎么防止记账者作恶，判断如果记账者正确记账该如何得到激励……

虽然其代码实现是发生在链上的，但实际上背后是现实世界的博弈。如图2所示，博弈分为"合作"和"竞争"两个基本类型，分别衍生出不同的共识机制。

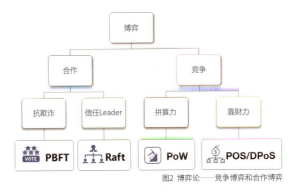

图2 博弈论——竞争博弈和合作博弈

图中采用PoW(算力挖矿)或者PoS/DPoS (资产抵押)作为共识机制，属于竞争博弈。记账者通过投入算力或财力竞争出块资格，谁先出块，就可以夺得一笔记账费激励，同时其他记账者落空。他们的竞争能力都是来自现实世界，如算力来自电力、矿机的投入，资产则来自投

资者的钱包。

在合作博弈的分支上,联盟链要求记账者身份可知,经过准入才能接入网络。记账者用现实世界里的法定身份、商业声誉、技术实力等作为信用背书,通过联盟链委员会核准后,加入记账者列表中。然后,记账者们轮流出块记账。主流的PBFT(实用性拜占庭容错算法)遵循"少数服从多数"的原则,只需要防止少量的记账者恶意操作,即可避免系统风险,最终达成共识。联盟链参与者在链上的一切行为均可审计追溯,从而让相关监管部门可以有的放矢,对违规行为精准惩戒,具有很高的威慑力。联盟链的获益模式是大家共享必要的信息,在高可信的网络里拓展业务边界,从而在开展交易时减少摩擦成本、扩大合作规模、提升效率和用户满意度,最终获得商业或实业的回报。

当然,天下没有免费的午餐,也没有平白无故的爱恨。"信"一个记账者,是信他在现实世界里所投入的成本、付出的代价。然后,考虑到有震慑性的惩罚机制和激励机制,相信记账者为了持续的收益和增值,不会无故破坏这个网络。

在了解了博弈模型的基础上,我们再来看看如何实现共识算法。事实上,在工程上实现一套共识算法还是相当有挑战的。几年前,金融行业中基本没有可靠成熟的PBFT实现代码,开发者需要参照PBFT的原始论文进行工程实现和优化。在开发过程中,开发者需要深入理解多方协作中的博弈关系,要有清晰的网络拓扑视野,对数据传输流量进行极致的优化,应对复杂攻防态势中的安全挑战,设计合理的激励和监管策略,并进行周密的多轮次、多环境测试验证,以保证设计和实现的周全性。

此外,随着软硬件条件、业务模型、博弈格局的演进,对共识机制的要求也会产生变化,所以共识机制的实现需要一直保持研究和优化。

智能合约的协作规则

智能合约是由多产的跨领域法律学者尼克·萨博(Nick Szabo)在20世纪90年代提出来的概念,简单地说,就是将原来纸质合约里的条款和约定——写成代码,无差别地运行在区块链网络的每一个节点上。

当基于区块链开发应用时,开发者往往是从写智能合约入手。如图3所示,智能合约不仅仅是一段代码,其体现的是业务流程、资产模型、运营治理等功能。

图3 智能合约的作用

目前的区块链体系大多具备"图灵完备"的智能合约。"图灵完备(Turing Complete)"这一术语来自计算机科学家艾伦·麦席森·图灵(Alan Mathison Turing),含义是计算机有一套完备的指令集,可以按一定的顺序输入系列数据和指令,计算出结果。指令集可以支持分支判断、循环、跳转、递归等复杂的逻辑,也即程序员非常熟悉的if、else、while、goto等语句,同时在数据类型上支持各种基础和高级的数据类型。有一些智能合约语言还能支持接口、派生、继承等面向对象的高级特性。图灵完备的智能合约需要考虑"停机问题",即判断程序是否会在有限的时间内解决输入的问题,并结束执行,释放资源。

在技术实现上,智能合约由合约语言和沙盒式执行引擎共同组成。

首先,开发者可以选用区块链底层对应的编程语言,如Solidity、Rust、C++等,用以实现面向应用的智能合约,从而部署到区块链上。由于智能合约由区块链的分布式网络和共识机制协同全网参与者一起运行和达成共识、确认,在这样的沙盒加共识的机制中,有一致的代码、输入、环境和工作流程,得到的结果就是一致的。最终得出大家都认可、不否认、不可篡改的条款,江湖人称

Code is Law

然而，只要是代码，就可能有Bug。Bug可能来自区块链底层技术和网络漏洞，但更多可能来自逻辑实现缺陷，包括溢出、重入、权限错误等，有的甚至就是低级技术错误。在强调协作的区块链上，智能合约设计和实现质量不足，非常容易造成规则失效、资产损失。

其次，在沙盒式执行引擎上，合约虚拟机就像一个沙盒环境——加载合约代码执行指令，并为智能合约提供读写区块链数据的接口，屏蔽掉系统时间、随机数、外部不可控数据源等可能导致不一致的因素。合约虚拟机的指令支持范围、性能、安全性等都非常重要，牵涉编译原理、计算机体系等深度的知识面。如果开发者想要在这一领域上有所建树，还是需要大量的学习和实践。

此外，因为金融行业的业务本身存在复杂性和行业监管的要求，往往包含大量合同条款，因此不仅要实现多变的逻辑，还要满足治理需求。显而易见，智能合约并不能闭门造车式地进行技术实现，通常需要由产品经理、业务专家联合设计，也要求开发人员必须具备很强的业务理解能力。

为应对智能合约的安全问题，各类行业参与者也是屡出奇招，包括请安全公司和白帽子做代码审查、众测，或者引入形式化证明等先进的理论进行测试审计，这样对智能合约风险会有一定程度的规避。

最后，还需要明确，对智能合约的信任是有条件的，要经过精巧设计、严格测试、随时监控运行过程，兜底方案是预置公开透明且可控的机制。这样万一出错，在全网共识下还有办法补救，通过冲正、调账、冻结等方式避免不必要的损失。

To开发者：做好区块链需要综合性知识体系

如今，区块链并不只是极客的世界。如图4所示，对于更多的开发者来说，想要真正掌握区块链，首先要读懂其中的诸多概念，掌握技术能力，并将其和商业场景进行结合，并非一日之功。

图4 区块链立体化知识结构

再从行业角度来看，前沿行业发展无止境，随着金融和科技的结合加深，金融业务的数字化程度越来越高，技术能为金融业务的运行带来规模化、自动化、智能化的效能。于是，行业对人才的需求更加多元化，对人才的数量、质量提出了更高要求。然而，人才数量却一直落后于行业需求。事实上，前些年投身区块链领域的更多是"跨界"人才，来自安全界、互联网、金融等领域，总体数量不多。曾经行业有一句话："能徒手从头写出一条链的，全国不超过200人"。当行业遇到瓶颈或挫折时，人才还会出现流失。

具体来看，区块链技术，以及应用在金融行业中需要怎样的人才？技术和非技术结合的立体知识体系，对人才的要求自然不拘一格，一专多能的综合性人才尤其可贵。我们把区块链领域的人才大致分为三个类型。

首先是技术专家。技术专家深入研究技术细节并进行工程实现，其知识要素包括且不限于密码学和分布式算法、数据结构、网络拓扑、虚拟机和编译原理、操作系统基础等。技术专家负责推动核心技术的突破，解决技术的痛点问题，并将其实现为成上稳定的软件平台，提供他人使用。在运行过程中，技术专家也负责升级维护。随着金融行业数字化程度越来越高，技术人员会深度参与在IT基础设施的建设和应用中，要持续跟进前沿技术，不断优化系统，探索技术创新。

其次是业务专家。业务专家主要是面向特定行业领域的应用场景，运用技术去解决具体的行业问题，创造价值。考虑到每个行业都会有其独有的运作规律和模式，业务专家必须在具备区块链领域的通用知识基础上，掌握足够的行业垂直知识,才能做到有的放矢。在金融行业,应用设计者应该熟悉会计规则、支付流程、KYC账户管理模型、备付金等关键资产管理方法、监管审计守则……根据具体业务,还需继续细化到诸如票据、供应链、跨境、零售、车险、财险、再保险等具体的业务知识。

最后是运营专家。运营专家则需要关注都有哪些人在使用这个系统,如代表不同角色的用户、交易员、运维人员、管理者、监管机构等。针对多样的业务场景和丰富的参与角色,运营专家应该清晰认知不同角色的责、权、利,了解某种角色和某个业务流程的诉求和痛点,为这些角色设计不同的交互界面、操作功能。尤其在多方参与的金融业务里,运营专家不仅仅要关注自身的用户、数据和业务状况,更要扩大视野,换位思考,从合作伙伴的角度和行业可持续发展等维度去考量,动态平衡多方利益,控制风险,使得协作的效能最大化,摩擦最小化。

此外,如果要做一款喜闻乐见的应用,还要有美观大方、流畅易用、触达灵魂的用户体验,这时前端也非常重要。

想要实现以上种种,就可能深入到经营管理、经济学、社会学,甚至是心理学方面的知识。

培养一位达到入门标准的区块链技术人员,至少需要半年到一年,专家级的人才更需长期积累。随着国家的重视,来自各大院校、产业机构、开源社区的人才培养计划逐步丰富。最近几年,我经常作为行业导师进入高校带实践课题,或者在区块链大赛中担当评委。在实践活动过程中,我观察到一个现象:当多个同学组成小组去参与实践课题或参加大赛时,通常是几位同学负责设计产品流程、优化用户体验、分析行业数据、筹划经济模型;再有几位同学参透算法、鼎力编程,将创意变成可运行的作品——我觉得这样的分工相当有趣。区块链的理想人才模型,应是本身已有一技之长,无论编程还是行业技能,在此之外根据自己的兴趣和领域需要,补充更多知识,成为综合性的人才,我自己也在往这个方向努力。

结语

区块链的概念涉猎颇广,要一文讲透区块链的原理和哲学是非常有挑战的事情。本文首先回到原点,试图从信息出发,分析为何需要可信的技术来构建信任,基于信任发掘其中的信用,为金融行业较广采用。

在行业中,为了构建信任的机器,首先要在技术上采用创新的架构模型,尤其是参透"共识机制"和"智能合约"的魅力,使其成为信任机器的核心组件。更重要的是,技术要服务于业务、进而服务于行业和大众,就像造了一辆车,现在更需要懂业务、敢创新的司机们,驾驶它在数字化的高速公路上安全驰骋。这一系列的挑战,对新一代的人才提出了更加多元化的要求。

区块链已经触达当下,更将影响未来。我们首先要相信这个趋势,投身其中,通过自己的学习和实践,终将建立起新一代的信任机器。

张开翔

微众银行区块链首席架构师,FISCO BCOS开源区块链平台首席架构师,在大型互联网公司和银行业工作多年,在分布式系统、网络安全、海量服务等技术领域有丰富的经验。目前致力于区块链平台系统研发、推动基于区块链的业务落地。通过开源社区建设,助力行业生态的发展。

参考资料

拜占庭容错论文 https://www.microsoft.com/en-us/research/uploads/prod/2016/12/The-Byzantine-Generals-Problem.pdf

AI-Native数据库正在打造新一代金融基础设施

文 | 翟佳

当IT（Information Technology）向DT（Data Technology）演进时，所有商业实践都会被重塑。金融企业数字化转型需要夯实基础设施，让企业的IT、DT等系统得以升级和改变，进而融入企业的业务创新、运营管理与金融服务等环节，让企业经营可以变得更加敏捷、轻松。

阿拉丁（Aladdin）系统的繁荣，印证着科技改变了华尔街的证券规则。

该系统将复杂的风险分析与综合投资组合交易整合在一个平台上，可以达成每天监测2000+风险因素，每周进行5000次投资组合压力测试和1.8亿次期权调整计算，为逾100个国家/地区的机构提供服务，全球依赖这一平台运作的资金规模超过15万亿美元。

同样，在全球智能投顾领域，Wealthfront是一个令无数金融机构难以望其项背的名字。其客户就职最多的企业依次是Google、Facebook、LinkedIn、Microsoft、Twitter等。与"人机混合"模式的智能投顾不同，Wealthfront身体力行地将金融民主化的理想变成现实，始终站在客户的角度，最大化客户利益。

让每个人都能实时看到同样高质量的数据，源于金融信息化从面向流程驱动转向面向数据化驱动，实时进行前端的个性化处置。其本质是金融业务底层的基础设施发生了变迁。

DT对IT的断崖式洗牌

金融业务底层基础设施发生的变迁，源于DT对IT的断崖式洗牌。首先，算法上摩尔定律失效，不再依靠单个算法性能优化提升，而是通过大规模分布式，以及大规模协同算力来提升算法的效率和性能；其次，互联网带来数据实时消费需求，行为生产的数据被即席处理消费，个人点击流的行为被用作个性化商品推荐，爆发第三波行为数据红利；最后，算法重构世界，在今天的数字经济中，很多基于经验规则流程的商业实践，甚至一些物理的公理定理，都开始让位于数据和算法所训练生成的新知识。

这是两个赛道的技术，原来的流程驱动的业务Java代码可复用，形成IT时代的信息化系统；而数据驱动的业务是输入、输出一体化，将数据、程序和商业结果一起输入，通过智能化系统来生产出程序，形成DT时代的智能化服务应用。面向资源服务的虚拟化被面向服务的容器化替代，面向数据可视化，面向分析的BI操作被面向执行的AI所替代。

以银行为例，如今银行开始互联网的消费化，越来越强调体验的实时性，交易和分析场景必须一致。传统的解决方案，一般都是采用数据仓库T+1汇聚交易数据，进行复杂分析，形成分析结果。分析结果如果需要支持高并发服务应用，就要导入一个关系型数据库，支持高并发应用服务。在这个传统解决方案中，数据需要从业务系统迁移到数据仓库中，分析结果还需要从数据仓库再迁移到关系型数据库中，支持高并发数据服务，因此数据需要在这三个数据库之间进行传输,这种数据传输产生数据量大、延迟高、数据冗余等问题。要是在分析任务有所变更的情况下,代价会更大。当今业务日趋争分夺秒,都期待可以突破T+1日的桎梏,走向更加实时的响应。

互联网兴起后,应用程序需要每秒支持数十万甚至数百万个事务,每个事务的处理延迟以毫秒为单位。互联网带来的行为数据要远远大于交易数据,而且需要高并发、高扩展、更松耦合的高服务架构能力来完成。举个例子:银行营业厅的个性化理财服务推销,就需要大量数据仓库中的加工分析结果数据,直接推送到一线营业厅的服务人员的终端上,进行实时营销处理。我们再把场景聚集到一个营业厅,假设某天营业厅应用有六万多人,同时在线需要至少五百个并发/秒,理财经理要在某一时刻看到大客户的息结、净值等一系列的数据服务,且都是个性化的,这种个性化服务业务需求是传统数据仓库架构无法支撑的。

首先,能够统一支撑事物处理和工具负载分析的数据库成为必须需求。我们很少看到Google宕机,因为它不是靠单集群可用性来保证,而是靠整个集群的服务来保证性能。在行为数据中诞生了新的架构,就必须生成一个新的分布式架构。近年来,混布数据库在银行承载了很大使命:一方面,满足海量数据强交易场景;另一方面,权益类服务也和其他服务一样,需要计时实时处理。银行通过引入HTAP数据库产品,实现业务交易和数据分析紧密结合,TP侧支持大量交易流水存储,提供交易相关的基础数据;AP侧满足大数据量、复杂的SQL查询,并支持秒级响应,HTAP优化的融合架构提供更高的处理时效并减少数据副本存储量。

其次,数据使用者发生变化,实时高并发处理成为常态。数据生产方式的变化导致数据使用者也发生变化。传统的数据消费者是决策者,领导根据数据分析结果进行宏观决策服务。在个性化服务的时代,数据的消费者不再是少数领导者,还有一线服务人员,他们根据数据分析结果实现个性化服务,这让高并发和实时处理成为常态。

如图1所示,在某行信用卡中心项目中,将信用卡核心系统、信审无纸化系统、客户决策管理系统的数据通过数据同步工具与在线交易系统联通后,存入HTAP数据库,来同时支撑简单查询与统计分析。

最后,使用"流批一体"的方式支撑数据分析(离线数据、实时数据)、机器学习、图计算等多条数据流程。在传统解决方案中,批计算平台和流计算平台是两套不同的架构体系,批计算平台一般是大数据平台或者数据仓库进离线加工处理;流计算平台一般会采用Flink的框架计算实时处理;由于是两条系统、两套算子、两套UDF、两套计算逻辑,一定会产生不同程度的误差,这些误差给业务方带来了非常大的困扰。这些误差不是简

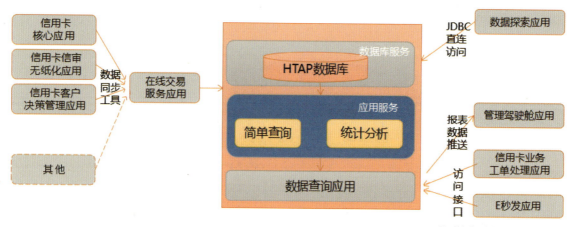

图1 某行信用卡中心全量数据在线应用

单依靠人力或者资源的投入就可以解决的。因此，要构建"流批一体"服务平台，支撑实时分析、实时营销等算法模型的应用，通过混布的HTAP数据库将面向管理的"分析"与面向应用的实时"处理"，以及面向AI的模型训练与图算法等通过数据库实现融合，可以解决困扰用户的架构难题。

试想一下场景：授信企业将所获贷款挪为他用，投资高风险项目、炒股失败，从其他业务单一看，小概率事件，但是数据进行关联，这类异常行为就会被识别，不仅影响到企业的再生产和经营过程，而且影响到整个产业供应链的正常运作。不是传统分析不能解决，而是在实际业务办理过程中，供应链金融关系错综复杂，不是简单分析能呈现的。

伴随着社会生活和经济发展模式的全面转型，企业为从数据中获取更多价值，已经开始需要使用图数据库获取深层次的统计信息。比起传统的信息存储和组织模式，图数据库能够很清晰地揭示复杂的模式，尤其在错综复杂的金融风控业务上效果更为明显，可谓是一图胜过千言万语。能支持流批一体的数据库，更善于处理大量的、复杂的、互联的、多变的网状数据，其效率远高于传统的关系型数据库的百倍、千倍甚至万倍。

如图2所示，在实际智能权益服务平台项目中，将用户的行为数据、实时的交易数据以及地理数据、账户数据和外部数据一起通过"流批一体"汇入HTAP分布式数据库，来支撑智能权益推荐与营销活动策划等实时应用。

AI-Native数据库正在打造新一代金融基础设施

如图3所示，BigIdeas 2021提出Deep Learning概念，即软件2.0时代，在软件2.0时代，数据结构开始基础设施化，同时高精尖的算法也可沉水域化。

软件工程逐步由程序员个体脑力劳动生产，转向数据驱动的算法应用自动生产，软件将进入AI规模化生产阶段。

首先，人工智能做了一次表达能力的升级。我们所熟知的"Google 语音识别"还有"波士顿机器人运动姿态"都说明一个问题：算法具有极强的跨行业属性，人工智能可以借数学语言通达感官远远不及的世界而仍保真。巴塞尔协议对我们的启示是：预期损失是可以量化的，即预期损失率（EL）=违约概率（PD）*违约损失率（LGD）。这需要借助科技工具，精准地对信用进行量化，找到需求风险和利润间的平衡点。AI的强项在于可以用极低成本发现信用风险。

通过自动化特征工程与自动化机器学习建模，依靠海量数据和强大的分析能力，简化模型生产流程，提升算法

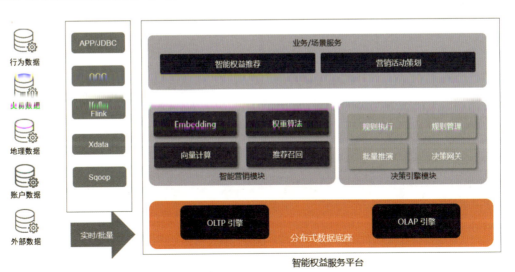

图2 智能权益服务平台"流批一体"实时应用

新金融背后的科技力量

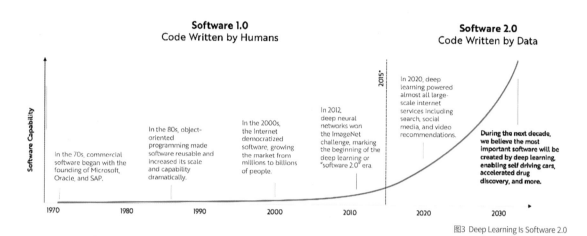

图3 Deep Learning Is Software 2.0

性能,建立起更全面、更客观的信用体系,是金融机构与信用风险测评之间的纽带。我们曾在证监会共建的金融实验室对56000+资管产品做模型预测,模型预测准确率高达80%,在第一次实践应用中找准4支兑付风险,在第二次实践应用中找准7支。

要知道,金融机构发生的风险所带来的后果,往往超过风险对其自身的影响。因此预测风险值的价值远高于找准风险,这也是人工智能产品的价值。通过人工智能可以预测出风险值的高低,当风险高达某一数值,金融机构就要采取相应措施了,预防风险成为真正的事故。

某券商资管图谱的风险传播利用复杂网络作为载体,对资管业务中涉及的自然人、企业和资管产品之间的复杂关系进行建模,理顺资金流动方向和风险传递方向,从而达到为经营机构预警,进行资产风险防范的目的。资管图谱方案支持全面的观察和透视资管产品之间的关联关系,并对风险传染过程进行建模与量化。降低资管产品之间的风险耦合度,预防风险扩大。在实践应用中,当查询层数大于二层时,相比较于传统关系型数据库,其查询速度有数百倍到几千倍的提升,千亿规模的资产风险可以秒级发现。

其次,人工智能中复杂网络可做数据结构升维的隐含知识表达。互联网时代的到来深刻地改变了人与人之间的连接方式,同时也为在更大规模上验证人类网络究竟有多小提供了可能。也就是说更大的网络、更小的世界。而传统关系型数据库的每次关联都需要一次log计算,是矩阵模型的计算量的N倍,其性能严重下降。复杂网络则不同,它可以很好地呈现节点和关系网络图谱,在面对数据多样、复杂、孤岛化,以及单一数据价值不高的应用场景时,存在关系深度搜索、规范业务流程、规则和经验性预测等需求,使用知识图谱解决方案将带来最佳的应用价值。

如图4所示,在查找与节点A相关的节点B的属性信息时,使用复杂网络只需进行一次log计算即可获取结果,而如果要通过传统数据库的关系型模型实现,则需要通过至少$N-1$次连接才能得到结果($N=A$节点的一度关联个数),可以发现,如果进行大量此类结算,使用复杂网络的矩阵模型在同等配置情况下将会节省大量查询时间。

在证券行业,原来伞型配资在同一个实体账户上同时有多个配资者进行交易,非常容易抽象地刻画行为。但到了一个实体账户上,同时只有一个配资者进行交易,大量实体账户被使用,隐蔽性越来越强,如何快速捕捉交易风格的快速切换?深度学习通过组合底层特征形成更加抽象的高层表示属性类别或特征,以发现数据

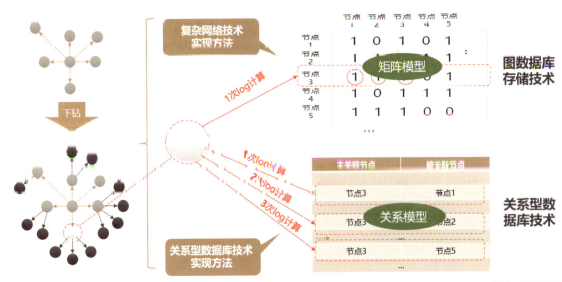

图4 jion查询对比示意

的分布特征。

与人工规则构成的方法相比，利用大数据来学习特征，更能丰富客户数据的内在信息。比如券商的智查系统，可以应用深度学习孪生神经网络模型，建模识别、监测账户的使用一致性，找出潜在配资行为；采用联邦学习技术，实现"数据不出门，可用不可见"，在保障数据安全情况下，最大化利用行业跨机构数据价值，充分发挥行业云的行业价值。

梅特卡夫定律告诉我们，一个网络的价值与联网用户数的平方成正比。原来一个东西存在供需双方，但在银行数字经济下，消费的数据也反哺给了我们，产销合一，数据的消费者即生产者。与此同时，支撑金融智能时代的基础设施技术需要升级跨越。相信随着人工智能认知计算的普及落地，更多机器数据生产消费，AI-Native数据库将会主导和统一市场，成为新一代金融基础设施。

结语

数据库是基础软件皇冠上的明珠，是每一家公司业务系统的核心。在这个赛道上，甲骨文是一座绕不开的大山，只要市场上不出现替代者它可以一直坐享其成。国产数据库起步晚，在信息、人才、技术等多重窘境之下，很多企业采用"拿来主义"的手段弥补国产技术的空白。要么基于开源系统改进，要么从厂商购买源码授权。这有点像汽车产业，引进的人很多，但是自主升级开发却很难。

但中国大数据云计算的发展，传统数据库技术已经很难支撑，新一代AI原生国产数据库才是新底座。达尔文说："自然界的竞争，并无必然法则可寻，关键在于个体偶发，是个体自发变异主导着进化的必然。"谁能提供支持混合负载的混布数据库技术，提供流批一体技术服务，谁就能对抗西方在开源系统封装服务领域的现有市场，就能定义新一代金融基础设施。

王梁
天云数据数据库领域资深专家。从事IT行业18年，曾担任北京电信数据中心运维经理，中科软科技股份有限公司项目经理；参与国家减灾中心数据中心、某省公安厅数据中心等项目的规划及建设工作。

新金融背后的科技力量

RPA插件在金融领域的应用及上手实践

文 | 潘淳 张勇

RPA作为灵活高效的人工智能应用工具，目前已在诸多行业得到应用，其在金融领域可以提高特定任务的处理速度、效率和准确性。那么，企业具体应该如何应用这一技术？本文作者将从RPA可以解决哪些日常问题，以及华为的RPA控件扩展案例来进行阐释说明。

RPA本身是非常灵活的工具，在实际解决方案中需要大量的编程和自定义。该技术最新的发展趋势是：提供可自定义的RPA插件接口，使客户能够基于业务场景经验提炼可重用的模块。自定义RPA插件的好处是：扩展标准组件之外的能力，减少实施时间和RPA编程工作，降低维护成本，有利于流程改进。

金融行业以内部拥有高度重复和记录良好的流程闻名，非常适合实施RPA。事实上，RPA在金融行业的渗透率为10%，远超第二名制造业（5%）。接下来，我们将从金融场景切入，结合实践介绍RPA插件的优势，全面地了解RPA背后的价值。

为什么使用RPA插件

RPA插件可以带来的好处主要基于一个简单的原则：避免或尽量减少重复任务（DRY原则）。通过RPA插件对细节的处理，让开发者有更多时间和精力专注于流程。这一原则消除了重复性任务，在开发代码和构建模型时非常重要，可以说，RPA插件是RPA开发任务中最能体现DRY的开发模式。

在项目实施过程中，我们面临的挑战之一是缺乏专业场景下的通用组件功能。厂商自带的RPA一般会有200~300个组件（Action），应用场景中的常用模块（Module）有Excel操作、PDF操作、邮件操作、数据库、文件、文件夹、人工智能、认知服务等。这些模块可以满足大多数通用操作场景，却只有少数的专业场景被开发出来。

例如，针对金融领域的SAP，由于这一系统提供了成熟的GUI Scripting API，通过录屏方式即可实现代码自动生成，大大提高了实施效率，越来越多的RPA厂商基于此技术，提供SAP模块。但是由于每个客户的流程、系统架构、组织划分等均不相同，现有RPA厂商不可能都像SAP一样，为这些专业工具或场景构建功能模块。因此，需要由专业的RPA实施公司或企业开发人员，针对特定场景开发RPA插件，提供可重用解决方案。

RPA如何解决金融行业面临的问题

多年来，金融行业一直使用RPA来提高特定任务的速度、效率和准确性。以高盛为例，将RPA自动化交易程序与AI算法相结合，接管了日常大部分工作。据统计，金融和保险领域43%的工作岗位理论上可以被这一趋势所替代。

除了对人工智能的运用，当今各家银行和金融服务公司还使用RPA与各种关键应用程序交互，如企业资源规划（ERP）、供应链管理系统（SCM）和客户关系管理

（CRM）平台，这些工具可以操纵数据、触发响应，用来取代传统的人机交互方式。在这些管理工具中，工作流由一系列链接的业务流程组成，其中不乏像SAP这样的标准化产品，均可以开发成RPA模块。

与此同时，很多银行都在寻找能够支持营销快速突破的工具，包括邮件、即时通信、CRM等营销管理工具。然而，不同于邮件这类标准组件，微信等似乎常用工具并未组件化。因此，客户关系管理与自动化微信营销等辅助工具大受欢迎，通过应用RPA自动执行耗时的手动任务（如潜在客户筛选、更新CRM、创建报价和客户群管理等），使销售和营销部门有机会接触到更多客户并建立客户关系。

金融企业在实施RPA时，会发现大量类似的功能或者组件，而构建组件或者流程是RPA最耗时的程序之一。为解决这个问题，以插件的方式提炼与业务无关的通用模块可以大大加快后续实施效率。事实上，各大产品厂商都有自己的应用商店（工具平台），很多通用模块都在上面公开共享，平台中还汇集了大量来自官方团队或个人开发者的经验总结。高效运用通用模块，向更多有经验的人学习。实施人员可以把思考重心放在业务流程的合理设计上。这类平台国外有UiPath的Go、AA的Bot Store、国内有艺赛旗商城、UiBot Store等。

可复用RPA插件类型

通用工具箱

无论企业之间，还是企业内部不同部门之间，都具有大量通用性流程，如票据信息处理、征信审查、人行第三系统的对接，抑或企业内部工资发放、员工入职等。这些流程颗粒度较高，经常会涉及一些共性任务，如征信报告解析、实名制验证、发票验真，以及报文格式转换等。类似实名制验证这种粗粒度的通用任务可以封装成子流程，而像细粒度的报文格式转换通用动作则可以开发成RPA插件。

连接器/集成器

这类RPA主要解决ERP、CRM、HRM、HCM、SaaS系统、数据库系统、OA软件、任务流程软件等诸多企业管理软件之间的数据流通问题，帮助企业运营流程实现最大程度的自动化，从而达到降本增效的目的。尽管RPA产品为不同的本地/云软件提供了大量集成商，但等待他们建立所有可能的连接并不可行。作为进入市场战略的一部分，目前很多RPA厂商和不同的产品合作建立自己的集成插件和组件。企业可以根据需要，集成到自己的RPA平台中，或者与第三方合作开发。

认知服务/AI

AI能力可以封装成认知服务，甚至引入机器学习解决方案。例如，NLP和机器学习可以为项目文档校验类流程提供基础框架，并通过集成不同的产品端到端地解决问题。

此外，RPA中需要引入的常见AI能力包括OCR、NLP、TTS等，但针对不同的场景又有很大的区别。例如，OCR识别又可以细分为验证码、文本、表格等，这些特定场景尤其适合采用插件的方式。

RPA插件的实现原理

RPA平台由一系列组件共同构成，其核心组件如图1所示，包括以下内容。

- Development Studio，设计器：开发者创建RPA机器人配置的开发工具。

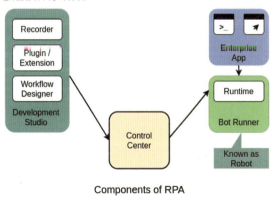

图1 RPA平台组件

- Bot Runner，机器人：机器人由业务人员或控制中心使用，用来执行流程和查阅运行结果。
- Control Center，控制中心：RPA的运行监控中心，用于控制机器人的运行状态等。
- Recorder，录制器：类似于Office的宏，通过录制的方法自动生成流程。
- Plugin/Extension，插件：对RPA做扩展和提供插件，支持API调用。

其中，设计器、机器人和控制中心是RPA平台的典型基础配置。除自带强大功能外，还允许有编程经验的开发人员对功能进行自由扩展，支持多种语言开发，如UiBot就支持4种插件开发语言：Python、Lua、Lua Mod和COM（包括.NET）。

最初的RPA平台建立在.NET框架上，与Windows OS紧密集成，随着Python的日益普及，在Python之上构建新的RPA平台成为一种趋势。虽然国内外RPA产品众多，但真正能够在信创操作系统下应用的RPA产品却很少。下面将以华为一款通过Python编写的软件平台WeAutomate作为案例，它的特点是支持信创OS，来看下我们是如何进行开发的。

如何开发华为RPA的控件扩展

控件扩展由一组RPA的功能（Action）组成，RPA的核心能力由RPA控件扩展提供，当官方预置的控件扩展无法满足所有的RPA业务场景时，可以开发自定义的扩展（见图2）。

其中，一个Action对应一个可拖曳到画布上的原子能力，而一个Action由如图3中的关键信息组成，包括：

- 代码实现：使用Python实现Action的业务逻辑，本例中就是返回一个随机整数。
- 参数：Action提供RPA用户输入，生成随机数的Action需要用户指定随机数的范围。
- 帮助信息：描述该Action如何使用。

因此一个扩展的开发，就是实现多个Action信息组合的过程。以下以开发一个生成随机整数的扩展为例，讲解如何开发RPA扩展。完整的开发流程如图4所示。

1.准备

如图5所示，创建一个rpa_random的目录，按如下目录结构，准备扩展涉及的基础文件（除手工创建外，可以在设计器的导入扩展中下载标准模板）。

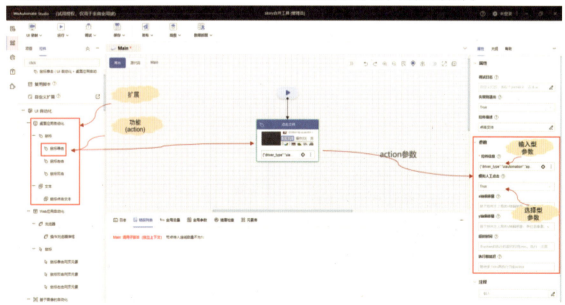

图2 自定义扩展

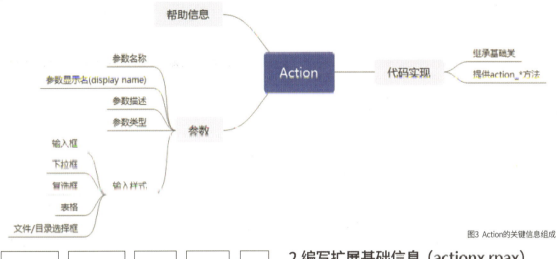

图3 Action的关键信息组成

2.编写扩展基础信息（actionx.rpax）

打开actionx.rpax，输入如下内容。

```
{
    "name": "rpa_random",
    "description": "生成随机数的扩展",
    "author": "Johnny",
    "version": "1.0.0",
    "homepage": "the homepage of extension",
    "release_date": 1618804800000
}
```

图4 完整开发流程

```
z******64@kwephis419250:~/rpa_random$ tree
├── actionx.rpax
├── doc
│   ├── en_US
│   │   └── help.md
│   └── zh_CN
│       └── help.md
├── ext
│   └── action_ext.py
├── help.json
└── register.json
```

图5 创建rpa_random目录

其中，actionx.rpax是RPA扩展的基础描述文件，描述扩展涉及的功能、作者等信息；register.json为RPA扩展中的Action注册文件；help.json是RPA扩展在设计器上的UI样式描述文件；ext是用于存放Action的代码实现；doc目录为扩展的帮助信息；使用喜欢的编辑器打开rpa_random目录，此处以麒麟下的VS Code为例，见图6。

3.编写代码

```
from com.huawei.antrobot.actions.base import BaseAction

class ExtDemo(BaseAction):
    def action_rpa_random(self, start, stop):
        """
        self.ret_value = random.randint(int(start), int(stop))   #保存 随机数
```

其中，以下两点需要注意。

■ BaseAction是扩展的基类，自定义的扩展必须继承该类。

■ 所有的Action方法，必须以"action_"开头。

4.编写Action注册文件(register.json)

```
{
    "ext" : {
        "action_ext" : {
```

图6 麒麟OS下的VS Code

```
    "ExtDemo" : [ "rpa_random"]
  }
 }
}
```

其中，ext为代码包名称；action_ext为文件名；ExtDemo为扩展的类名；rpa_random为Action名称，对应action_rpa_random方法。

5.编写扩展在RPA设计器上的样式描述文件(help.json)

该文件的核心内容，是描述生成随机数的Action如何在画布中呈现，以及相关的参数、输出等信息。

对应的参数。如图9所示，流程将在2和100中生成一个随机数，并将结果保存到random_num的变量中。

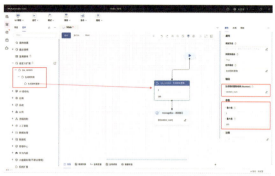

图9 将随机数Action拖曳到画布中

6.导入扩展

将rpa_random目录压缩成rpa_random.zip。打开设计器，按如下步骤，导入扩展（见图7）。

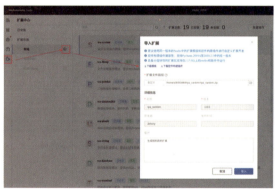

图7 导入扩展

导入成功后，将在已安装的扩展中查看扩展的信息（见图8）。

图8 查看扩展

7.验证扩展功能

将新导入的生成随机整数的Action拖曳到画布中，设置

结语

本文从"为什么使用RPA插件、RPA如何解决金融行业面临的问题，以及RPA插件的实现原理"等方面进行了论述，也基于华为RPA介绍了RPA插件开发的全过程。全民开发者时代已经到来，开发人员也从以往的专业开发者和独立开发者，转向现在的全民开发。而RPA插件是低代码生态发展到一定阶段的必然产物，是一种技术导向，是全民开发者专业性提升的标志。就像Office插件一样，不论RPA插件的使用者还是开发者，都拓展了一种新型的生存技能。在智能开发新模式来临之前，低代码时代正在加速到来，开发者应该超前一步、把握先机。

潘淳

中国邮政储蓄银行苏州市分行RPA+AI创新实验室负责人，《苏州市银行业RPA项目实施规范》标准主要起草者，RPA开发者社区城市增长官，Robin RPA软件作者。

张勇

华为数字机器人首席软件架构师，华为技术专家，长期从事ICT领域的产品开发和设计工作，目前负责华为RPA WeAutomate产品的设计和开发工作。

中国工商银行中后台业务数字人探索实践

文 | 中国工商银行软件开发中心

对于银行业来说，数字员工可以整合企业服务资源，通过自然语言对话、语音等低门槛的人机交互模式，降低操作复杂度，达到节省企业用工成本的目的。那么，数字员工应该如何构建？本文作者围绕意图识别、对话抽取、模型蒸馏、回流学习等技术，对数字员工理解用户进行了深入探索。

近年来，商业银行在经营精细化管理上的要求日益增多，因而中后台业务系统处理的功能也日趋复杂，业务人员参与到业务开展中的劳动成本日渐增高。为解决这些痛点问题，中国工商银行（以下简称工行）开展了数字员工的探索，通过大数据平台、机器学习等基础技术底座，依据数据中台的数据资产，实现通过对话交互方式快速获取数据资产、调度业务服务的业务处理模式。

同时，为实现数字员工响应迅速、交互体验良好的效果，工行软件开发中心在技术上通过NLP多轮对话实现了用户意图的理解，并通过良好的人机交互工程设计，达到了这一目标。

用户理解探索：意图识别、对话实体抽取、模型蒸馏、回流数据学习

数字人作为用自然语言与用户交互的人工智能系统，基于用户意图识别、对话实体抽取、模型蒸馏、回流数据学习等核心技术组成的AI中枢，通过人机交互来完成与用户的沟通。

如图1所示，智能对话交互的模型算法部分包括online和offline两部分，实时联机部分是对用户请求实时响应，离线部分主要完成模型训练、测试与知识库整理。

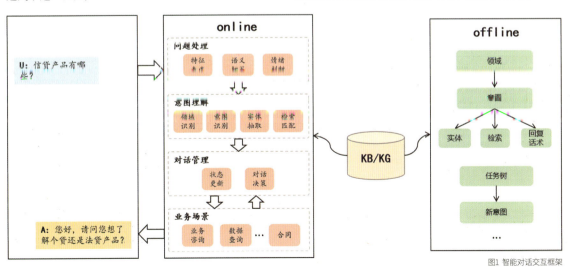

图1 智能对话交互框架

智能对话交互体系的技术核心要点主要有以下四个方面。

用户意图识别

用户意图识别是指通过文本分类的方法将问题分到对应的意图种类，准确识别用户真实意图，缩短交互时间，提升用户体验。在中后台业务场景中，意图识别一般分为两层，领域识别和每个领域下的用户行为意图识别。领域识别通常发生在多个业务方接入，但不同业务方之间未做节点物理隔离的场景，需要根据用户请求判断属于哪个业务领域。每个领域下的用户行为意图识别是指业务领域下对服务进一步划分，如信贷领域下的泛知识查询、业务知识检索、报表录入与下载、闲聊等。从领域识别到领域下的用户行为意图识别，用户意图得以更精确地识别，数字人得以更好地理解用户，更智能地提供相关服务。

如图2所示，在模型选择方面，综合考虑数据特点、业务场景等因素，最终选择BERT模型作为意图识别模型结构。BERT模型是一种自编码语言模型，采用Transformer Encoder部分，通过Masked语言模型和Next Sentence预测两个任务预训练，快速迁移到下游任务中。实践中结合特定场景的数据对该模型进行微调，即可达到良好的效果。

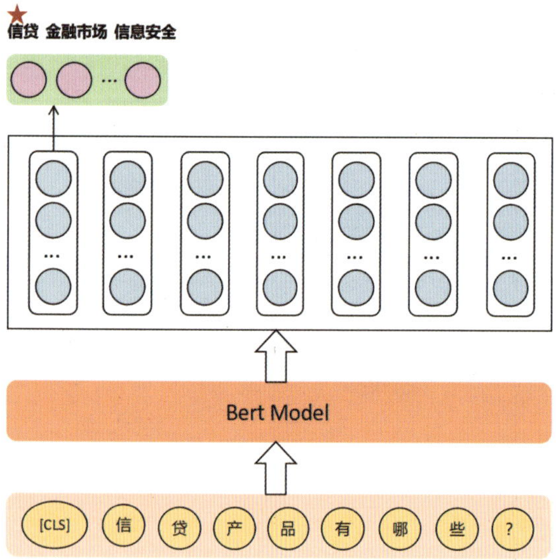

在模型训练方面，主要有样本准备、文本预处理等步骤。样本准备包括：收集业务数据，为每条数据打上业务标签；采用文本相似度、关键词抽取等方式扩充数据集；主动学习方法，闭环标注。准备好样本后，需要对文本进行预处理，包括样本清洗、分词、去除停用词、预训练语义词向量初始化等。

对话实体抽取

在银行中后台业务场景中，用户对话通常有报表下载等任务需求，且这些任务需求对话通常有若干语义槽的槽位需要填充，当有槽位未填充时，需要回复话术引导用户回答，填满所有槽位。每一个槽位对应一种实体，对槽位填充的过程即对话实体抽取过程。

如图3所示，在模型选择方面，综合考虑数据量级、工程建设等因素，最终选择BERT+CRF模型作为实体抽取模型结构。BERT模型通过海量数据的预训练，学习到普适性的知识，再通过上层添加CRF约束，对Token级别的识别具有良好的效果。

在模型训练方面，与用户意图识别类似，包括样本准备、文本预处理过程等步骤，此处不再赘述。

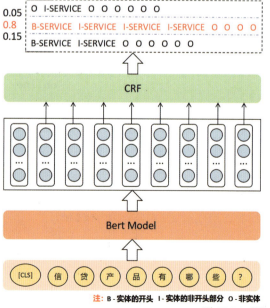

图2 BERT模型

图3 BERT+CRF模型

模型蒸馏

为提升模型运行效率，同时考虑到生产环境对模型容量等的限制，在业务场景中通常需要对模型进行蒸馏。

如图4所示，模型蒸馏采用Teacher-Student迁移学习方法，将Teacher模型的性能迁移到Student模型上，因Teacher模型网络更为复杂，具有良好的泛化能力，可以用它学习到的Soft knowledge来指导Student模型的学习，使得参数量更少、更简单的Student模型也能够具备与Teacher模型相近的学习能力。

实践中，将上述意图识别和实体抽取的两个BERT系列模型作为Teacher，BiLSTM模型作为Student，通过Teacher-Student知识传递，最终将模型在效果未打折扣的情况下进行规模压缩，实现顺利部署上线。

回流数据学习

数字人收集用户反馈信息（投诉、回答错误反馈等）、新问题、新语料等数据，重新开始数据预处理、特征工程、模型训练等过程，即自我学习，其中模型训练依然使用前文提及的BERT、CRF等算法获得新NLU模型，定时对原模型进行更新，并重新部署。如图5所示，在部署过程中如遇效果不如原模型的情况，则会启动回滚模式，回滚到上一版本NLU模型。

回流知识信息还包括埋点信息、业务术语、属性关联

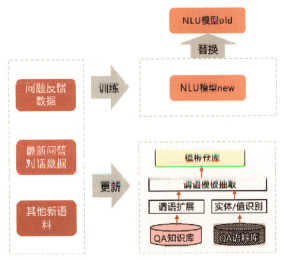

图5 数据回流

等，这些知识信息通过各种途径进入数据湖沉淀、加工、组合，并形成索引后存储在Elasticsearch等知识库中。数字人对接知识库，通过意图识别等模型进行分词检索和匹配来获取知识概要或索引，并对接数据湖底座，借助索引获取数据资产等业务要素，丰富与精细化库内模板，并不断进行离线模型训练和迭代。

数字人在面对法务、运维等新场景时，模型与QA数据库也能自我驱动与更新，及时响应新领域的问答与对话，快速适配新场景，同时也在用户的不断使用中进行升级。

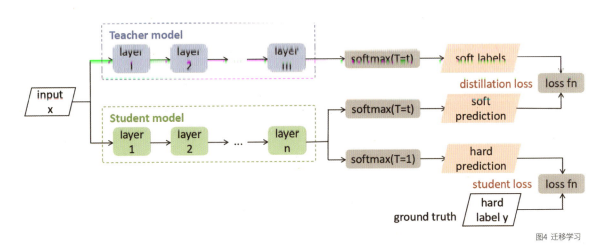

图4 迁移学习

数字人交互实践：通过"微前端+微服务"模式嵌入业务

数字人交互工程通过落地意图配置、数据可视化、服务热插拔等能力来达到整合业务服务、降低用户使用门槛的目的，并通过"微前端+微服务"的模式以组件化、低侵入的方式嵌入到业务系统。

意图配置

数字人提供页面支持用户配置意图，意图配置包括用户问题、槽位、词典、服务实现、自动回复等模块。用户在配置带槽位的问题时，需要为各个槽位设置对应的词典和追问问题，并通过设置服务信息来完成意图与服务的映射。当发生对话时，数字人工程通过意图识别模型判断用户意图，通过实体抽取模型提取任务关键词补齐槽位信息，根据配置好的意图和服务映射完成服务的调用，并将处理结果以可视化的形式呈现给用户。

数据可视化

数字人的前端工程封装了表单、卡片容器组件。同时，引入ECharts组件，配合ECharts定制和数据转化适配工具，支持将查询返回的数据结果以图表、折线、波浪、扇形等直观的形式展示。如图6所示，数字人支持自定义配置数据服务与展示组件的绑定关系，为用户提供灵活多样的数据可视化能力。

服务热插拔

数字人底座能力基于Java服务动态扩展机制（Dubbo SPI）编写，SPI（Service Provider Interface）本质是将接口实现类的全限定名配置在文件中，并由服务加载器读取配置文件来加载实现类，这样可以在运行时动态为接口替换实现类。

在Java中，SPI是被用来给服务提供商做插件使用、基于策略模式来实现动态加载的机制。我们在程序中只定义一个接口，具体的实现交给不同的服务提供者；程序在启动的时候，通过读取配置文件来确定要调用哪一个服务提供者。同时，Dubbo重新实现了一套功能更强的SPI机制，支持AOP（Aspect Orient Programming，面向切面的程序设计）与依赖注入，并且利用缓存提高加载实现

图6 数据可视化

类的性能,支持实现类的灵活获取。基于SPI的能力,接入方可自行替换基础能力,并整合存量功能组件形成新业务能力。

①基础能力热插拔替换。以意图识别组件为例,意图识别组件本身为基础组件之一,接入方可根据框架规定的边界开发全新的意图识别组件进行基础能力替换;同时,意图识别组件内部可分为意图获取、多意图处理、意图扩展等二级组件,接入方亦可只针对二级组件进行功能替换。

②功能服务整合。接入方可基于数字人整合存量业务服务,深度定制开发细分专业方向上的数字人,如财报分析、产品体验、安全顾问、审批监督等数字人。

微前端+微服务

为了多渠道触达用户,兼容各业务系统和平台,数字人交互工程采用"微前端+微服务"模式进行开发,并对人机对话的基础功能进行解耦和瘦身,支持云原生部署。

微前端借鉴了微服务的架构理念,将一个庞大的前端应用拆分为多个独立灵活的小型应用,每个应用都可以独立开发、独立运行、独立部署,再将这些小型应用联合为一个完整的应用。数字人基于iframe隔离的微前端方案,通过窗口变量与主系统完成数据交互来保证子应用的正确加载、执行和更新。通过微前端技术,数字人既可以与业务应用融合为一,又可以减少应用之间的耦合。

数字人微前端工程主要开展两方面工作:一方面,工程内底层处理逻辑封装为npm依赖(如iframe集成与微前端子工程加载等功能),并实现插件依赖自动注册,降低工程代码复杂度;另一方面,router、store等公共文件与功能代码分离,实现功能代码之间完全解耦,将公共文件中涉及功能代码的部分抽取后放置在各功能文件夹内部,收敛开发区域,方便移植和增删功能代码。

数字人的后端工程基于微服务架构搭建,主要包括会话管理、意图识别、智能问答与智能检索、能力分发、任务管理、辅助能力(邮件发送、短信发送、持久化存储

等)等多个功能组件。通过对功能组件进行画像,确定边界、输入、输出、统一交互总线。在工程框架层面,在接入层核心组件设计时进行设计模式抽象,再针对各基础能力组件进行第二层的松耦合设计,将技术代码和业务能力代码分层。接入方只需针对业务需求编写微服务,通过意图配置挂接服务,即可扩展数字人的业务处理能力。同时,数字人自身也可以通过微服务的方式接入业务系统,实现无侵入式引入。

结语

"混合型"人机团队的新型工作方式已成为一种趋势。

目前,数字人带来的业务模式变革已初见效果:在报表下载汇总,审批文件归档,合同方章鉴别等重复性、机械性高的业务处理环节,数字人可为整体流程缩短约20%的时效,释放20%~50%的人力成本。在掌握了机器学习、微前端、微服务等开发技能后,不同产品线的开发者也可根据使用场景快速搭建具备相应专业技能的数字人,为企业降本提效。

在银行中后台业务领域,根据人机各自优势积极构建包括数字员工在内的高效人机团队已逐渐成为趋势,将进一步推动业务工作质效快速提升。随着人工智能技术的不断成熟,数字人的服务范围将进一步拓展,在对客服务、流程自动、运营提效、内部管理、风险管控等方面发挥更大的作用。同时,数字人将越来越专业、越来越智能,以更人性化的方式与自然人交互,降低新老业务的使用门槛,促进更高效的人机协同作业,应对企业未来发展过程中面临的机遇和挑战。

金融核心国产化背景下的银行热点账户设计

文 | 区伟洪

对于银行的技术架构来说,账户体系是核心中的核心。在以往的IOE架构中,银行核心系统每秒可支持万级金融交易,对热点账户的支持仍需一定技巧。在基础技术设备自主研发的当下,如何进行国产化热点账户设计成为各家银行的关注重点,本文作者通过深入解剖热点账户的技术实现,详述了提升吞吐量的"时空"方案,并以冒烟测试和余额不足测试两个思维实验进行了进一步佐证。

自2019年我国正式提出发展信创产业,信创相关政策如雨后春笋般相继出台。在中央政策的影响下,各行各业纷纷出台信创相关政策,力求在新一轮发展潮流中抢得先机。金融信创成为信创落地应用进展最快的领域,其中核心系统国产化是银行业信创的重要阵地,各家银行目前在如火如荼地攻克这块阵地。

账户体系是银行核心系统的"中枢神经",在IBM大型机技术的支持下,全国性大银行的账户体系每秒可支持高达万级的金融交易,中小银行的账户每秒亦可支持成百上千的金融交易。但既然要大力推进银行核心系统国产化,就需要放弃IBM的大型机技术,转向使用基于国产化数据库的设计,这对账户体系的设计造成不小的挑战。要继续支持每秒万级金融交易,就必须让设计更有技巧。

挑战:支持热点账户的高频交易

最大的挑战来自热点账户,它是账户体系中一种能支持高频交易的账户。热点账户在业务处理上的要求与普通账户几乎没有差别,但在交易频率上的要求比普通账户高,普通账户的交易一般为几天一次乃至几周、几个月一次,而热点账户的出账、入账频率可能达到每秒几百次,甚至上千次。

在电子商城中,商户的交易账户是一种典型的热点账户,目前民众的消费大多是通过线上进行的,一个热门商户的账户可能每秒有数千个出入账记录,分摊到每家银行,至少要求单个银行的账户能支持每秒500个出入账交易。若银行的支持能力低于这个要求,商户就会向更有能力的银行寻求支持,部分金融交易就会分流到其他银行,甚至可能改投其他银行的怀抱。

为什么支持热点账户的高频交易有一定难度?可以从金融交易的处理流程说起。如图1所示,金融交易的业务步骤一般为常规检查、余额检查、余额变更、后置处理。其中,余额检查、余额变更、后置处理是对账户数据进行变更操作,计算机在技术处理上,为了保证交易的原子性、完整性、一致性,防止账务差错,就要加入事务控制。在一般的技术设计中,都是在余额检查前开启事务,在后置处理后提交事务。

事实上,一个账户在同一时间只能被一个用户开启事务,事务开始后用户方能对该账户进行变更操作。其余用户如需操作该账户,就要等待该用户结束事务后,竞争得到开启事务权利才能操作,未竞争到开启事务权利的用户就要进入新一轮等待。当多个用户并发同时向同一个账户进行转账时,就形同千军万马过独木桥,同一时间只能有一个用户过桥,其余用户需要排队等候。如图2就是这种等候情况的演示。

图1 普通扣账过程示意图

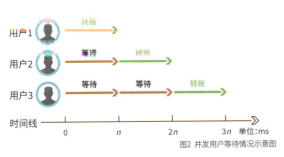

图2 并发用户等待情况示意图

假如转账操作的平均耗时为n ms，用户1、用户2、用户3在0ms时同时要转账给同一账户，由于有事务控制，用户1在0ms时拿到账户操作权利，在n ms时转账结束，实际处理时间为n ms；用户2在0ms时要等待用户1事务结束，在n ms时拿到账户操作权利，在$2n$ ms时转账结束，实际处理时间为$2n$ ms；用户3在0ms时要等待用户1事务结束，在第n ms时要等待用户2事务结束，终于在第$2n$ ms时拿到账户操作权利，在第$3n$ ms时转账结束，实际处理时间为$3n$ ms。

由于事务控制，单个热点账户要达到每秒支持500个交易请求，按上面的推导过程，就是要$500n$小于或等于1000ms（1s等于1000ms），需要一次转账操作的时间小于2ms。这在普通的交易流程设计下，使用IBM大型机技术作为支持可能勉强达到。而国产化数据库是运行在普通计算机上的软件，支持普通设计下的一次转账通常要耗时几十到200ms。这就要采用有技巧的技术设计，保证既能遵守业务要求，又能支持热点账户的高频交易。

思路：提升吞吐量的"时空"方案

提升计算机系统吞吐量（并发量）的办法，归根结底有两个：一是增加"独木桥"的数量或增加"桥"的宽度，让同一时间可以有更多的用户"过桥"；二是减少用户"过桥"的时间，单位时间内能让更多的用户"过桥"。前者是空间方案，后者是时间方案，两者双管齐下效果更佳。

本文的设计在空间方案上尽量将账户的事务控制去掉，让多个用户可以同时执行转账过程的不同阶段操作，增加了"桥"的数量；在时间方案上，将原来部分联机执行的交易步骤改为由计算机系统后台自动延时执行，减少用户联机执行的步骤，缩短了"过桥"时间。

分析

在转账的四个步骤中，常规检查、余额检查两个步骤是必须联机执行的。执行常规检查确定交易符合监管合规要求，进行基本的风险控制。同时必须执行余额检查确保账户有足够余额进行转账，避免银行赔钱。

余额变更则可以改为延时执行，由计算机后台将多笔转账金额求和，一次变更账户余额，避免对该账户开启事务的次数过多。普通方案下，对一个热点账户500次转账需要开启500次事务，延时处理设计下，只需开启1次事务。

后置处理是记录操作日志、交易流水、会计核算记账等操作，这些操作本来就对用户无感，只是银行为了记录交易痕迹，事后核对账务正确性而设计的记录性操作，也可以和余额变更一同改为延时执行。

概述

如图3所示，热点账户的处理过程可以这样设计。

在该设计中，联机步骤的事务控制基本去除（主要是指整个过程的长时间事务）。长时间事务的去除相当

图3 热点账户联机、延时扣账过程处理示意图

于增加了"独木桥"的数量或增加了"桥"的宽度，一些短暂的数据库操作仍存在占用时间很短的事务，但这种小事务不影响"桥"的宽度。

表设计

在银行核心系统原有的表设计基础上增加了余额占用表和延时任务表，用以辅助去掉长时间事务并将联机步骤传递交易信息给延时步骤。

余额占用表的关键字段，可以如表1这样来设计。

字段	描述
流水号	用于识别交易的号码
账号	热点账户的账号
交易金额	—
会计日期	—
创建时间	本数据库记录的创建时间

表1 余额占用表的关键字段设计

延时任务表的关键字段，可以如表2这样来设计。

字段	描述
流水号	用于识别交易的号码
账号	热点账户的账号
交易金额	—
会计日期	—
创建时间	取自余额占用表的创建时间
状态	0待处理，1已处理

表2 延时任务表的关键字段设计

以上两个表在结构和记录的数据上几乎都一样，但不应合并为同一个表。因为延时任务表起着降低操作执行时间，减小事务时间长度的作用。

联机步骤

有了上述的知识准备，下面说说整个交易的详细处理过程，首先从联机步骤说起。

第一步，常规检查。用户提交转账请求，计算机系统首先执行常规检查，确定交易符合监管合规要求，进行基本的风险控制。如果不符合要求，则返回错误提示给用户。

第二步，余额检查-1。先开启短事务然后往余额占用表插入一笔记录，含流水号、账号、交易金额、会计日期、记录创建时间，并马上结束这次短事务，确保刚插入的数据库记录对其他用户可见。（关键点：事务马上提交。）

第三步，余额检查-2。对余额占用表中同账号、创建时间小于等于本交易创建时间记录的交易金额求和。如果是正数，则无须检查账户余额，因为不会造成短款（即银行要补钱）；如果是负数，表示要将当前账户余额减去的金额对比账户余额，够扣则继续执行后续步骤，不够扣则删除余额占用表本交易的记录并返回余额不足给用户。（关键点：查询条件创建时间小于等于本交易创建时间，另若删除余额占用表中交易的记录失败，则需在延迟步骤中彻底处理。如若不删，让延时任务处理也可以，这样更快。）

第四步，生成任务。第三步检查通过表示交易的条件已就绪，其余处理放在延时步骤中即可。那么，往延时任务表插入一笔延时任务，含流水号、账号、交易金额、会计日期、余额占用表的记录创建时间、状态0等，插入成功则返回交易成功给用户。这次插入操作也是一个短事务。（关键点：向延时任务表插入一笔记录，比更新余额占用表中本交易的记录耗时要短得多。）

联机步骤至此结束，步骤不多，且事务时间很短，所以几乎没有瓶颈。

延时步骤

联机步骤执行成功，交易就可以认定为成功了，只是交易资金临时放在延时任务表中，没有入账。延时步骤主要处理资金入账及相关后置操作。延时处理步骤是一个定时任务，如1分钟执行一次。下面具体介绍延时步骤每次被触发后的处理过程。

第一步，加载任务。加载延时任务表中待处理的账号并去重，针对每个账号，执行以下步骤。

第二步，余额变更。从未处理的账号中选择一个账号进行处理，根据该账号加载延时任务表中待处理的任务，区分不同的会计日期，汇总金额更新到账户余额中，处理日终余额。

第三步，后置处理。根据延时任务表交易入账时间升序排列，逐行处理排好序的结果集，记录账户的交易流水，进行会计核算记账，记录金融交易操作日志，更新任务状态为已处理。

第四步，循环处理。重复以上第二步、第三步，直至第一步选出的账号处理完毕，然后结束本次处理，等待下一次被触发处理。

实验：冒烟测试&余额不足测试

本文以思维实验的形式，举例对上述方案进行验证，同时，借助所举的思维实验例子加深大家对方案的理解。

冒烟测试（思维实验）

先介绍一个简单的实验，账号为ACCOUNT1，初始余额为1000，在1秒内收到4笔扣账交易请求。

如表3、表4所示为经过联机步骤处理后余额占用表和延时任务表的记录。由于流水号为TRX001的处理时间稍长，此时尚未来得及登记入延时任务表。

流水号	账号	交易金额	会计日期	创建时间
TRX002	ACCOUNT1	10	20220717	2022-07-17 22:22:08.123
TRX001	ACCOUNT1	-20	20220717	2022-07-17 22:22:08.456
TRX003	ACCOUNT1	-30	20220717	2022-07-17 22:22:08.789
TRX004	ACCOUNT1	10	20220717	2022-07-17 22:22:08.890

表3 余额占用表

流水号	账号	交易金额	会计日期	创建时间	状态
TRX002	ACCOUNT1	-10	20220717	2022-07-17 22:22:08.123	0
TRX003	ACCOUNT1	-30	20220717	2022-07-17 22:22:08.789	0
TRX004	ACCOUNT1	-40	20220717	2022-07-17 22:22:08.890	0

表4 延时任务表

定时任务触发了一次延时处理，流水号为TRX002、TRX003、TRX004的交易被延时处理，ACCOUNT1的余额被一次性更新为920。如表5、表6所示为余额占用表和延时任务表的记录。

流水号	账号	交易金额	会计日期	创建时间
TRX001	ACCOUNT1	-20	20220717	2022-07-17 22:22:08.456

表5 余额占用表

流水号	账号	交易金额	会计日期	创建时间	状态
TRX002	ACCOUNT1	-10	20220717	2022-07-17 22:22:08.123	1
TRX003	ACCOUNT1	-30	20220717	2022-07-17 22:22:08.789	1
TRX004	ACCOUNT1	-40	20220717	2022-07-17 22:22:08.890	1

表6 延时任务表

如表7、表8所示为TRX001的联机步骤在定时任务执行完后处理完成余额占用表和延时任务表的记录。

流水号	账号	交易金额	会计日期	创建时间
TRX001	ACCOUNT1	-20	20220717	2022-07-17 22:22:08.456

表7 余额占用表

流水号	账号	交易金额	会计日期	创建时间	状态
TRX002	ACCOUNT1	-10	20220717	2022-07-17 22:22:08.123	1
TRX003	ACCOUNT1	-30	20220717	2022-07-17 22:22:08.789	1
TRX004	ACCOUNT1	-40	20220717	2022-07-17 22:22:08.890	1
TRX001	ACCOUNT1	-20	20220717	2022-07-17 22:22:08.456	0

表8 延时任务表

在下一次延时处理前没有交易进入,此次延时处理则按第2点的方式进行了批量处理,但仅处理了TRX001这笔交易。数据库记录的情况显而易见,不再展示。

余额不足测试(思维实验)

账号ACCOUNT1,初始余额为1000,在1秒内收到4笔扣账交易请求,扣账金额分别为300、400、500、600。

如表9、表10所示为第一笔交易TRX001进来,扣账300,执行联机步骤完成后的数据情况。

流水号	账号	交易金额	会计日期	创建时间
TRX001	ACCOUNT1	-300	20220717	2022-07-17 22:22:08.123

表9 余额占用表

流水号	账号	交易金额	会计日期	创建时间	状态
TRX001	ACCOUNT1	-300	20220717	2022-07-17 22:22:08.123	0

表10 延时任务表

如表11、表12所示为第二、第三笔交易同时进来,分别扣账400、500时执行联机步骤中的数据情况。

流水号	账号	交易金额	会计日期	创建时间
TRX001	ACCOUNT1	-300	20220717	2022-07-17 22:22:08.123
TRX002	ACCOUNT1	-400	20220717	2022-07-17 22:22:08.456
TRX003	ACCOUNT1	-500	20220717	2022-07-17 22:22:08.789

表11 余额占用表

由于余额检查中TRX001、TRX002、TRX003的扣账金额之和为1200,大于ACCOUNT1的账户余额,TRX002、

流水号	账号	交易金额	会计日期	创建时间	状态
TRX001	ACCOUNT1	-300	20220717	2022-07-17 22:22:08.123	0

表12 延时任务表

TRX003的余额占用记录被删除,并返回余额不足错误给用户。由于第2点的TRX002、TRX003余额占用记录被删,此时数据情况与第1点相同。

第四笔交易进来,扣账600,此时没有并发的交易进来,余额检查通过,交易成功,余额占用表和延时任务表各增加了TRX004的记录,数据不再展示。

其他

请大家参照上述两个思维实验脑补其他情况以验证该设计的完备性。

结语

截至本文完稿时间,本设计已在某银行国产化核心系统实施,并进行了SIT环境压力测试,基本可达成设计目标,相信在生产环境更优的硬件支持下,该方案会有更佳的表现。

本文仅讨论了热点账户设计的关键逻辑设计。不同银行有不同的银行核心系统账户体系设计,还需要结合具体账户体系设计实现冲正、日切、计息等处理。此外,需加入技术架构上的单元化、分库分表、分布式事务等与技术栈相关的设计,方能形成完善、可落地的热点账户个性化设计,欢迎就此与笔者讨论。

区伟洪

某银行资深工程师,从业近20年,业务架构上接触过存款、贷款、客户信息等领域,进行过手机银行、柜面渠道等渠道应用研发,技术架构上了解过技术框架、分布式技术、网络安全、反欺诈风控、大数据等方向,擅长数据建模、架构建模并化繁为简,喜欢看电子书,有一套快速阅读方法。

分布式链路追踪在数字化金融场景的最佳实践

文 | 张冀

在以微服务和容器化为主导应用的现代化浪潮下，系统的可观测性变得越来越重要，而链路追踪技术就成为软件系统实现"无人驾驶"的关键手段。本文作者认为，可观测不仅是对软件性能和故障的监控，更需要从业务指标出发，以业务视角评价软件稳定性，让IT真正成为驱动金融业务成长的数字化原动力。

微服务是近几年最流行的软件架构设计理念，和容器、DevOps一起构成了云原生的技术基础。微服务源于对产品快速交付的市场诉求，通过采取一系列的自动化测试、持续集成等敏捷开发实践，激活组织效率，增强软件的可复用性，无形中为中台化演进铺平了道路。

然而，很多企业在引入微服务架构后，并没有达到预期效果。热力学第二定律告诉我们，一个孤立系统一定会向熵增的方向，也就是越来越复杂的方向演进。服务划分过细，单个服务的复杂度降低了，整个系统的复杂度却指数级上升。理论上计算，n个服务的复杂度是$n \times (n-1)/2$，微服务将系统内的复杂度转移为系统间的复杂度，如图1所示，因此团队陷入混沌，反倒拖慢了交付速度。

图1 微服务导致系统整体复杂性增加

如何解决软件工程领域"熵增"的困境，真正享受微服务带来的红利？一方面需要通过一系列DevOps工具和方法使组织架构匹配软件架构，使新技术为我所用，而不是成为工具的奴隶；另一方面，则需要在可观测领域引入上帝视角，即分布式全链路追踪技术，完全掌控微服务间的调用关系，从而发现故障和性能瓶颈所在。

全链路追踪技术起源于Dapper的论文和实践，在开源领域涌现出Zipkin、Pinpoint、SkyWalking等大量优秀产品。金融业一直是引入IT新技术的急先锋，在数字化金融领域落地链路追踪，除了要解决高可靠、自动容灾等商用问题，还要降低观测对业务的资源损耗，最重要的是将业务KPI映射到IT及软件SLA，从而使软件链路真正反映业务交易的价值链路。在这些方面，我们和国内某头部消费金融公司合作，在金融数字化领域开展了云原生和全链路追踪的最佳实践。

链路追踪落地数字金融

某头部消费金融公司是一家持牌消费金融机构，其普惠金融App产品注册人数过亿，用户活跃度高、流量大；App服务端和后端各类业务系统数量众多、场景复杂，业务运营与技术运维团队压力很大；自建了FASTX基础监控体系，融合了网络层、主机层的监控和告警模块，同时基于开源框架Pinpoint搭建链路追踪系统。但受制于Pinpoint性能损耗大、监控粒度粗、不能灵活启停监控项、缺少丰富的监控指标和业务监控体系等问题，应用监控效果不是很理想。引入商用链路追踪技术纳入统一监控体系，在落地融合过程中经历了以下几个阶段。

对接管控，体验一致

消金公司有独立的告警通道管理，用户/应用/设备的基础信息存储在NCMDB、AD域控等管理系统中，新工具需要融合到这个环境里。

分批接入，快速见效

消金公司内部应用较多，双方根据应用技术框架特点进行分级、分批次接入。

■ 第一批以面向C端的App应用为主，后端服务基本上都是Java Spring Cloud技术体系的应用，监控项是App后端服务，对响应时间和用户体验较为敏感，优先接入。

■ 第二批以基础服务类系统为主，Java为主。

■ 第三批以后端业务管理类的大型应用、大数据应用为主，Java、Python共存，逐步伴随系统迭代节奏陆续上线。

依照接入策略快速取得效果：

■ 一周内完成第一批系统的接入和生产环境的上线。

■ 一个月完成70%的应用接入。

■ 如图2所示，三个月完成大部分应用接入，整体接入应用数量接近700个，实时监控方法数量达6.6万个，平峰监控TPS达到16W。由于前期接入时间控制比较理想，接入成本较低，最终实现了管理层预期的监控管理目标。

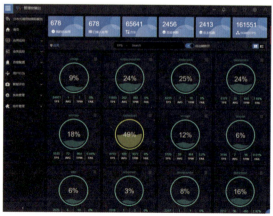

图2 应用监控总体视图

抓住痛点，优势突破

新工具在推广初期比较艰难，没有必要全面铺开，所以针对已使用Pinpoint系统的特点，推荐给业务方一个最佳功能使用路线，实现"应用-服务-方法-实例"四层细粒度的监控体系；确定关键方法的返回码和自定义业务字段，构建可用的业务成功率观测指标，协助业务方关注重点告警项和告警策略。

在业务方接入链路追踪技术后，无须过多人工配置就快速实现"应用-服务-方法-实例"四层细粒度的监控体系；同时引导业务，梳理出需要被监控的核心方法，通过观测业务成功率指标，顺利引入到调用查询、调用链路、耗时分析、日志联动查询这条核心功能主线上。随着公司交易的黄金链路的接入，整体业务监控开始有序展开。

循序渐进，全面推广

如何让业务方、研发团队、系统运维团队在同一个监控平台获得最大收益？双方团队协商了推广思路，立足于以应用为中心，充分挖掘监控数据的价值，从开发、应用运维、业务运营三个视角分层对指标分类，全面接入全公司业务，让业务KPI成为研发、运维人员的共同KPI。消金公司反馈了大量新的使用场景，如在京东内部未遇到的Kafka JMX Client冲突问题、Tomcat Request信息经历Recycle后提取自定义业务字段失效的问题等，使链路追踪技术在金融场景中锤炼得更加完善。

在长期服务内部业务与外部银行、证券、保险、清算中心等客户的数字化转型过程中，本文总结了分布式链路追踪的若干最佳实践场景，用上帝视角俯瞰全局，充分发挥微服务架构的敏捷特性。

面向研发排障的实践

如何精准定位故障？

业务应用性能问题频发、流量波动频繁、突发异常排查过程困难,故障爆发时的现场环境没有快照,事后只能依赖系统日志和团队成员技能进行排查,没有一套行之有效、可重复利用的分析套路和技术支撑手段;对于追求服务SLA保障能力的消金公司技术团队来说,如何精准定位问题,缩短排查问题的时间,是一个巨大的考验。

如图3、图4所示,全链路实时日志采集快速还原了现场,在应用被监控方法发生异常之初,通过内置告警模块将告警信息及时推送到业务应用相关方;告警将提示应用的方法耗时、平均响应时间、频率频次、JVM监控,以及多维度的TP9XX/AVG/MAX系列性能指标;同时告警信息将相关的排查线索入口组织到一起,方便业务工程师介入排查。通过告警入口串联提供的一系列排查工具,包括调用查询、耗时详情、调用链、拓扑图谱、拓扑调用链性能分布、JVM GC分析、网络连接、JVM内存工具箱等,排查过程顺畅,操作简单又有效。

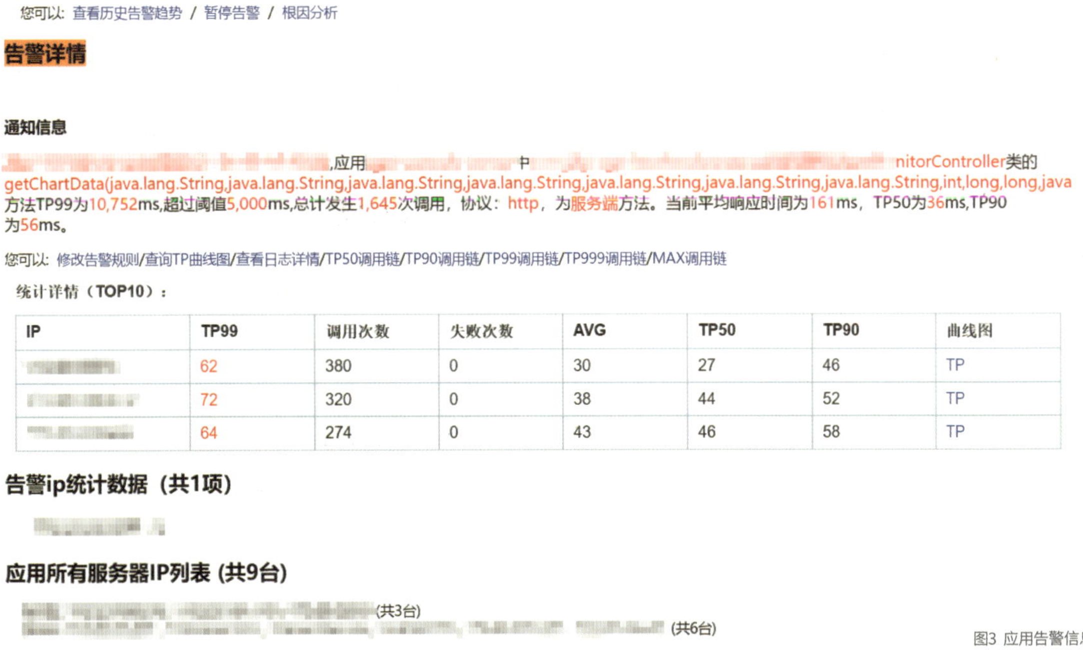

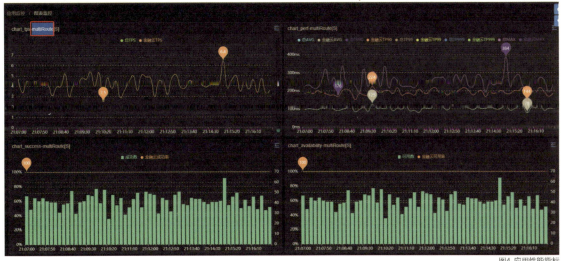

图3 应用告警信息

图4 应用性能指标

193

如何处理底层IO级别的问题？

应用系统在运行过程中，经常出现底层IO级别的错误，包括关系型数据库、NoSQL数据库、缓存、Logger框架、MQ框架等，高频出现的问题经常混杂在日志文件里，容易被忽略最终导致生产事故。

如图5所示，内置一站式底层IO各类异常的探测规则和阈值，应用接入即获得标准的探测告警能力，识别问题源头，从容应对生产系统的异常。

图5 底层IO级别告警

如何分析服务耗时？

在微服务架构体系下，调用耗时分布实现监测是一个难点，除了服务本身的开销外，网络开销、跨机房延时、网络丢包、服务端线程池阻塞、服务链路的熔断、限流

等措施的影响、服务端GC影响、客户端GC的影响，都构成整个分布式调用的开销。

通过协同底层主机监控和微服务上下游调用关系，形成全局视角的调用耗时监控。如图6所示，实现了针对微服务跨主通信模式耗时的精准统计和问题定位。通过探针静态扫描和动态埋点的方式，基于字节码增强技术，实现被监控方法的动态埋点监控，探针内部实现了多种技术框架和底层中间件、数据操作驱动程序的埋点；统一在单线程模型、线程池模型、CallBack模型下Trace信息的采集，形成标准的Context信息，统一存储并跨系统传递；从业务视角提供包括机房、分组、应用、服务、方法、实例等多种维度级别的监控视图。

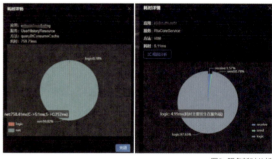

图6 服务耗时分析

面向应用运维的实践

如何做到有效告警？

告警中出现大量重复信息，有效信息和重复信息混杂在一起，经常干扰运维人员。基于基线告警是一个方式，包括全局告警、应用告警、方法告警三个维度；基于业务架构，结合数据流关系，通过时间相关性、权重算法进行根源告警分析；通过逻辑回归、协同过滤等机器学习算法等构建模型进行数据挖掘，找出各个系统之间的关联，过滤长期未影响业务使用的告警，快速定位根源告警，并通过拓扑图/列表的方式向用户展示根源告警的调用关系。

如何做好业务容量评估？

消金公司各个业务的调用量波动较大，业务间量能变化差异也较大，业务容量评估一直没有找到靠谱的抓手和数据支撑点。如何平衡资源利用率和保障服务可用率与用户体验的矛盾经常困扰着技术团队。

现有技术评估容量都局限于人为压测评估或者静态评估，取代压测评估方式，通过程序智能计算应用容量，将静态的容量评估变成动态的容量评估，使实时的容量评估和弹性伸缩成为可能。如图7所示，展示了应用容量的评估方法，通过获取到的方法耗时明细，结合连接数、线程池等指标，得出应用的单机容量，在此基础上综合分析CPU、磁盘、网络带宽等指标的瓶颈，取最小值作为系统的最终单机容量，所有单机实例叠加得到应用总体的当前容量。

面向业务运营的实践

如何评估可用率、失败率？

评估应用的健康状态、业务成功率和系统可用率，消金公司内部大部分应用都是通过请求的状态码来判断业务是否正常，粒度较粗，无法精确识别方法级别，各个应用对业务健康识别方法理解也不一致，如何统一口径成为架构治理的一个重要课题。

构建统一可信的可用率与失败率监测体系，默认提供一套常规识别码规范用来标记被监控对象的健康度，同时也提供了业务自定义规则的入口。通过对应用运行态的调用链进行实时监测，挖掘执行过程突发异常信息，形成系统实时可用率监测结果。基于统一的结果标记，屏蔽了具体方法返回码的差异性，利用方法级返回码的动态监控结果，联合可用率指标共同构建方法级、服务级、应用级、实例级、机房级等五个维度的应用成功率检测体系。

消金公司技术团队可以通过成功率和可用率来客观评估应用的实时健康状态，通过返回码分类监控观测业务运行是否符合预期目标。除了失败率、可用率指标，附加性能指标波动变化的数据、日志和容量的数据，构建一个多维的、面向应用的综合健康度评价指标体系。

如何将监控数据转化为业务语言？

监控早期阶段，某消金公司技术团队尝试基于开源Pinpoint采集监控数据，缺少丰富的图表定制和可视化展示模块，导致监控数据没有发挥应有的作用。随着业务快速发展，面向C端的用户流量持续攀升，技术团队面临较大的压力。如图8所示，通过丰富的图表，包括调用量、性能TP、AVG、MAX指标监控图表、失败率、可

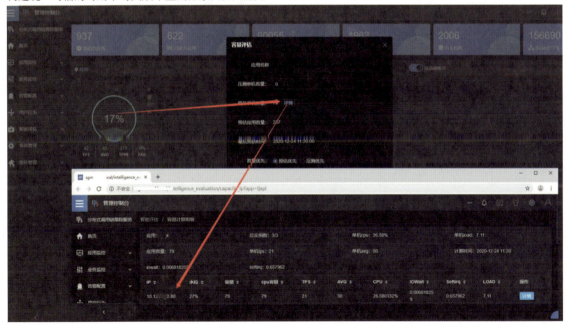

图7 应用容量评估

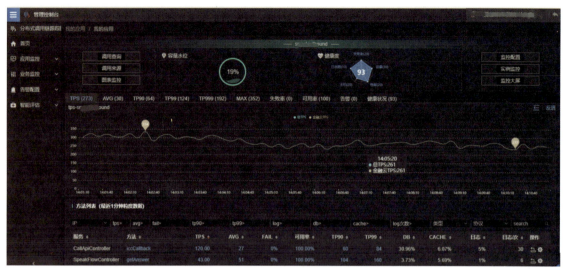

图8 应用监控图表

用率、监控雷达图、应用大盘等模块，应用系统可以快速上手构建基础的监控态势感知环境。

总结和展望

展望分布式链路追踪技术在金融科技领域的发展，我们认为有三个主要方向：

■ 从用户体验角度的监控运维一体化。

打通移动端和服务端，从用户体验角度实现端到端的全链路监控。用户体验如手机银行、网贷、移动支付等代表了业务收入KPI，对齐科技部门和业务部门的目标，是企业数字化的关键，本质是从科技辅助业务，到科技和业务的知行合一。

■ 从人工智能角度的根因定位一体化。

金融机构对AIOps的需求日益增强，机器学习本质是一种概率决策方法，而链路追踪通过调用关系构建的根因识别机制，则是确定性决策。两者的结合，通过应用调用链，穿透到下层各种基础设施，形成立体化和智能化的AIOps新能力，国外头部科技公司已经开始探索。

■ 从敏稳过渡角度的技术演进一体化。

金融机构大量使用ESB企业服务总线，而ESB一直是监控的难点。京东科技已经基于Service Mesh研发下一代分布式ESB系统，与链路追踪形成完善的解决方案，将非微服务应用和多语言应用纳入统一治理及监控框架，助力金融机构实现敏态和稳态的平滑过渡。

张冀

京东科技集团云原生资深架构师，北京理工大学硕士，曾就职于爱立信、中国移动等国际知名企业，金融信创讲师，专注于云计算和云原生领域，擅长IaaS/PaaS/SaaS全栈架构设计。加入京东科技集团以来，主导多个头部金融机构大型云平台和数字化转型项目，致力于金融科技领域的创新研发和落地实践。

基于AI的影像管理在智能理赔中的实践

文 | 周咸立 刘平

保险作为当今风险保障的重要手段，已然成为众多企业、个人的选择。作为风险保障的主体，保险公司在承保、理赔等各类业务处理中，都离不开影像资料。影像资料已然成为保险公司大数据浪潮中不容忽视的重要的数据要素。如何做好影像资料的自动识别、真假判定等成为保险公司降本增效、风险防范的重要课题。本文就保险行业的影像资料技术和应用给出探讨。

车联网、云计算、大数据、人工智能、区块链这些新技术将给保险业带来新一轮变革已成为共识。但随着技术逐渐成熟，行业内对应用前景既充满期待又存在担忧。如何把握新技术使其助力公司业务发展，及时掌控新技术引起的商业模式变化，避免错失新商机？这些问题促使各保险公司在新技术应用上不断地努力尝试和创新。

影像资料在保险行业中扮演着重要的角色，尤其在核保、核赔环节，需要查阅并判断其真实性。例如，对于提供的出险照片检查是否为PS加工或翻拍的照片。随着业务的发展，人工审核显得力不从心，如何控制影像风险，实现降本增效，提升风控能力，是保险公司高质发展中亟需新技术来赋能助力的。

面对海量的非结构化影像资料快速检索与智能识别的需求，传统的影像处理模式无法满足当前业务对功能和效率的要求。影像处理的业务内容已不限于文字和少量图片，而是大量影像资料（包括静态图片、音频、视频资料等）。在系统功能上，不限于查看图片，而是要对大量影像资料进行快速检索、对不符合规范的图像进行加工处理和识别；在反欺诈上，不限于人工对比查看，而是要对大量影像文件进行相似图像识别；在系统访问上，全国的频繁、大数据量访问，传统方式对网络带宽需求很高、加上带宽使用费用高，种种局限与不足亟待解决。

在传统影像方案中，着重解决的是海量影像的采集、存储、传输、查看等问题，主要使用大数据和云计算技术，对于影像本身的深层次处理存在许多不足，不能高可靠、智能化地处理以下场景：识别不清晰照片、识别翻拍照片、图像篡改检测、识别相似图像、自动分类等。在当前技术下，人工智能技术的发展使得这些成为现实，同时图像篡改检测等AI技术提高了影像本身的可靠性，AI+OCR的智能识别模式有了更高的业务价值。

影像系统的智能识别应用

如图1所示，智能识别主要应用在以下几种服务中。

■ 图像质量识别：主要识别图像是否清晰，是否为翻拍处理图片。

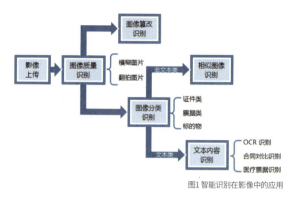

图1 智能识别在影像中的应用

- 图像篡改识别：检查图片是否被局部修改，并标记修改位置。

- 图像分类识别：用于识别图像类型，如证件、银行卡、发票、医疗单据等，根据识别结果完成单证自动分类。

- 相似图像识别：识别图像的相似性，在上传影像文件时，系统对图像文件进行归一化处理，提取图像本身的颜色、形状、纹理等低层特征，进行相似度计算，将识别结果反馈给影像系统。可以用于车险、农险等核赔、核保环节，对场景过程影像进行自动甄别，风险智能提示，保证影像文件的真实性，及时拦截虚假赔案，提升风险控制能力。

- OCR识别：对自然场景下的文字、单据、证明、复杂表格及各种混合模式的图片进行文字识别，可以供周边系统调用，通常用于辅助录入、人工双录等场景。

- 合同对比识别：提供pdf、doc/docx、wps、xls和图片等主流格式文件对比，支持以全篇幅、整段落的方式进行比对，支持跨页、跨行的文字比对。

- 医疗票据识别：医疗票据的特点就是种类多。医疗票据识别可实现对电子病历的自动标签标注、智能分类、快速梳理以及复杂电子病历的半自动阅读。提供全方位智能风控引擎，实现基于保险产品的过程分控管理，支持高风险案件自动预警机制。

有了业务需求，考虑应用场景，下一步考察的就是合适的技术支撑。目前影像处理在各主要场景下有不同的可供选择的技术。

图像清晰度识别（Image Blur Detection）

在影像收集过程中，会出现拍摄物品不清晰、文字模糊的现象，影响业务判断，对于不清晰的图像需要及时拒绝上传。

图像清晰度评价算法有很多种，在空域中，主要思路是考察图像的领域对比度，即相邻像素间的灰度特征的梯度差；在频域中，主要思路是考察图像的频率分量，对焦清晰的图像高频分量较多，对焦模糊的图像低频分量较多。

实现清晰度评价的3种方法[1]：Tenengrad梯度方法、Laplacian梯度方法和方差方法。

- Tenengrad梯度方法利用Sobel算子分别计算水平和垂直方向的梯度，同一场景下梯度值越高，图像越清晰。

- Laplacian梯度是另一种求图像梯度的方法。

- 方差是概率论中用来考察一组离散数据和其期望（即数据的均值）之间的离散（偏离）程度的度量方法。方差较大，表示这一组数据之间的偏差就较大，组内的数据有的较大、有的较小，分布不均衡。方差较小，表示这一组数据之间的偏差较小，组内的数据之间分布平均，大小相近。对焦清晰的图像相比对焦模糊的图像，数据之间的灰度差异应该更大，即它的方差应该较大，可以通过图像灰度数据的方差来衡量图像的清晰度，方差越大，清晰度越好。

翻拍检测：摩尔纹识别（Moire Pattern Recognition）

翻拍图像是经过扫描、印刷或者其他具有拍摄功能的设备对真实图像进行翻拍，考虑到对真实图像进行翻拍的过程中，显示媒介自身的特性以及翻拍过程的场景区别，致使翻拍图像与真实图像存在差异，如翻拍图像变形等，翻拍图像表面梯度值与真实图像相比会产生非线性变化，这使翻拍图像表面梯度值产生异常，进而导致初始直线分布发生变化。因此，提取边缘图像中的初始直线，以便后续在初始直线提取中更加准确地翻拍像素特征。

翻拍检测实现方法[2]

- 边缘检测。边缘检测本质上是一种滤波算法，滤波的规则是完全一致的，区别在于滤波器的选择。基本的边缘算子如Sobel求得的边缘图存在很多问题，如噪声污染没有被排除、边缘线太过于粗宽等。比较先进的边缘检测算子包括Canny算子、Marr-Hildreth算子等。

- 通过直线检测算法对边缘图像进行直线提取，得到初始直线。直线检测算法包括Hough（霍夫变换）直线检测算法、Freeman（链码）直线检测算法或者尺蠖蠕行算法。

- 提取翻拍直线。翻拍直线是指满足直线密集算法判别准则的直线，即直线密集集中且平行。该判别准则包括两条直线的斜率差值小于1°（度），且相邻的平行的两条直线的距离小于预设距离阈值。直线密集算法中，初始直线需要满足"平行"和"密集集中"这两个条件。对于"平行"这一条件，即两条初始直线的斜率值写入初始直线像素点后，如果斜率差值小于1°（度），则初始直线平行，即满足"平行"的条件。对于"密集集中"这一条件，即计算两条平行直线(初始直线)之间的距离，将满足该距离小于预设距离阈值的两条直线确定为满足"密集集中"这一条件，也即翻拍直线。

目标检测（Object Detection）

在计算机视觉技术领域中，目标检测（Object Detection）是一项非常基础的技术，图像分割、物体追踪、关键点检测等都依赖目标检测。

使用TensorFlow构建YOLOv3目标检测模型[3]，相比RCNN构建的自动分类模型，不仅能识别出图像上的多个分类以及更高的准确率，而且能定位分类对应的位置。YOLOv3模型相比其他模型识别速度更快。它在Pascal Titan X显卡上处理COCO test-dev数据集的图片，速度能达到30 FPS，mAP可达57.9%。如图2所示，YOLOv3的检测速度非常快，比R-CNN快1000倍，比Fast R-CNN快100倍。在IoU=0.5的情况下，其mAP值与

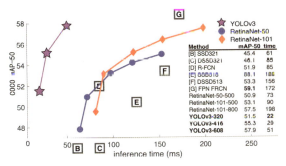

图2 YOLOv3与其他目标检测算法效率对比

Focal Loss相当，但检测速度快了4倍。此外，你可以根据需要，在只需改变模型的大小而不需要进行重新训练的情况下，轻松地权衡检测速度和准确度。

即使图片的拍摄质量低、拍摄的角度不同，依然可以准确地识别相应的类别以及对应的位置。

基于内容的图像检索（Content-Based Image Retrieval）

基于内容的图像检索，即CBIR（Content-Based Image Retrieval）[4]，是计算机视觉领域中关注大规模数字图像内容检索的研究分支。如图3所示，影像检索系统的图像识别功能主要基于CBIR原理，在上传影像文件时，系统对图像文件进行归一化处理，提取图像本身的颜色、形状、纹理等底层特征，从图像视觉特征出发，在图像大数据库中通过搜索引擎找出与之匹配的图像，并根据检索结果进行相似度计算。

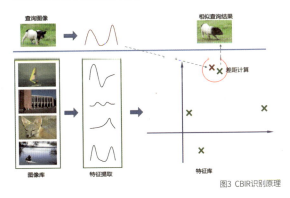

图3 CBIR识别原理

利用CBIR技术识别图像的真实性，识别内容主要包括：

- 识别图片是否被重复使用。
- 识别图片是否被PS后重复使用。
- 上传照片是否为翻拍或裁切图片。
- 同一批事故车照片是否被使用在不同批次的理赔案件中。
- 农险的验标图片是否存在使用相同标的分批拍摄的情况。

如图4所示，二次理赔时，将图片进行PS处理，然后进行理赔申请，通过图像内容检索技术，可以找到原始图片，并标记差异部位。

图4 CBIR识别结果与原图对比

在影像系统中存在一些银行卡、客户身份证件、纸质文件的电子扫描件等图像，而这些类型的图像在多个业务中允许重复出现且该类型文件本身相似度极高，通常不需要进行影像重复使用识别。针对这些类型的影像和应用场景，通过图像主体检测技术，辨识图像是否需要排除识别，从而提高图像内容检索的精准度和效率，确保检索识别的精准度可达到96%以上。

向量搜索（Vector Search）

如图5所示，相似图像检索本质是向量检索技术，影像存储的非结构化数据通过人工智能算法，将数据进行抽象处理，变成多维的向量[5]。这些向量如同数学空间中的坐标，标识着各个实体和实体关系，通过向量搜索，从而找到对应的实体。

向量搜索主要的应用领域有人脸识别、推荐系统、图片搜索、视频指纹、语音处理、自然语言处理、文件搜索等。

图5 向量检索技术实现过程

随着AI技术的广泛应用，以及数据规模的不断增长，向量检索也逐渐成了AI技术链路中不可或缺的一环，更是对传统搜索技术的补充，并且具备多模态搜索的能力。

图像篡改检测（Image Manipulation Detection）

近年来数字媒体已经成为我们日常生活的一部分，数字媒体内容真伪鉴别的重要性日渐凸显。论文 *Image Manipulation Detection by Multi-View Multi-Scale Supervision* [6]提出了一种新的基于多视角（multi-view）、多尺度（multi-scale）监督的图像篡改检测模型 MVSS-Net，可通过检查照片像素、光线、纹理来判断照片是否被修改过。

通常将容易造成视觉误解的图像篡改划分为Copy-move（在同一张图内，复制并移动某一区域）、Splicing（从一个图像复制区域到另一图像）和 Inpainting（删除图片内不必要的元素）三种类型，MVSS-Net的目标是自动检测这些类型的操作图像，区分出真实和被篡改图像，并且在像素水平上精确地定位被篡改的区域。

MVSS-Net首次结合了篡改区域的边界特征和噪声特征以学习泛化性更强的语义无关特征，并使用多尺度监督方式提高对篡改区域的敏感度和对真图的特异度MVSS-Net在DEFACTO数据集进行消融实验，在CASIA、COVERAGE、COLUMBIA、NIST16和DEFACTO五个公开数据集上进行实验验证。如图6所示，给出MVSS-Net和SOTA方法在公开数据集上的部分检测结果，前三行依次为copy-move、splicing、inpainting三类篡改，后三行为真实图片，MVSS-Net在真实图片和篡改图片间取得了良好的平衡。实验表明，MVSS-Net在图像级和像素级均达到了state-of-the-art，在获得对篡改区域高精度定位的同时兼顾了对真图更少的误判，是贴合实际应用需求的图像篡改检测方法。

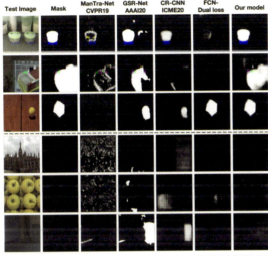

图6 MVSS-Net和SOTA模型在公共数据集中的部分结果

AI-OCR智能识别

传统的OCR已经能够提供精准的文字检测和识别服务，但其基础是建立在图像本身的可靠上。通过上面介绍的相关技术，AI能够帮助进行翻拍检测、图像篡改检测等，提高了图像本身的可靠性。

AI-OCR智能识别系统采用模型迁移、对抗网络数据生成和FSL技术，结合自身海量的图像资料、标注数据和硬件GPU高性能的运算，搭建深度学习全流程的技术框架闭环，并构建出完整的OCR识别地基方案，包括对身份证、银行卡、行驶证等各类证件中的常规信息识别，以及对银行卡的行内票据、保险保单、合同、理赔申请书等非常规证件的全文本信息识别输出，同时简化和结构化业务流程，提升工作效率，以实现最大化的商业价值。

目前的应用场景主要集中在四十种常用证件、票据、表单文档等模块的识别，整体字符识别率在99%以上，在医疗票据识别和合同对比识别中应用广泛。

医疗票据识别

在医学领域，通过自然语言处理、文本挖掘、医学信息词库，完成对电子病历的自动标签标注、智能分类、快速梳理等技术，实现对复杂电子病历的半自动阅读。并且实现了多项医学信息评估算法和技术，建立了专业的医学知识图片，能够对体检报告等数据进行单病种预测及中和医学数据评估。

业务人员在影像系统采集和分拣医疗票据后把影像文件送给AI-OCR识别系统进行识别、单证分拣和单证脱敏，然后在数据清洗模块对数据进行处理和清洗，最后输出由标准编码确定的、经过清洗的信息和做了对应关系的别名和标准名。

合同对比识别

合同一般使用制式合同，为了防止合同被另一方修改或篡改，制式合同的出具需要对合同的全部文字条款审核确认，为此需要法务人员多次审阅。而人工审核合同耗时长，不仅准确率无法保证，而且风险高，合同智能比对系统可为企业提供有效的技术支撑和安全保障。

合同比对基于OCR智能识别技术，将定稿合同和用印前（或单方用印）的合同进行文字级别的自动比对，实现计算机替代人工审核比对，解决合同审核工作中人工审核时间成本高、人力成本高和风险高三大难题。

结语

数据处理链路"采""存""通"的目的都是"用"，有了业务需求和技术支撑，提升"用"的水平就是水到渠成的事。从智能理赔的实践来看，如何发掘数据的价值，目前主要还是依靠人工智能技术。图像清晰度识别，能够从源头上对图像质量提出要求，避免干扰业务的判断。翻拍检测和图像篡改检测技术能够及时发现细节的证据，减少骗赔的发生。目标检测技术有利于进行影像的自动归类。基于内容的图像检索和向量搜索技术有利于发现重复赔案。基于以上AI技术能够有效提高影像本身的可靠性，在可靠的影像上进行OCR得到的结果更有业务价值。

此外，技术的提升带来了新的改变，影响的不仅是技术本身直接解决的问题（如图像篡改识别），也能带动其他现有技术的深入应用（AI+OCR等）。

周咸立

中科软科技股份有限公司技术架构团队负责人、资深架构师。持续专注于前沿IT技术在保险行业的落地应用，在分布式处理、多云架构、影像处理、智能应用等方面有深刻的理解。目前致力于多云平台下技术资源的整合和应用。

刘平

中科软科技股份有限公司影像产品团队负责人、资深架构师。在大数据、分布式系统、人工智能和向量搜索方面有深入研究，目前致力于使用AI、大数据等技术构建保险行业的图像数据库，全面挖掘影像数据价值。

参考资料

[1]OpenCV 图像清晰度评价 https://blog.csdn.net/dcrmg/article/details/53543341

[2]Gnuey lup：论文和专利笔记：翻拍检测算法https://zhuanlan.zhihu.com/p/80381412

[3]Joseph Redmon, Ali Farhadi University of Washington, YOLOv3: An Incremental Improvement https://pjreddie.com/media/files/papers/YOLOv3.pdf

[4]Shiv Ram Dubey: A Decade Survey of Content Based Image Retrieval using Deep Learning

[5]达摩院|达摩院自研向量检索引擎 Proxima 公开https://developer.aliyun.com/article/783110

[6]Xinru Chen, Chengbo Dong, Jiaqi Ji, Juan Cao, Xirong Li: Image Manipulation Detection by Multi-View Multi-Scale Supervision https://arxiv.org/abs/2104.06832

数据融合新引擎：隐私计算在金融业务中的高效应用

文 | 万思　庄璐

近年来，通过隐私计算技术促进金融数据融合应用，提升金融服务水平取得了显著成效。那么，金融数据融合呈现怎样的发展趋势？怎样实现隐私计算在金融领域的高效应用？如何通过这一技术架构覆盖全行业的金融数据融合应用体系？本文作者将带来详细解读。

"十四五"期间，我国仍处于"数字化转型"的重要战略机遇期，数据成为新的生产要素，数字经济成为新的发展引擎。隐私计算作为一项新型关键技术，在驱动数据共享应用和激发市场活力等方面发挥着重要作用。中国人民银行在《金融科技发展规划（2022—2025年）》中指出，要强化数据能力建设，深刻认识数据要素重要价值，积极应用多方安全计算、联邦学习、差分隐私、联盟链等技术，探索建立跨主体数据安全共享隐私计算平台，在保障安全和隐私前提下推动数据有序共享与综合应用，充分激活数据要素潜能，有力提升金融服务质效。在金融领域，利用隐私计算技术，深挖数据在信贷风险、精准营销、反欺诈等场景中的综合应用，促进利用多方数据进行联合建模，提升模型的精准度已成为金融领域数据融合应用的一个重要研究方向。

金融数据融合应用发展趋势及面临的挑战

金融数据融合应用发展趋势

随着移动互联网、云计算、物联网和大数据技术的广泛应用，数据流量增长速率正在不断加快。据IDC预测，2025年全球每天产生的数据量将达到491EB。在金融行业，数据已成为重要的生产要素之一，金融数据与其他行业数据的融合应用来支持业务发展的场景持续增多，同时对跨机构、跨行业的数据安全流通共享、协同应用的需求逐渐增加，多方数据的融合应用逐渐成为新的发展趋势。

金融数据融合应用面临的挑战

当前，我国金融信息化、数字化正快速发展，各大金融机构都积累了不同程度的大量数据。而由于金融行业数据高敏感、高隐私的特性，数据融合应用正面临一系列挑战。其一是"数据孤岛"问题凸显，不同机构、行业间的政策、技术不同，使得数据隐私保护策略和能力具有很大差异，数据安全流通共享的壁垒逐渐加深；二是数据安全问题需要时刻警惕，随着大数据、AI等新兴技术的应用，数据滥用、数据泄露的威胁日益凸显，且由于数据的易复制性，一旦分享出去，数据方就会失去控制权，导致数据出现权属模糊问题。

为什么是隐私计算

当下，如何利用新型技术推动数据更加安全地流通和共享，充分发挥数据要素的潜在价值，从而促进各领域生产效率增长、驱动业务发展，已成为人们关注的焦点。

事实上，推动数据安全可信的流通共享和价值转换的关键环节在于如何越过机构之间的数据融合壁垒、打破"数据孤岛"、解决数据权属模糊问题。

隐私计算（Privacy Computing）是由两个或多个参与方联合计算的技术，参与方在不泄露各自数据的前提下通过协作的方式对他们的数据进行联合分析，让数据可用不可见，在充分保护数据和隐私安全的前提下，实现数据价值的转化和释放。因此，利用隐私计算技术，可以保证各方数据在不出本地情况下，实现跨机构、跨行业的安全共享和价值转换。我国非常重视隐私计算的发展，在政策、市场等方面给予重点支持，推动了隐私计算的发展。

在政策方面，政府部门和监管机构积极制定规范和指导意见，促进隐私计算技术及产业健康发展，推动合法、合规的数据协同应用。隐私计算在数据相关行业内悄然兴起，相关研究从技术原理逐步转向应用，可用性大大提升。

在市场方面，我国加快产业结构转型，数字化、信息化开始向各个产业领域渗透。伴随着数据量的增多，数据安全对隐私计算的需求日渐增长，国内多家信息服务企业开始进军隐私计算市场，结合实际应用场景，开发相关应用。经过实践应用及技术积累，隐私计算技术及相关应用逐步趋于成熟，极大地推动了隐私计算市场的发展，隐私计算的产业生态逐步形成。

在金融领域，金融机构一直致力于在信贷风险、精准营销、反欺诈、金融监管等业务场景中，基于金融业务数据，利用AI、大数据等技术构建金融业务模型。但随着《网络安全法》《数据安全法》《个人信息保护法》等法律法规的出台或颁布实施，跨机构、跨行业间的数据融合应用或将面临投诉和法律纠纷风险。利用隐私计算技术，金融机构可以实现跨机构、跨行业间的数据融合应用，融合多机构、多行业间数据进行联合建模，进一步提升营销精准度，降低欺诈及合规风险，综合提升金融业务能力，促进金融业务发展，有力提升金融服务质效。

安全多方计算、联邦学习的模型构建

隐私计算是涵盖众多学科的交叉融合技术，在金融领域，隐私计算中的多项技术都有应用，下面着重介绍安全多方计算、联邦学习在金融领域的应用。

安全多方计算（Secure Multi-Party Computation，SMPC）

研究两个或多个持有私有输入的参与者，主要用到的技术是秘密共享、不经意传输、混淆电路、同态加密等关键技术。

构建具体步骤如下：

■ 数据方按照预先设定的输入方式，通过安全信道将数据发送给计算方。

■ 计算方接收数据方发送的数据，按照安全多方计算协议进行协同计算。

■ 计算方将结果发送给结果方。在安全多方计算协议中结果方可以有一个或多个，计算方为一个或多个。一个安全多方计算参与者可以同时担任多个角色。例如一个参与者可以同时承担数据方、计算方和结果方三类角色。

在金融领域，金融机构间可以利用安全多方计算建立一套安全可信的信息联盟共享体系，在联盟体系内部，金融机构间可以借助多家数据资源优势，共同构建一个数据维度更多、广度更深、精度更高的金融业务模型，促进营销。同时，各金融机构间也可以共享各自黑名单、预警名单等风险信息，联合降低欺诈及合规风险。

联邦学习（Federated Learning，FL）

联邦学习技术最初由谷歌AI团队提出，是一种新兴的AI基础技术。横向联邦学习，是指各个参与方的数据集有相同的数据特征和不同的样本ID集合，在此情况下，基于各参与方相同数据特征的数据进行机器学习建模。而纵向联邦学习，是各个参与方通过使用相同的样本ID集合和不同的数据特征来共同建模。

在金融领域，各金融机构间的数据具有相似的特征，如账户数据、交易流水等。如图1所示，可选用横向联邦学习来协同构建反洗钱模型，增强反洗钱模型识别度。

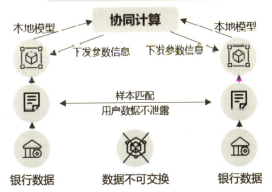

图1 横向联邦学习示意图

构建具体步骤如下：

■ 各金融机构（各计算节点）利用机器学习算法（如逻辑回归等），对本地相应数据集进行模型训练，将模型训练参数上传至协作平台。

■ 协作平台在接收到各方计算节点发来的模型训练参数后进行聚合计算，然后将计算后产生的新模型参数下发至各个计算节点。

■ 各计算节点在接收到新的模型参数后，更新本地模型。

■ 在经过多轮迭代后，当模型收敛，或者达到允许的迭代次数上限，完成训练和模型评估，使用模型可进行反洗钱在线预测。

在横向联邦学习建模时，可以在建模过程中引入安全多方计算技术，对模型训练参数等敏感信息在交互过程中进行隐私加密传递，这样能够切实保障数据隐私，防止数据泄露。

如果参与方是在不同行业间，如精准营销通常会涉及金融机构和运营商两个主体。在此情况下，由于金融机构和运营商数据集的数据特征不同，但样本ID可能存在重叠，如存在同一客户情况。此种情况宜选用纵向联邦学习算法进行业务建模。图2所示是纵向联邦学习示意图。

构建具体步骤如下：

■ 各金融机构与运营商利用隐私求交技术，找出双方数据样本中重叠ID的部分。

■ 参与计算节点分别在本地基于自有数据和机器学习算法，计算出本地模型的中间结果，并对中间结果进行加密，发送至协作平台。

■ 协作平台在接收双方上传的中间结果后，协同计算出完整的模型参数信息，然后将模型参数信息按照各计算节点的数据特征进行划分后，分别发送给各计算节点。

■ 各计算节点用模型参数信息对本地模型参数进行更新，得到新一轮迭代结果。重复执行上述步骤，直到模型收敛，或者达到允许的迭代次数上限。

纵向联邦学习可以丰富模型数据集的维度，各金融机构利用各自持有的数据，结合其他部门数据，共同创建一个更加强大精准的模型。在模型构建训练过程中，要注意样本集的选取，选取数据样本有较大ID重叠的样本集。如果银行想通过隐私计算技术引入运营商的数据构建精准营销模型，那么银行、运营商选取的数据集需要包含大量相同客户，这样才能保证模型训练的精准性。在模型参数传递过程中，引入安全多方计算技术，对模型训练参数进行隐私加密传递，保障数据隐私。

如何引入隐私计算

随着隐私计算技术的快速发展，多家金融机构已将隐私计算技术应用在各种金融业务场景中。综合运用安全多方计算、联邦学习、区块链等前沿技术，为多方数据安全流通共享提供技术支撑，助力金融机构风控、营销、运营等业务工作。在金融业务中如何引入隐私计算，笔者提出以下几点建议供读者参考。

搭建隐私计算平台，建立多方数据共享机制

在各金融机构间搭建多方可信的隐私计算平台，建立一个协商可信的多方数据共享机制，实现数据高效、及时的通信，实现对多方数据进行自动比对、碰撞的金融业

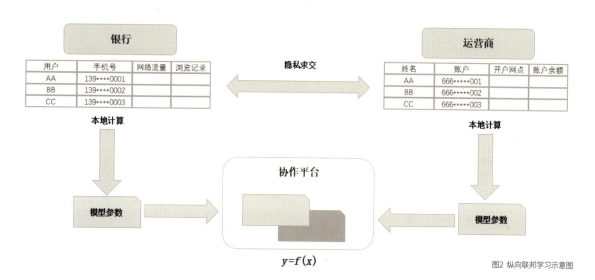

图2 纵向联邦学习示意图

务模型架构。在数据隐私保护方面,数据提供方只提供加密原始数据,这些数据不在计算方落地存储,保障各方数据安全性和隐私性。数据计算方利用安全多方计算协议进行协同计算,不留存任何原始数据。

构建金融业务模型,促进多方数据协同应用

如图3所示,在日常的业务工作中,可结合各金融机构、运营商数据,对金融业务进行深入详尽分析,充分挖掘这些业务中潜在的数据关联特征,利用隐私计算平台中多方统计功能,建立金融业务模型。

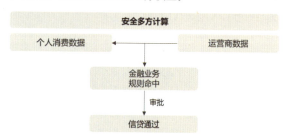

图3 金融业务模型示意图

通过部署隐私计算节点,接入包括金融机构、运营商等多处外部数据,利用安全多方计算,结合分析设定的金融业务模型,在各方数据不出库的前提下,对各方数据进行协同计算,得出精准营销客户结果,将结果推送至各金融机构,各机构只能接收各自的潜在营销客户结果,并对这些潜在营销客户结果开展精准营销工作。如果各金融机构想获取他行潜在营销客户结果,可向他行进行申请,获取授权访问。

模型计算过程主要分为两个阶段:数据预处理和数据计算。

数据预处理阶段:

■ 所有数据提供方生成一个共同的随机种子,如每个数据提供方随机生成一个随机数$seed_i$,发送给其他数据提供方。数据提供方利用生成的随机数生成共同的随机种子seed。

■ 数据提供方利用生成的随机种子,对各自的数据$S_i(1 \leq i \leq k)$进行一次$eS_i = Hash(S_i // seed)(1 \leq i \leq k)$运算,得到一个新的数据集合$eS_i$。

数据计算阶段:

■ 在查询开始阶段,查询节点首先生成一套加法同态算法的公私钥(pk, sk)。

■ 数据提供方利用公钥pk对数据集合eS_i进行同态加密,得到$epeS_i = Enc_{pk}(eS_i)$。

■ 数据提供方处理后的数据$epeS_i$发送给查询节点。查询节点根据相应的模型规则可对数据$epeS_i$进行隐私集合求交和同态加密计算等,得出精准营销客户结果。

- 如果想获得精准营销客户结果的详细信息，可以经过数据提供方授权，再利用匿踪查询技术查询出详细信息。

建设风险预警信息库，加强欺诈及合规风险防控

通过隐私计算平台建设风险预警信息库，利用秘密共享技术共享各金融机构风险模型中的风险数据，可加强各金融机构在金融业务环节中的风险防控能力，如信贷风险、欺诈风险、合规风险等，为金融机构提供有效的风险防控支撑。

为加强各方数据治理，规范金融机构使用风险预警信息库数据，提升风险预警信息库使用价值，在对数据共享之前，需制定统一数据共享标准，建立风险数据共享目录。开放风险预警信息查询，金融机构在金融业务环节中可先通过隐私计算节点，利用匿踪查询技术查询客户在各个金融机构的风险情况，为金融机构提供专业化、敏捷化的风险数据支持，把风险扼杀在业务开始之初，有效提升各金融机构风险防控水平。

风险预警信息查询步骤：

- 查询方向中心隐私计算节点发送查询请求。
- 中心隐私计算节点将查询请求进行加密后发送给各家金融机构。
- 各家金融机构对查询请求进行解密处理，并对查询结果作加密处理，发送给中心隐私计算节点。
- 中心隐私计算节点汇总各家结果加密数据，并将最终结果返回给查询方。

传统的匿踪查询需要在前期数据预处理时对数据进行全量加密处理，然后汇总至中心隐私计算节点。查询方在中心隐私计算节点查询获取数据，但是这种方案效率太低，特别是数据量比较大时，数据传输时间太长。并且数据提供方在更新数据后，需要全量传输数据至中心隐私计算节点，开销太大。同时，在查询过程中，需要同步查询用量信息至各个数据方，数据提供方对此信息真实性无法保证。

相较于传统的匿踪查询，建设风险预警信息库之后利用匿踪查询，在数据预处理阶段首先对数据提供方数据进行分桶处理，可以方便快速的定位查询数据位置。如图4所示是传统匿踪查询与隐私计算平台匿踪查询对比图。

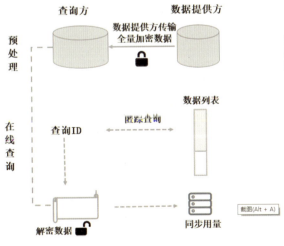
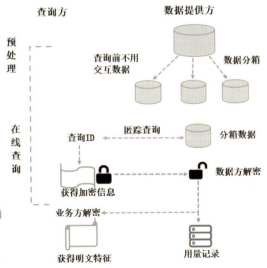

图4 传统匿踪查询与隐私计算平台匿踪查询对比图

应用匿踪查询技术,不需要在前期对各数据提供方风险模型数据进行全量加密汇总,可以有效减少运算量和加密数据传输量。同时,对数据进行双重加密保护,只有经过数据方和业务方共同解密后才可获取最终结果。此外,在数据提供方更新风险数据时,无须通知中心隐私计算节点,有效保障隐私性和高效性,在风险数据流转过程中,数据提供方可在本地获得查询次数计量结果,无须由中心节点同步,保障数据使用量的真实性,数据提供方可以有效掌握数据的使用情况。

结语

综上所述,隐私计算主要解决数据共享计算环节中的数据隐私保护问题,助力金融机构联合建模,提升金融业务模型水平。但目前隐私计算相关的标准体系尚未完善,同时有关"联邦学习等隐私计算技术中的中间数据,被反向恢复成功"的消息也屡屡出现。因此,业界对隐私计算技术还存在一定怀疑,导致数据的开放程度还有限,无法从真正意义上打破数据孤岛现象。研究如何建立统一的隐私计算安全性标准,加强隐私计算体系的安全性,将成为我们的下一步研究方向。

万思

系统架构师,现就职于中国人民银行南京分行。喜爱钻研和创新,曾多次主导或参与总分行核心项目,如央行互联网站(www.pbc.gov.cn)、中央银行会计集中核算(ACS)、央行岗位风险监督等。近年来主要负责省级大数据平台建设,关注机器学习、人工智能、安全计算等在金融领域的应用。

庄璐

工学硕士,就职于中国人民银行宿迁市中心支行。研究方向为软件研发、大数据应用。曾参与江苏政银易企通、宿迁企业等级认证系统等多个项目的研发工作。目前专注于软件架构、数据隐私计算应用等工作。

实现金融场景安全联合训练，打破矩阵乘法和排序性能瓶颈

文 | 方文静

金融科技安全是国家安全的重要议题，而在实际应用场景中，为实现安全的联合训练，首要解决矩阵乘法和排序的性能瓶颈问题。如何在多方安全计算的设定下打破通信和计算造成的双重性能瓶颈？本文作者通过秘密分享下的"针对稀疏数据的矩阵乘法优化"和"隐私保护联合排序提升树模型的效率"两方面进行了详细说明。

金融场景对安全性的要求比较高，基于密码学的同态加密技术在安全性上更容易被接受。同时，金融场景在模型搭建上追求稳定性和可解释性，要求上线以后性能退化速度不应过快，并且对于类似违约模型等可能需要向用户提供拒绝原因粗粒度的解释，所以像逻辑回归、树模型等简单模型被广泛应用。

在这些模型集中训练过程中，我们知道矩阵乘法和排序是主要的性能瓶颈，随着数据量的增大，常规训练着重在提升矩阵乘法和排序的计算性能。而在多方安全计算的设定下，实现这些算子的过程还引入了大量通信，因此不仅是在计算还是在通信上面，均是瓶颈所在。下文将重点介绍针对以上两个算子的性能优化方面的技术突破。

秘密分享下矩阵加法和乘法运算

常见的多方安全计算技术有秘密分享和混淆电路，混淆电路由于设计复杂、计算效率低，目前在业界使用的相对较少，而秘密分享在实际场景中更多被采用。

一个(t, n)秘密分享的基本原理是把一个秘密s切分成n份，每一份被称为一个分片，使得其中任意$(t-1)$份分片都无法还原出秘密s，而任意t份分片可以恢复出秘密s的原始值。秘密分享有很多具体的模式设计，规定了不同的秘密存储、恢复方式；不同的模式在安全假设、协议性能上有所区别，实际场景最常用的就是加性秘密分享。它是一种(n, n)秘密分享，即在一般定义中的$t=n$，且恢复秘密s的方式是集齐所有分片并求和。如图1所示，秘密s在计算前会被拆成n份，且有$s=s_1+s_2+\cdots+s_n$，每个参与方保存了一份分片，我们将s的秘密分享状态表示为$(s_1,s_2,\cdots,s_n)$。s会在秘密分享的状态下执行加法、乘法等一系列运算，最终结果也会是秘密分享的形式。当需要将结果重构为明文的时候，只需要各参与方同步各自的分片求和即可。

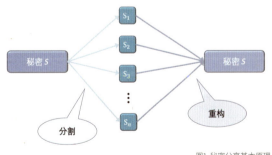

图1 秘密分享基本原理

如上所述，完成多方安全计算需要针对秘密分享的形式，设计相应的计算协议，类似于秘密分享是一种数据

结构，计算协议是基于这个数据结构进行运算符重载。对于算术运算来讲，最基础的就是加法和乘法，其他的非线性运算可以利用泰勒展开近似等方式，归约到基础的加法和乘法上。

在秘密分享状态下，加法是比较容易实现的。输入是两个加数的秘密分享形式，各方持有两个加数的分片。计算的过程就是参与方对自己本地持有的分片求和，显然这种情况下，如果将每个参与方的结果分片相加，即为加法的结果，因此这n个分片实际上就是加法结果的秘密分享形式。可见，加法的过程仅有本地计算，无须各参与方相互通信，执行效率高。

相比来说，乘法就复杂一点，通常是使用基于Beaver's Triple [Beaver 1991]的方式。如图2所示为两方的乘法运算的过程。这里为了后文理解，以矩阵形式说明，单个元素的乘法同理。第一步的预备工作是生成Beaver's Triple，即与输入数据无关的一个随机数三元组 (U, V, W)，三个随机数以秘密分享的形式存在，如U= (U_1, U_2) 等，且需要满足关系$W=U*V$；第二步是参与方需要将本地的乘法操作数X, Y变为秘密分享的形式。例如，Alice本地生成一个随机数X_1作为本地分片，计算$X_2=X-X_1$并发送给Bob，显然根据秘密分享的定义 (X_1, X_2) 是X的秘密分享形式，且Bob无法根据收到的随机数X_2去推断Alice的原始数据X，从而保证了输入数据的安全；第三步是利用三元组中两个乘数U, V, 对实际运算的乘数X, Y添加掩码保证分片安全，并且掩码的结果可以发送给对方。例如，Alice方的分片X_1不能直接发送给Bob，否则他结合本地分片X_2即可重构出隐私数据X，而$D_1 = X_1-U_1$则可以发送给Bob，由于Bob并没有随机分片U_1的信息；第四步，只需要执行图中的计算，结合第三步获得的掩码后数值和随机三元组，即可本地计算出乘法结果的两个分片Z_1和Z_2，可以通过简单的数学计算验证其正确性，这里不再赘述。随机三元组的生成由于不依赖于具体的输入数据，因此往往可以离线批量生成，节约在线计算的时间，可以使用不经意传输、同态加密等实现。在乘法的过程中，参与方需要进行多轮的信息交互，造成通信上的瓶颈。

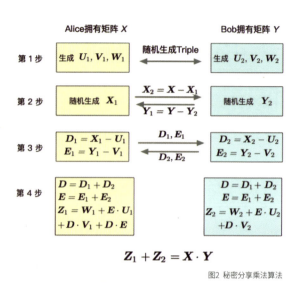

图2 秘密分享乘法算法

针对稀疏数据的矩阵乘法优化

在机器学习场景中，经常会遇到稀疏数据，如稀疏的特征、稀疏的模型等。当遇到稀疏数据的时候，明文计算场景是可以做优化的，可以跳过稀疏位置的计算，提升计算性能。但是在秘密分享的情况下，稀疏数据被切成若干分片后，每一片都不再稀疏了，这样原本在明文状态下不需要计算的位置也都做了计算，导致了很多算力的浪费。如图3所示，f1、f3、f5原本为空，我们需要将其填充为秘密分享可以表示的数值类型，如0，然后再分割为模4环上的两个加数分片，从一种稀疏的表示形式变为稠密的秘密分享表示形式。

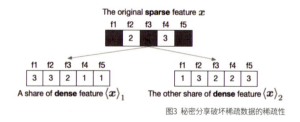

图3 秘密分享破坏稀疏数据的稀疏性

为此，一种基于稀疏数据的密态矩阵乘法被提了出来，通过对密态数据在秘密分享和同态加密之间的转换，提升在稀疏数据场景下的性能。

如图4所示，如果需要计算Alice的X与Bob的W之间的乘积，假设X是稀疏的，那么可以把W通过同态加密传输到Alice一方，然后在Alice这边做矩阵乘法。由于X是明文的，故可以跳过稀疏位置的计算，完成一个高效的计算。完成乘法结束后，得到一个同态加密的乘积，可以对这个乘积做随机切分，最后返回到两个随机分片的秘密分享状态。这个方法，实际上是完成了数据在同态加密和秘密分享两种加密状态直接的切换，可以根据不同场景切换不同的状态进行计算，以达到较好的性能目标。像这样的矩阵乘法，可以应用于逻辑回归、树模型、神经网络模型等常见的机器学习算法中。

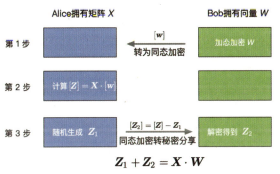

图4 基于同态加密的密态乘法

隐私保护联合排序提升树模型的效率

除了矩阵乘法外，联合排序也是在隐私保护的机器学习和数据分析中经常会遇到的算子。隐私保护的联合排序的问题设定是：根据Alice的A字段的排序，去影响Bob的B字段的排序，且A字段的排序方式不能被Bob获取，Alice也不能推测出B字段的任何信息。其中，被排序的字段还可能是一个秘密分享形式的中间变量，一个常见的场景是树模型训练过程中，需要对于Alice的A字段进行样本的排序后分桶，然后对秘密分享的梯度计算训练所需的分桶统计信息。

传统基于秘密分享的方式，是把A和B都进入到秘密分享状态，然后在密态中对A进行排序，这个过程中B作为payload一起联动。这种做法的问题是密态下的比较是效率比较低的计算算子，所以整个排序过程会非常耗时。为了提升效率，可以把A的排序在明文中进行，然后把排序前后的映射关系分享出来，作用于秘密分享字段，这个过程称为秘密排列。

如图5所示，我们将字段从X排序为X'的变换过程计为一个排序向量π，π的每个元素就是原始X向量中每个元素排序后的目标位置，将排序向量作用于X的过程也可以看成一个排序函数，记为$\pi(X)$。如图6所示，有了排序函数的定义，我们可以将Secret Permutation的功能表示为这一形式。这里以两方为例，协议的输入是一个单方排序函数π（即特征排序，用一个长度为M的向量表示，每个元素依次表示根据单维特征大小排序后该样本目标位置的下标），双方共同持有的秘密分享向量X（即待排序的向量，如对应M个样本的导数g，注：〈〉表示一个变量为秘密分享形式），而输出则是排序结果，仍为秘密分享变量，即$\langle Y \rangle = \langle \pi(X) \rangle$。如图7所示是协议的具体计算过程。

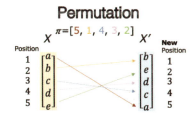

图5 排序函数定义

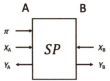

图6 Secret Permutation功能图

第一步，我们利用TEE生成一个辅助三元组（π_1, $\langle R \rangle$, $\langle \pi_1(R) \rangle$），其中π_1是一个随机排序，R是含有M个元素的随机向量，$\pi_1(R)$是用π_1将R进行排序的结果向量，并且后两者以秘密分享的形式分发给2个参与方，π_1则下发给特征排序持有方A。由于这个过程不涉及实际建模数据，因此可以放在离线过程提前生成。

第二步，A方求一个转换排序π_2，可以将随机排序π_1转换为目标排序π，并将其发送给B方，这时随机排序

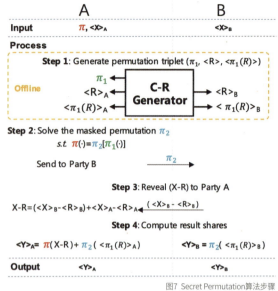

图7 Secret Permutation算法步骤

π_1充当mask,将真正的排序 π 隐藏起来,对B来说 π_2 只是一个无法反推出 π 的随机排序而已。

第三步,双方公开 $(X-R)$ 结果,此时随机向量 R 充当了 X 的mask,公开结果无法反推出 X。

第四步,双方分别将本地计算结果向量秘密分享分片,如图8所示。基于简单推导,我们可以验证协议的正确性:就是将输入的秘密分享变量 X,根据A方私有排序向量 π 进行排序,最后输出为 $Y=\pi(X)$ 的过程,且结果 Y 仍然是一个秘密分享的形式。

$$Y = \langle Y \rangle_A + \langle Y \rangle_B$$
$$= \pi(X-R) + \pi_2[\langle \pi_1(R)\rangle_A + \langle \pi_1(R)\rangle_B]$$
$$= \pi(X-R) + \pi_2[\pi_1(R)]$$
$$= \pi(X-R) + \pi(R) = \pi(X).$$

图8 Secret Permutation正确性推导

Secret Permutation算子把计算消耗大的密态排序过程转成明文计算,大大提升了像树模型这种大大依赖于排序的算法的效率。

未来主流依然是可证安全的技术

金融行业由于对数据安全性的要求高,未来的技术发展方向依然会以多方安全计算等可证安全的技术为主流。随着场景的推广和数据规模的扩大,算法的计算效率依然是一个需要持续突破的瓶颈。正如前面介绍的几个技术那样,由于多方安全计算和同态加密技术本身发展缓慢,所以一个主要提速方式是对机器学习算法做进一步剖析,把尽可能多的计算保持用明文计算,减少需要密文计算的步骤。另一个发展方向是对特定的函数做针对性的密态计算的加速,像函数秘密分享等。

结语

隐私计算是一项比较前沿的技术,当前无论监管部门还是金融机构,在开展隐私计算技术应用时所依据的标准规范体系还有待健全完善,这是一项政策、市场、技术等多方融合的工程。作为技术从业人员,理应发挥所长,作出力所能及的贡献。开源作为一种创新协作方式,能够跨越时间与空间的限制,我们将文中提到的这些技术集成到隐私计算框架"隐语"中,并于2022年7月正式开源。

最后,还想和技术人员说的是,身为技术开发者,我们所敲下的每一行代码,都可能成为全国数据交易统一大市场的技术奠基砖石。希望能够通过这些成果共享回馈行业,也希望通过这种具有极客精神的创新协作方式吸引更多优秀的开发者加入,推动技术产品化、规模化应用落地,最终推动整个隐私计算行业的发展。

方文静

毕业于上海交通大学电院计算机科学与技术专业,研究生阶段研究方向是自然语言处理依存分析,目前就职于蚂蚁集团,工作内容为隐私保护机器学习算法,使用多方安全计算等技术实现机器学习算法,主要负责隐语安全树模型方向。

金融云原生趋势下的信息安全变化与应对之道

文 | 王郁

云原生技术正在助力银行通过差异化业务进行创新，却也带来了由于研发/运维人员对新架构不熟悉所导致的基础设施风险、业务风险及数据暴露风险。如何在飞速更迭的技术环境下保持业务持续发展，同时保证业务整体的安全性，满足不断增强的监管合规要求，其中蕴含着复杂的技术与管理挑战。

在金融行业数字化转型浪潮下，从国有银行、股份制银行到各级商业银行，都纷纷步入云原生的进程。以容器、微服务、API为代表的云原生技术，重塑了云端应用的设计、开发、部署和运行模式，实现了自动化、易管理、可观测的全新DevOps体系，开发者和运维人员能够最大限度地提高生产力，更敏捷、更高效地进行应用迭代。但与此同时，云原生体系也带来了技术、产品、标准和生态系统的不断扩大，由此产生了新的基础设施暴露风险、通信风险和数据传输风险。为了满足云原生平台高可靠、高性能的基本保障，安全建设至关重要，但这又非常宏观，涉及方方面面。新技术的诞生和应用必然面临着新威胁面的扩展与迁移，这也要求安全技术必须随着业务的技术架构做出即时改变，在新架构上实现安全能力的同步延展。

为此，本文将分别论述：云原生的底层弹性基础设施、容器平台和云原生体系的基础通信及数据传输体系、API在金融科技领域的应用所带来的威胁面，以及应对相关问题的分析方法和安全实践。

云原生的基础设施——容器平台的威胁面与安全监测技术

容器技术在金融行业的快速落地带来了弹性伸缩、快速部署等优势之外，也为业务系统安全带来了诸如容器逃逸、容器提权、镜像风险、管理平台暴露等崭新的攻击面，而开发和运维人员缺乏对容器的安全威胁和最佳实践的认识也可能会使业务从一开始就埋下安全隐患。

根据Tripwire的调研报告，60%的受访者在过去一年使用容器过程中至少发生了一起容器安全事故。在部署规模超过100个容器的使用者中，安全事故的比例上升到75%。由此可见，快速拥抱容器化带来的安全风险不容忽视。

以攻击者视角看待容器平台的威胁面

在实际云环境中，由于开发/运维人员对于容器集群安全机制的了解和配置能力不一，在账号创建、AK/SK部署、容器平台端鉴权等位置容易出现凭证泄露、管理平台暴露等风险，可能导致整个容器平台被攻击者获取控制权。我们也曾多次看到由此导致的严重基础设施入侵事件，对相关金融机构造成了严重损失。

从攻击的角度，目前行业内已经梳理了多个针对容器的威胁矩阵。以图1阿里云容器ATT&CK攻防矩阵为例，攻击者在其攻击流程的初始访问、执行、持久化、权限提升、防御逃逸、窃取凭证、探测、横向移动等阶段，分别可以对于容器产生的相关攻击进行尝试。这些攻击手段分别从容器的不同暴露点位入手,结合不同的配置缺陷,窃取认证信息,以此获得持久化的控制权限,最终能够达到破坏容器集群系统及数据、劫持资源、拒绝服务和加密勒索的目的。

解决容器安全问题的三层面分析

面对容器带来的扩展威胁面,基于容器平台的层次架构,我们可以从以下三个层面来看待这个问题。

■ 在容器及K8s层面,通常我们需要保证镜像安全、容器运行时安全、容器网络安全、权限安全等问题。另外,可进一步关注K8s的Pod安全策略。

■ 在平台层,集群隔离、租户安全、用户隔离、网络ACL与访问控制、审计、DevSecOps、平台高可用等都是平台层面提供的安全能力。平台自身的漏洞扫描、组件漏洞等问题需要做严格的漏扫,做到有效处理。

■ 在应用层,可通过DevSecOps在开发过程中为应用提供安全保障。另外,平台应提供应用高可用保障、应用安全接入、跨域策略、数据高可用等能力,为应用进一步提供安全保障。对于面向互联网的应用,可叠加前端安全设备的WAF、anti-DDOS、防注入等能力,进一步提升应用的安全性。

容器平台安全防护实践

云原生安全离不开容器安全,而容器的安全防护可以以下方面开始着手评估和实践。

基础设施层

操作系统安全:涉及容器云工作节点的操作系统要遵循安全准则。使用端口策略等安全措施,使用最小化操作系统,同时精简和平台不相关的预置组件,从而降低系统的攻击面。使用第三方安全工具,检测系统和应用程序的运行状态,实现进程和文件的访问控制等。

平台层安全

安全扫描:对容器调度和管理平台本身,需要先实现安全基线测试,平台安全扫描。

审计:对平台层用户操作进行审计,同时也需要项目层面的资源和操作审计。

Initial Access 初始访问	Execution 执行	Persistence 持久化	Privilege Escalation 权限提升	Defense Evasion 防御逃逸	Credential Access 窃取凭证	Discovery 探测	Lateral Movement 横向移动	Impact 影响
云账号AK泄露	通过kubectl进入容器	部署远控容器	利用特权容器逃逸	容器及宿主机日志清理	K8s Secret泄露	访问K8s API Server	窃取凭证攻击云服务	破坏系统及数据
使用恶意镜像	创建后门容器	通过挂载目录向宿主机写文件	K8s Rolebinding添加用户权限	K8s Audit日志清理	云产品AK泄露	访问Kublet API	窃取凭证攻击其他应用	劫持资源
K8s API Server未授权访问	通过K8s控制器部署后门容器	K8s cronjob持久化	利用挂载目录逃逸	利用系统Pod伪装	K8s Service Account凭证泄露	Cluster内网扫描	通过Service Account访问K8s API	DoS
K8s configfile泄露	利用Service Account连接API Server执行指令	在私有镜像库的镜像中植入后门	通过Linux内核漏洞逃逸	通过代理或匿名网络访问K8s API Server	应用层API凭证泄露	访问K8s Dashboard所在Pod	Cluster内网渗透	加密勒索
Docker daemon公网暴露	带有SSH服务的容器	修改核心组件访问权限	通过Docker漏洞逃逸	清理安全产品Agent	利用K8s准入控制器窃取信息	访问私有镜像库	通过挂载目录逃逸到宿主机	
容器内应用漏洞入侵	通过云厂商CloudShell下发指令		利用K8s漏洞进行提权	创建影子API Server		访问云厂商服务接口	访问K8s Dashboard	
Master节点SSH登录凭证泄露			容器内访问docker.sock逃逸	创建超长annotations使K8s Audit日志解析失败		通过NodePort访问Service	攻击第三方K8s插件	
私有镜像库暴露			利用Linux Capabilities逃逸					

图1 阿里云容器ATT&CK攻防矩阵

授权：对平台实行权限控制，能基于角色/项目/功能等不同维度进行授权。

备份：定期备份平台数据。

容器安全

镜像安全：容器使用非root用户运行，使用安全的基础镜像，定时对镜像进行安全漏洞扫描。

运行时安全：主要是对容器在容器平台上运行过程中对于宿主机系统以内进行安全设置，如容器特权、提升权限、主机PID、主机IPC、主机网络、只读文件系统等安全限制。同时，建议限制容器对于底层宿主机目录的访问，并设置其对于外部网络端口暴露的范围限制。用户限定某些敏感项目独占宿主机，实现业务隔离。

云原生的通信血液——API的威胁面与安全监测技术

随着金融行业数字化转型的深入，API作为云原生环境下的基础通信设施，在金融机构的离柜交易、移动支付、线上服务等多种业务中变得越来越高频多元。API作为驱动开放共享的核心能力，已深度应用于金融行业。与此同时，其巨大的流量和访问频率也让API的风险面变得更广，影响更大。

当下，由API传输的核心业务数据、个人身份信息等数据的流动性大大增强，因此这些数据面临着较大的泄漏和滥用风险，成为数据保护的薄弱一环，外部恶意攻击者会利用API接口批量获取敏感数据。而从金融的生态开放角度看，目前数据的交互、传输、共享等过程往往有多方参与，涉及交易方、用户、应用方等多个主体，由此使得数据泄露风险点激增，风险环境愈发复杂。

以攻击者视角看待API的威胁面

对于API的威胁分析，行业内也有多个组织提出过相关的评估标准。如图2所示，OWASP在API Security Top 10-2019框架中总结出，排名前十位的安全风险依次为对象授权失效、用户授权失效、数据暴露过度、资源缺失和速率限制、功能级授权失效、批量分配、安全配置错误、注入、资产管理不当、日志与监控不足。

从图2中不难看出，API安全风险与网络应用风险高度重合（相同颜色的标记代表同类风险）。这就意味着，API除了自身的独特漏洞和相关风险外，也面临着基于网络的应用程序多年来一直在解决的同类问题。

排名	OWASP Top 10-2021	API Security Top 10-2019
TOP1	Broken Access Control	Broken Object Level Authorization
TOP2	Cryptographic Failures	Broken User Authentication
TOP3	Injection	Excessive Data Exposure
TOP4	Insecure Design	Lack of Resources & Rate Limiting
TOP5	Security Misconfiguration	Broken Function Level Authorization
TOP6	Vulnerable and Outdated Components	Mass Assignment
TOP7	Identification and Authentication Failures	Security Misconfiguration
TOP8	Software and Data Integrity Failures	Injection
TOP9	Security Logging and Monitoring Failures	Improper Assets Management
TOP10	Server-Side Request Forgery	Insufficient Logging & Monitoring

图2 OWASP TOP 10-2021和OWASP API Security Top 10 2019的对比

结合当下金融科技领域API保护的实践场景，并对OWASP API Security Top 10中的风险进行合并与整合，以攻防角度来看，在落地层面主要有以下六点威胁。

■ 水平越权：利用失效的对象授权通过遍历参数批量拖取数据，这是目前众多金融科技企业API设施所面临的最主要威胁。随着API生态和多方交互场景的落地，潜在的API越权缺陷极大程度地缩短了攻击者窃取金融敏感数据的路径，即攻击者只需找到一个可越权的API，无须经历复杂的打点渗透及横向移动即可窃取高价值的金融敏感数据。当下手机银行、微信银行、小程序、第三方业务开放的大量API接口由于开发规范不一，可能缺乏良好的鉴权认证机制（JWT/Token校验等），从而面临此类风险。

■ 敏感数据暴露：脱敏失效，或一次性返回多余不必要的敏感数据。在金融行业重监管的背景下，为满足数安法、个保法及下属各地方/行业监管要求,需对个人用户隐私数据进行治理和合规管理,这对API需要识别、分类和脱敏的数据也提出了较高要求,但目前大量现存API缺乏相应的数据管控能力。

- 代码漏洞:SQL注入、命令执行等由业务开发者导致的风险。API接口本身容易受到代码漏洞的威胁,如各类型的注入、反序列化威胁等,由于金融行业API本身数量较多且连接性较强,需在开发过程中做好代码审计与相应的安全测试工作。
- API基础设施漏洞:API后端中间件、基础设施漏洞,如Log4j2、APISIX漏洞。
- 错误配置:不安全、不完整或错误配置,如临时调试API、未鉴权API、存储权限公开、不必要的http方法、跨越资源共享等。
- 业务逻辑缺陷:无校验、无防重放、无风控策略、高并发导致条件竞争等。

API全生命周期安全防护实践

由于API的安全问题贯穿了从设计、管理到下线的全流程,因此也需要从整个API的生命周期来着手。图3表示如何在API生命周期的不同阶段落地相应的安全能力。

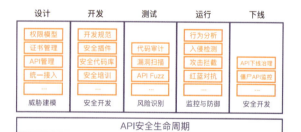

图3 API安全生命周期

设计阶段

在设计API之初,安全人员需要和产品、开发等角色对焦需求和设计方案,基于企业API安全设计规范,建设自动化威胁建模能力,将威胁建模加入API设计阶段,给出可能发生的风险解决建议和方案,同时根据业务安全损失及业务重要性对API安全设计进行分层,以不同的安全强度和研发成本适配不同的业务场景。

开发阶段

安全团队可针对API的安全风险,设计面向研发流程的安全开发规范文件,进行安全意识贯宣,同时提供认证、鉴权、数据访问等包含安全能力的插件或代码库,同时可以向CI/CD流程中植入白盒审计能力,将存在漏洞的代码通过安全开发规范和安全代码库收敛,降低人为因素引入漏洞的概率。

测试阶段

API场景存在大量的鉴权、越权、编码、加密问题对传统安全测试能力提出挑战。用web攻击的思路进行黑盒测试无疑收效甚微,目前fuzz工具针对API场景存在以下能力缺失:基于复杂协议解码(协议级解码+参数级解码)的参数污染、基于API访问顺序(调用链)的fuzz、基于认证状态的越权漏洞检测。

运行阶段

API安全监测需要从业务、数据、威胁三个视角进行能力建设,包括API的识别与管理、敏感数据流动监测、攻击事件监测、API异常行为监测等场景。通过实时流量分析的方案,可以针对API行为、访问者行为、访问拓扑等多维度对API行为进行建模,并结合API网关等安全设备,针对攻击特征及已经监控到的安全威胁进行阻断。

迭代与下线

我们需建设相应的API迭代发现能力,当API发生高风险迭代时,介入安全评审流程。此过程可以监控API的名称、参数、返回值、代码仓库变更,触发新一轮的安全自动化测试,并按照业务重要性分配安全评审人力资源。同时,旧版API如果没有被及时下线,不仅会浪费系统资源,还会变成潜在的线上风险,企业可通过API管理平台以及流量侧API行为发现失活、弃用的API,及时下线。

API运行时防护实践

此外,由于API本身涉及云原生通信体系在金融科技领域的各项业务,较多API可能已经在未进行安全审计的状态下,越过了设计、开发、测试阶段直接处于运行时状态。对于这一部分已经投入生产的API,最好能够建立对于API安全的管控平台。如图4所示,对已有API进行风险监测、攻击防护、整合联动和智能分析。

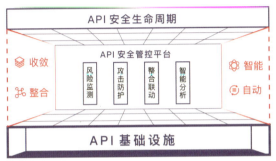

图4 API运行时防护

在风险监测能力上,需要做好API清点,即安全管控平台要对每一个API进行清晰的记录,包括与什么类型的数据进行交互、所有者是谁、基础设施中的相关网络、物理资源是谁,以及它属于哪个应用程序或业务部门。

同时,在内容维度,需要能够识别API参数和有效载荷中的敏感数据类型,并适当地标记API端点。API承载了应用各组件间数据的流动,我们需要关注API携带了哪些敏感数据、对谁开放、对方如何使用这些数据等问题。企业被爆出数据泄露事件屡见不鲜,除了数据库被攻陷之外,其中很大部分是携带敏感数据的API鉴权出问题,导致外部攻击者通过不断访问API拖取敏感数据。

在攻击防护方面,需要能够阻止针对API协议的攻击,除了plain HTTP、REST等可复用传统安全能力的协议之外,仍有诸多协议标准,如GRPC、Dubbo、GraphQL等。还要能够阻断Web攻击,尤其是针对OWASP API安全十大问题中定义的网络攻击。

此外,安全管控平台需要具备与各种业务系统整合联动的能力,应提供与常见IT和安全系统的整合,在发现网络攻击和数据安全事件时,联合所有资源进行处置。这种整合不应局限于基本的日志保存和数据传输,应智能地对事件进行优先排序,提供可操作的安全警报,并配合SOC和IT人员的工作流程。这意味着问题可以在被发现时自动分配给适当的团队或系统,不需要改变工作流程或不同的系统来检查。通常情况下,安全团队需要与IT、DevOps或业务部门合作来处置风险。

在智能分析能力上,可以在AI/ML的协助下高频收集和持续分析API流量,并与每个源IP地址、每个用户和每个会话的攻击行为联系起来。因为攻击者在早期都会被动地、隐蔽地进行目标探测,还通常对客户端应用程序代码进行逆向工程以了解后端API的功能以及如何与之通信。这种被动分析技术可以逃避大多数检测,因为它们通常是作为合法流量出现的。而API安全产品应该能够检测到这样流量的细微变化,达到早期攻击预防的目的。

结语

综上,云原生平台的安全建设并非一蹴而就,而是一个需要不断完善、迭代积累的过程,本文以容器平台的安全和API安全为例,分析威胁并给出相关的能力建设点。在实际的安全建设过程中,还会涉及功能规划、平台运维、升级实施、安全保障、流程设计等一系列相关问题,在使用全新技术来赋能业务的同时,维护安全同样也是一个体系化的多维度工程。金融科技企业应从自身情况出发,有针对性地规避云原生改造过程中的安全问题,平稳且高效地实现金融级云原生平台的安全构建。

我们相信,云原生技术在金融科技领域的应用,必然向更加安全、可信的方向发展。

王郁

星阑科技CEO,清华大学网络空间研究院网络空间安全硕士。网络安全战队Blue-Lotus、TeaDeliverers前核心成员,HITCON、GEEKPWN国际黑客竞赛冠军,DEFCON-Finals Top3获得者,曾担任多个国际级网络安全赛事命题人及裁判,多个CyberSecurity研究成果发表于CCS等国际顶级安全会议。

新金融背后的科技力量

金融科技全面应用背景下的信息安全实践与思考

文 | 白明阳　朱春龙　尧富恒　姜雪

本文通过"金融企业信息资产脆弱性管理"和"众测安全管控溯源分析"两大能力方向，展开金融科技新技术应用的安全思考。通过在银行和保险领域的深入实践，深刻剖析如何实现信息资产脆弱性管理系统和网络安全众测管控系统的设计。

伴随着新技术的深入应用，金融企业逐步展开针对新技术业务系统的攻防演练、众测、渗透测试等工作，过程中暴露出若干新型安全问题，如API安全问题、资产脆弱性运营、0/1day漏洞利用、集权类设备攻击、供应链安全、免/加密隧道隐性攻击、社会工程学攻击等。如何主动应对以上新型安全问题，发现未知威胁，合理利用多方情报，构建主动安全防御体系，护航数字金融，是金融科技体系下亟待提升的安全能力。

在实际金融网络安全攻防领域，由于金融行业具有高价值资产属性，导致对金融机构的网络攻击层出不穷，其中利用资产脆弱性和漏洞的攻击方式最为普遍和具有危害性，因此金融行业的资产供应链脆弱性管理、漏洞生命周期运营，以及众测安全管控溯源成为金融行业数字化转型中网络安全工作的重中之重。为此，我们特别列举了以下两大基于漏洞、新技术维度的金融科技安全建设实践。

金融安全为什么需要信息资产脆弱性管理

事实上，金融行业的资产脆弱性管理工作已经开展多年，尤其在风险管理工作中，资产脆弱性管理能够防患于未然，是投入和效果比最高的手段，已经得到众多金融机构的充分认知和实践。但随着攻防技术的发展，传统的安全技术和管理过程开始面对越来越多的挑战。具体来看，传统漏洞发现方式主要存在以下几方面的局限性：安全管理与实现技术未实现统一、缺乏复查手段；安全漏洞死灰复燃、数据缺乏深入挖掘、新安全漏洞层出不穷，很难满足实际漏洞管理的需要等。因此，面向新金融科技业务场景，需要创新的资产脆弱性生命周期管理能力。

具体来看，资产脆弱性全生命周期管理是通过漏洞情报采集分析、预警发布、验证、加固、测试、白名单及信息库等功能，实现资产漏洞情报发现、威胁性评估、预警发布、资产漏洞关联等能力，让管理人员有效跟踪资产漏洞生命周期，清楚掌握全网安全健康状况，实现资产脆弱性全生命周期的可视、可控和可管。

架构信息资产脆弱性全生命周期管理系统设计

图1所示为资产脆弱性全生命周期管理系统架构图。

系统采用当前主流的前后端分离架构设计，有效分离业务逻辑，使得前后端可以分开并行处理业务流，有效提升处理效率。后端开发采用Java为主的技术栈，使用主流的Spring Boot开发框架进行二次开发和封装，形成THDK开发框架。

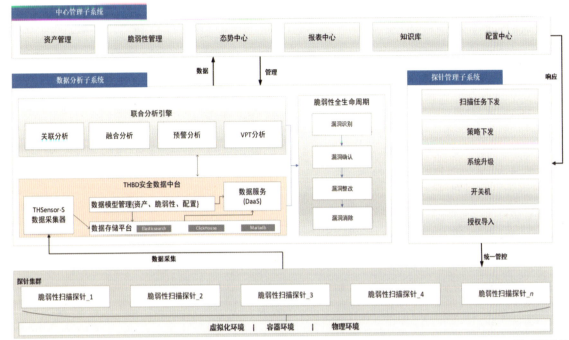

图1 系统架构图

相比于原生的Spring Boot，THDK更加贴近安全业务，同时根据业务需要内置丰富的底层支持组件，如采集存储能力、加解密组件等，结合组装式应用程序框架技术的实现，更加适合金融业安全产品快速、可扩展、弹性的开发与部署。后端同时支持Python技术栈，对于性能要求高的专项引擎支持C技术栈。系统前端则采用组合式应用路由的微前端设计架构，基于VUE、Element+等优秀开源框架完成。依托于松耦合App的设计，能够快速实现多个App前端界面的组装，同时也能够更好地服务于异构App的前端界面融合。

如图2所示，资产脆弱性全生命周期管理系统利用Clickhouse与Elasticsearch联合构建新的大数据分析引擎，

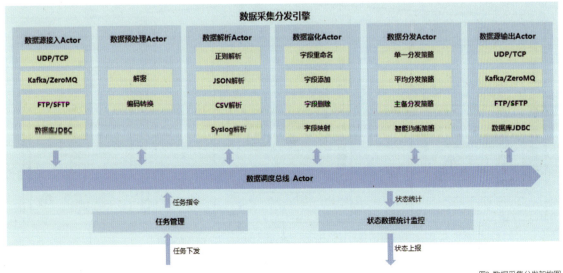

图2 数据采集分发架构图

219

采用分布式多主架构提高并发性能，面向多数据块并发场景，可以大大减少命令执行次数，缩短计算时间。

如图3所示，多源异构漏洞检测引擎由基于漏洞POC的漏洞检测、基于漏洞补丁信息的关联漏洞检测、基于关联规则算法的漏洞信息及CPE的分析与漏洞推断组成。POC利用代码是从漏洞入口到漏洞触发位置，并根据响应情况进行全流程检测。实现路径为：根据漏洞的情况和原理构造请求包，内容包括常用通信的请求包字段以及触发漏洞攻击载荷(payload)的修改字段，发送给受影响的目标后，根据漏洞回显情况来判断漏洞是否存在。

由于部分攻击者在漏洞利用的过程中会修改系统的配置，因此参照官方发布的漏洞修补方法构造探测方法，根据目标服务返回信息，从而获取漏洞未修补的证据。如图4所示，CPE指根据中间件、数据库等组件之间的依赖关系进行漏洞补丁融合，并且和WSUS补丁服务器关联完成补丁位置映射，最后结合VPT计算结果给出漏洞修复建议。

大型国有银行信息资产脆弱性全生命周期管理实践

某国有银行上海数据中心部署系统后，在各地区云数据中心部署虚拟化探针引擎，以实现全行数据中心云计算环境下的资产脆弱性探测及全生命周期管理能力。图5所示为该引擎能力架构图。

通过资产层相关组件获取全网资产指纹信息，通过采集层的探针主动、被动探测相结合的方式丰富资产库，通过安全大数据层的数据仓库进行数据存储，通过分析功能层的模型进行数据关联分析，最后将分析结果在展示层整体呈现。通过跨平台、分布式、分层、模块化、可组合、可伸缩的体系架构，采用面向服务的

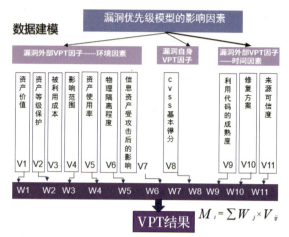

图4 漏洞优先级建模图

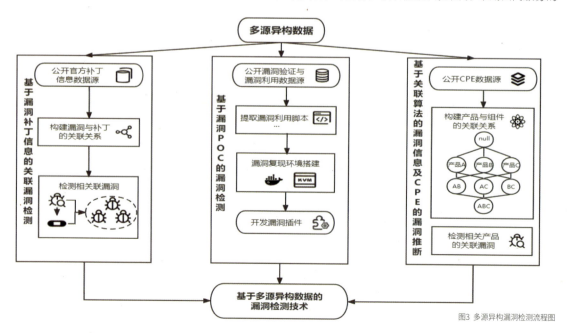

图3 多源异构漏洞检测流程图

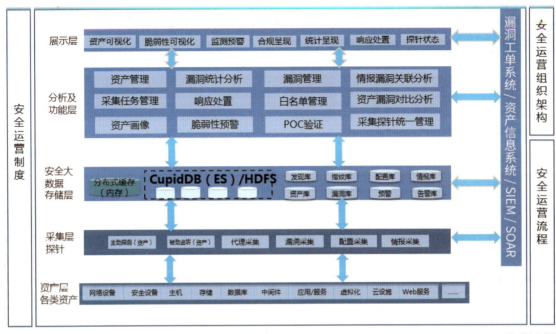

图5 能力架构图

技术栈，各功能模块之间的通信采用标准RESTful API接口，通过底层通信总线完成各功能模块之间的数据交互和调用，保证系统部署的灵活和稳定。

众测管控可更准确检测业务系统脆弱性

安全测试是直接验证当前信息系统安全防护体系脆弱性的直观手段。然而，目前的传统渗透测试模式已经不适用于金融科技应用高速迭代、快速交付、质量拔高的需求。

众测模式相较于传统测试模式更加适合于新金融科技环境下应用系统数量多、更新快、持续交付等特点，可在帮助金融企业应用系统进行全面网络安全测试的同时，缩短测试周期、减少测试成本、提升测试质量、改善测试体验，并打破传统渗透测试模式下技术水平参差不齐，安全工程师利用常见工具进行简单渗透测试的现状。同时，在新金融科技应用场景下，众测模式能更深入、更准确地检测和挖掘大数据、云计算、人工智能等新环境业务系统的脆弱性。

网络安全众测管控系统设计和实践

如图6所示，系统架构分为六层，网络安全众测管控系统设计分为前、中、后台，包括前端展示功能、中台微服务交付功能、后台业务处理功能和个性化定制功能。

系统最上层为应用层，提供可视化界面，分为管理端、白帽子端和厂商端，便于实现系统、用户、项目、信息、漏洞、数据统计等管理和操作。下层表现层作为可视化界面的后端，显示数据和接收用户输入的数据，为用户提供交互式操作界面。为前端应用层提供业务支撑的是控制层，主要工作为保障业务的完整性和一致性，接收并处理前端请求。

其中，Nginx代理具备反向代理的作用，保护真实的web服务器，实现负载均衡。下一层是服务层，是对外提供web服务的主体，具体分为业务模块、通信模块和消息&任务模块。后端服务框架采用SpringBoot，简化配置，按模块划分各个服务。

为服务层提供数据来源的是支持层和数据层，支持层用作数据分析，主要分析方式为数据模型构建、数据访问控制

新金融背后的科技力量

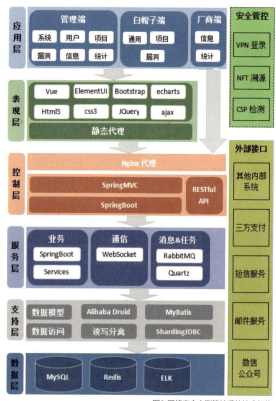

图6 网络安全众测管控系统技术架构

等。支持层分为数据模块、数据访问模块、Alibaba Druid模块、读写分离模块、MyBatis模块、ShardingJDBC模块。

数据层主要进行数据缓存和存储，采用的数据库包括MySQL数据库、Redis数据库和ELK。其中，MySQL数据库进行系统与业务数据的存储，Redis数据库进行数据缓存和临时数据的存储，ELK进行大数据与审计日志数据的存储。

同时，系统基于自身安全性、白帽子行为管控和第三方平台扩充的需求，集成了安全管控模块、攻击检测模块和溯源模块，实现安全接入、溯源审计和攻击检测等功能。与此同时，集成外部接口模块，实现依据自身的需求与LDAP等系统的单点登录，同时也预留出三方支付、短信服务、邮件服务等接口，满足后续扩展性开发和个性化功能的实现。

如图7所示为实践案例部署示意，将网络安全众测管控平台、安全接入模块、全流量溯源模块和攻击检测模块

部署在众测管控区内，所有测试人员通过安全接入模块登录并使用平台来参与对应的网络安全众测和渗透行动。安全接入模块能够精准监测白帽子在线时间、登录测试以及待测资源访问情况，同时安全接入模块支持多因素认证，为用户提供多种高强度的认证方式选择。同时支持多种认证方式任意组合，充分保障接入人员的身份安全。

攻击检测模块能够将测试人员的实时攻击流量、违规流量等在系统内进行展示和管理，攻击检测模块利用大数据分析的相关技术，还原整个攻击链，建立白帽子攻击模型，通过全流量双向流检测技术，建立白帽子活动热力图，以特殊高亮形式显示白帽子攻击阶段，直观地将白帽子攻击阶段与攻击时间通过不同颜色区块呈现，给用户进行溯源提供有力的参考依据。

为了进一步对白帽子的渗透测试行为进行溯源审计，将测试人员的测试流量镜像到全流量存储溯源模块中，以实现对测试人员的行为进行溯源和实名审计，全流量溯源模块提供100%精准、可靠的高性能数据包记录功能。为了给每个数据包提供纳秒级时间戳，支持以NTP、PTP方式获取时间，数据包级保序，确保高速网络场景下不丢包，数据采集采用Intel DPDK技术，大幅提升数据包的采集性能，同时全流量溯源模块支持以时间段+五元组信息+子网ID的组合作为最直观通用的检索方式，系统可通过L1索引定位到对应的L2索引，通过搜索伴随索引进行检索，查询到指定的全部数据流，两级索引架构避免了全盘检索问题，大幅提升数据包检索速度。

基于以上架构，某保险集团和某农商行针对自身的实际需求，均在2021年建设了网络安全众测管控系统，采用微服务的"低耦合+高内聚"，功能覆盖白帽信息管理、信息发布、项目管理、漏洞管理、安全接入、审计溯源、攻击检测、统计分析等场景。

由上可见，金融机构通过对信息资产脆弱性管理，打破了传统安全孤岛的概念，在纵深防御、积极防御的基础上实现了主动防御的建设，将风险左移并且完成了信息资产脆弱性全生命周期的管理；通过对渗透测试过程进

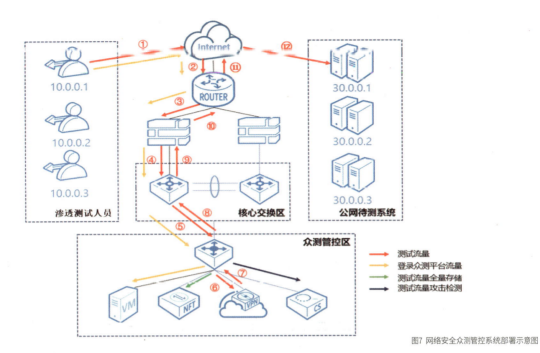

图7 网络安全众测管控系统部署示意图

行安全管控，解决了传统渗透模式下渗透人员的不可控、测试行为的不可见、违规行为的不可溯源等问题。以上安全实践满足了金融科技新技术应用背景下，多样、多变的海量资产所需的脆弱性和漏洞全生命周期敏捷和高效处理能力。

结语

本文通过以上两大金融科技创新应用安全实践，从金融企业资产脆弱性管理与运营、众测安全管控溯源分析两大能力方向，展开了针对金融科技新技术应用当下的安全思考。随着云计算、大数据、工业互联网、人工智能等新兴技术在金融科技领域更广阔的应用，在复杂的网络安全空间环境下，更需加快金融科技新技术下的安全技术发展。

朱春龙

巴黎大学密码学专业硕士，中国国际金融股份有限公司信息技术部信息安全经理。CISA、CISP-IRE、CZTP零信任安全专家。ISO27001LA，主要从事信息系统安全评估与上线评审、安全系统建设、安全防护体系规划建设等方面工作。

尧富恒

启明星辰金融行业本部技术经理，高级解决方案工程师。曾参与多个银行、保险企业的网络安全架构设计、网络安全解决方案设计、应用安全管理设计、数据安全管理设计。就任网络安全等级保护等监管侧文件内部编写组成员，对企业网络安全架构有较深研究。

姜雪

北京启明星辰信息安全技术有限公司售前解决方案顾问，毕业于哈尔滨工业大学（威海），取得CISP认证，在启明星辰金融行业网络安全攻防靶场领域作出重要贡献。

白明阳

启明星辰金融行业本部技术总监、营销总监，深耕金融行业安全建设多年，具备金融业网络安全、数据安全、开发安全、安全运营等各类安全项目建设经验，曾主导布局某大型国有银行资产脆弱性管理项目、某股份制银行数据安全评估项目、某农商银行众测管理平台项目，为金融数字化转型做出实际安全保障。

参考文献

[1] 国家互联网信息办公室.数字中国建设发展报告（2020年）.2021

[2] 十三届全国人大四次会议.中华人民共和国国民经济和社会发展第十四个五年规划和2035年远景目标纲要.2021

百味

《神秘的程序员们》之 面试的你 vs 平时的你
作者：西乔

你是如何和同事相处的？
HR / 面试的你

相处得非常好，我这个人最大的优点就是古道热肠，积极帮助同事解决各方面的问题！

你对加班的看法？
面试的你

只要公司有需要，随时可以加班！我愿意为公司奉献自己的青春，年轻人要多奋斗。

你能为我们公司带来什么呢？
面试的你

就我的能力，我可以优化公司的代码结构，提升系统稳定性！毕竟系统稳定了，公司的收入才能提高！

这个 bug 我死活调不出来？你帮我看下？

嗯，我等下有个会，回头帮你看。
平时的你

不加班会死啊，有事都拖到下班才说，有会都拖到六点才开。
平时的你

不是狗老板就是老板的狗

平时的你

GIT

你平时的工作内容是什么？
技术部门 / 面试的你

刚开始做增删改查的工作，后期数据量大了以后，做了很多数据库调优、虚拟机调优的工作！

用过哪些设计模式呢？
面试的你

用过单例、工厂等，我对单例模式特别了解，它分为懒汉式和饿汉式……

最近你在看哪些技术书啊？
面试的你

最近在看《数据结构》《Java 编程思想》这类基础书籍，觉得自己基础不是太好，毕竟不是科班出身，需要恶补一下。经常读得忘记了时间，晚上寝食难安！

做数据库的增删改查，写写存储过程……
平时的你

当然是怎么方便怎么来！
平时的你

平时的你